零起点学创业系列

LINGQIDIAN XUECHUANGYE XILIE

零起点

学办 肉鸡养殖场

魏刚才 李 凌 主编

U0293709

 化学工业出版社

·北京·

图书在版编目（CIP）数据

零起点学办肉鸡养殖场/魏刚才，李凌主编．—北京：化学工业出版社，2015.2

（零起点学创业系列）

ISBN 978-7-122-22672-3

Ⅰ．①零…　Ⅱ．①魏…②李…　Ⅲ．①肉用鸡-饲养管理　Ⅳ．①S831.4

中国版本图书馆 CIP 数据核字（2014）第 313523 号

责任编辑：邵桂林　　　　　　　　文字编辑：张春娥
装帧设计：刘丽华

出版发行：化学工业出版社（北京市东城区青年湖南街 13 号　邮政编码 100011）
印　　刷：北京市振南印刷有限责任公司
装　　订：三河市宇新装订厂
850mm×1168mm　1/32　印张 10¼　字数 307 千字
2015 年 6 月北京第 1 版第 1 次印刷

购书咨询：010-64518888(传真：010-64519686)　　售后服务：010-64518899
网　　址：http://www.cip.com.cn
凡购买本书，如有缺损质量问题，本社销售中心负责调换。

定　　价：35.00 元　　　　　　　　　　　　版权所有　违者必究

前　言

　　我国的肉鸡存栏量和出栏量连续多年处于世界首位，肉鸡业以其周转快、投资少、效益高等特点深受养殖者青睐，成为人们创业致富的一个好途径。但开办肉鸡养殖场不仅需要了解养殖技术，也需要掌握开办养殖场的有关程序和经营管理知识等。但目前市场上有关学办肉鸡养殖场的书籍零星少数，在一定程度上影响制约了许多有志人士的创业步伐和前行速度。为此，我们组织有关专家编写了《零起点学办肉鸡养殖场》一书。本书注重系统性、实用性和可操作性。

　　本书全面系统地介绍了开办肉鸡场的技术和管理知识，具有较强的实用性、针对性和可操作性，为成功开办和办好肉鸡场提供了技术保障。本书共分为：办场前准备、肉鸡场的建设、肉鸡的品种及选择、肉鸡的饲料和营养、肉用种鸡的饲养管理、商品肉鸡的饲养管理、肉鸡的疾病防控和肉鸡场的经营管理八章。本书不仅适宜于农村知识青年、打工返乡人员等创办肉鸡场者及肉鸡养殖场（户）的相关技术人员和经营管理人员阅读，也可以作为大专院校和农村函授及培训班的辅助教材及参考书。

　　由于水平有限，书中可能会有不当之处，敬请广大读者批评指正。

编者

目录

第一章　办场前准备

第一节　肉鸡行业的特点及开办肉鸡场需要的条件 …………………… 1
第二节　市场调查和分析 ……………………………………………… 3
　　一、市场调查的内容 ………………………………………………… 3
　　二、市场调查方法 …………………………………………………… 5
第三节　投资概算和效益预测 ………………………………………… 7
　　一、肉鸡场的工艺设计 ……………………………………………… 7
　　二、鸡场的投资概算和效益分析 ………………………………… 17
第四节　办场手续和备案 ……………………………………………… 20
　　一、项目建设申请 …………………………………………………… 20
　　二、养殖场建设 ……………………………………………………… 21
　　三、动物防疫合格证办理 …………………………………………… 21
　　四、工商营业执照办理 ……………………………………………… 21
　　五、备案 ……………………………………………………………… 22

第二章　肉鸡场的建设

第一节　科学选择场址和规划布局 …………………………………… 23
　　一、选择场址 ………………………………………………………… 23
　　二、规划布局 ………………………………………………………… 26
第二节　鸡舍的设计 …………………………………………………… 29
　　一、鸡舍的种类、规格和配备 …………………………………… 29
　　二、鸡舍设计的基本知识 …………………………………………… 31
　　三、鸡舍设计 ………………………………………………………… 34
第三节　肉鸡场的常用设备 …………………………………………… 48
　　一、笼具 ……………………………………………………………… 48

二、 条板 ……………………………………… 50

三、 喂料设备 …………………………………… 50

四、 饮水设备 …………………………………… 51

五、 清粪设备 …………………………………… 52

六、 通风设备 …………………………………… 53

七、 照明设备 …………………………………… 54

八、 加温和降温设备 …………………………… 54

九、 肉鸡场的隔离设施 ………………………… 56

第三章　肉鸡的品种及选择　《《《

第一节　肉鸡品种介绍 …………………………… 59

一、 国外品种（快大型肉鸡）…………………… 59

二、 国内肉鸡品种（优质肉鸡）………………… 63

三、 肉杂鸡 ……………………………………… 70

第二节　肉鸡品种选择和引进 …………………… 70

一、 优良品种的选择 …………………………… 70

二、 肉鸡的订购 ………………………………… 71

三、 雏鸡的选择和运输 ………………………… 73

四、 雏鸡的安置 ………………………………… 75

第四章　肉鸡的饲料和营养　《《《

第一节　肉鸡的营养需要 ………………………… 76

一、 肉鸡需要的营养物质 ……………………… 76

二、 肉鸡营养需要（饲养标准）………………… 88

第二节　肉鸡的常用饲料 ………………………… 103

一、 能量饲料 …………………………………… 103

二、 蛋白质饲料 ………………………………… 110

三、 草粉及树叶粉饲料 ………………………… 118

四、 矿物质饲料 ………………………………… 119

五、 维生素饲料 ………………………………… 120

六、 饲料添加剂 ………………………………… 120

第三节　肉鸡的日粮配制 ………………………… 129

一、 日粮配制的原则 …………………………… 129

　　二、肉鸡饲料配方设计注意点 ………………………………… 132

　　三、肉鸡日粮配方设计方法 …………………………………… 134

第四节　实用配方精选 ………………………………………………… 138

　　一、快大型肉鸡配方 …………………………………………… 138

　　二、黄羽肉鸡配方 ……………………………………………… 141

第五章　肉用种鸡的饲养管理

第一节　育雏期饲养管理 …………………………………………… 143

　　一、接雏 ………………………………………………………… 143

　　二、育雏的适宜环境条件 ……………………………………… 143

　　三、育雏期饲喂 ………………………………………………… 146

　　四、育雏期饮水 ………………………………………………… 146

　　五、育雏期垫料管理 …………………………………………… 147

　　六、断喙 ………………………………………………………… 147

　　七、强弱分群 …………………………………………………… 148

　　八、日常管理 …………………………………………………… 148

第二节　育成期的饲养管理 ………………………………………… 149

　　一、饲喂和饮水 ………………………………………………… 149

　　二、限制饲养 …………………………………………………… 150

　　三、限制饲养时应注意的问题 ………………………………… 152

　　四、垫料管理 …………………………………………………… 153

　　五、光照管理 …………………………………………………… 153

　　六、通风管理 …………………………………………………… 153

　　七、卫生管理 …………………………………………………… 153

第三节　肉用种鸡产蛋期的饲养管理 ……………………………… 153

　　一、饲养方式 …………………………………………………… 153

　　二、环境要求 …………………………………………………… 154

　　三、开产前的饲养管理 ………………………………………… 154

　　四、产蛋期的饲养管理 ………………………………………… 155

第四节　种公鸡的饲养管理 ………………………………………… 159

　　一、种公鸡的培育要点 ………………………………………… 159

　　二、种公鸡的饲养 ……………………………………………… 159

　　三、种公鸡的选择 ……………………………………………… 161

　　四、保持腿部健壮 ……………………………………………… 161

　　五、不同配种方式种公鸡管理要点 …………………………… 161

第六章 商品肉鸡的饲养管理

第一节 快大型肉仔鸡的饲养管理 …………………… 163
一、选择适宜的饲养方式 …………………… 163
二、做好准备工作 …………………… 166
三、肉鸡的饲养 …………………… 167
四、肉仔鸡的管理 …………………… 173
第二节 优质黄羽肉鸡的饲养管理 …………………… 181
一、育雏期的饲养管理 …………………… 181
二、生长期和育肥期的饲养管理 …………………… 181
三、优质黄羽肉仔鸡的季节性管理 …………………… 183

第七章 肉鸡的疾病防控

第一节 肉鸡场疾病综合防治 …………………… 186
一、严格隔离 …………………… 186
二、注意卫生 …………………… 187
三、严格消毒 …………………… 199
四、确切免疫接种 …………………… 213
五、药物使用 …………………… 229
第二节 肉鸡的常见病防治 …………………… 249
一、传染病 …………………… 249
二、寄生虫病 …………………… 273
三、营养代谢病 …………………… 279
四、中毒病 …………………… 283

第八章 肉鸡场的经营管理

第一节 经营管理的概念、意义及内容 …………………… 287
一、经营管理的概念 …………………… 287
二、经营管理的意义 …………………… 288
三、经营管理内容 …………………… 288
第二节 经营预测和经营决策 …………………… 289
一、经营预测 …………………… 289
二、经营决策 …………………… 289

第三节　计划管理 ……………………………………… 293
　一、鸡群周转计划 ……………………………………… 294
　二、饲料计划 …………………………………………… 295
　三、肉仔鸡年度生产计划表 …………………………… 296
　四、产品计划 …………………………………………… 296
　五、年财务收支计划 …………………………………… 296
第四节　生产运行过程的经营管理 …………………… 297
　一、制定技术操作规程 ………………………………… 297
　二、制定日工作程序 …………………………………… 297
　三、制定综合防疫制度 ………………………………… 298
　四、劳动定额和劳动组织 ……………………………… 299
　五、记录管理 …………………………………………… 300
第五节　经济核算 ……………………………………… 305
　一、资产核算 …………………………………………… 305
　二、成本核算 …………………………………………… 307
　三、赢利核算 …………………………………………… 310

附录

附录一　肉鸡允许使用的药物、药物添加剂和使用规定 ………… 312
附录二　允许作治疗使用，但不得在动物性食品中检出
　　　　残留的兽药 ……………………………………… 318
附录三　禁止使用，并在动物性食品中不得检出残留的兽药 …… 318

参考文献

<<<<<

办场前准备

开办肉鸡场的目的不仅可以为市场提供优质量多的肉品，也是为了获得更好的经济效益。开办肉鸡养殖场之前，要了解肉鸡行业的特点及开办肉鸡场需具备的条件，进行市场调查和分析，进行投资估算和经济效益分析，然后申办各种手续并在有关部门备案。

第一节 肉鸡行业的特点及开办肉鸡场需要的条件

（一）肉鸡养殖业的特点

1. 饲养期短、周转快

肉鸡生长发育快，以美国爱拔益加肉仔鸡的增重标准为例，6周龄末公母混群饲养的肉鸡平均体重为 2145 克，大约是初生雏重 40 克的 53.6 倍，公鸡体重为初生雏重的 57.7 倍、母鸡体重为初生雏重的 49.5 倍；9 周龄末公母混群饲养的肉鸡体重为初生雏重的 92.8 倍，公鸡体重为初生雏重的 101.2 倍、母鸡体重为初生雏重的 84.3 倍。一般饲养一批肉鸡只需 6 周龄（国外 5 周龄）左右，即 42 天就可出售。第一批肉鸡出售后，为防止疾病传播，需对鸡舍及设备进行彻底清扫、冲洗、消毒以及维修等工作，这中间要空舍 14 天。饲养 42 天，加空舍 14 天，每养一批鸡共需 56 天，一年内一栋鸡舍可养 6～7 批鸡。这样，资金占用量小，回收快。

2. 生产成本低

肉鸡是畜禽中饲料利用率最高的，一般高产肉鸡 7 周龄末活体重可达 2～2.4 千克，每增重 1 千克肉消耗饲料约 1.7～1.9 千克，肉料比为 1∶(1.7～1.9)，饲料成本较低。现代肉鸡体质强壮，没有恶癖，抗病力强，发育迅速，成活率高，可以高密度大群饲养，数千数万只肉鸡养在一栋鸡舍内，平养肉鸡每平方米可以饲养 10 只以上，极大减少鸡舍面积，降低基建费用和产品成本。机械化、自动化的生产，一个劳动力可以管理几万、甚至几十万只肉鸡，可以极大降低劳动力成本。所以，肉鸡生产是畜禽生产中产品成本最低的一种。

3. 商品性强

肉鸡不仅生长快、耗料少、成活率高，而且个体发育较为均匀，体重大小整齐一致，出栏商品率高。经过长期选育改良的优良肉鸡品种，在同一日龄、同一性别、同一环境条件下饲养，它们的一致性或整齐性表现较好。虽然公鸡、母鸡体重之间有较大差异，公鸡生长快、体重大，母鸡生长慢、体重小，但通过实行公、母鸡分开饲养，或公母鸡分批出售的办法，提高了整齐性和商品率；肉鸡的销售产品种类多，可以是活鸡，也可以是分割鸡，可以是生品，也可以是熟制品等；肉仔鸡屠宰率高达 90% 以上，一般胸肌率和腿肌率都在 20% 以上，屠体可食部分所占的比例高，所以具有较强的商品性。

4. 经济效益好

饲养肉鸡虽然具有一定的风险，但同其他养殖项目相比较，还是见效更快、收益更好的养殖业。按目前饲养技术水平，每批养 40～45 天，出栏体重在 2～2.5 千克，每只鸡可获利润 2～5 元，一个农户每批养 2000 只，一年养 5 批，每批出栏率按 95% 计算，一年要出售 9500 只肉鸡，每只鸡获利润 5 元，一年就可赚 4.75 万元。

（二）办场条件

1. 市场条件

开办肉鸡场生产的产品是商品，只有通过市场交换才能体现其产品价值和效益高低。市场条件优越，产品价格高，销售渠道畅通，生产资料充足易得，同样的资金投入和管理就可以获得较高的投资回报，否则，市场条件差或不了解市场及市场变化趋势，盲目上马或扩大规模，就可能导致资金回报差，甚至亏损。

2. 资金条件

进行专业化肉鸡生产，需要场地、建筑鸡舍，购买设备用具和雏鸡，同时需要大量的饲料等，前期需要不断的资金投入，资金占用量大，如目前建设一个出栏 100000 只肉鸡的鸡场需要投入资金 120 万～150 万元，如果是种用肉鸡生产，需要的资金则更多。如果没有充足的资金保证或良好的筹资渠道，上马后出现资金短缺，鸡场就无法进行正常运转。

3. 技术条件

投资开办肉鸡场，技术是关键。鸡场和鸡舍的设计建筑、优良品种的引进选择、环境和疾病的控制、饲养管理和经营管理等都需要先进技术和掌握先进养鸡技术的人才。否则，就不能进行科学的饲养管理，不能维持良好的生产环境，不能进行有效的疾病控制，鸡群的生产性能不能充分发挥，疾病经常发生，会严重影响经营效果。规模越大，对技术的依赖程度越强。肉鸡场的经营者必须掌握一定的养殖技术和知识，并且要善于学习和请教；规模化肉鸡场最好设置有专职的技术管理人员，负责全面技术工作。

第二节　市场调查和分析

肉鸡场的规模、经营方式、管理水平等不同，投资回报率也就不同，要获得较好的效益，必须做好市场调查，并进行市场分析，根据市场需求和自己具备的条件，正确确定经营方向和规模，避免盲目，力求使生产更加符合市场要求，以便投产后取得较好的经济效益。

一、市场调查的内容

影响养鸡业生产和效益提高的市场因素较多，都需要认真做好调查，获得第一手资料，才能进行分析、预测，最后进行正确决策。具体内容有：

（一）市场需求调查

1. 市场容量调查

市场容量调查，一是进行区域市场总容量调查。通过调查，有利于企业从整体战略上把握发展规模，是实现"以销定产"的最基本策略。所以，准备或确定建立肉鸡场应该在建场前进行调查，以市场容量确定规模和性质。不仅要调查现有市场容量，还要考虑潜在市场容量。二是对具体批发市场销量、销售价格变化的调查。这类调查对销售实际操作作用较大，需经常性进行。有利于帮助企业及时发现哪些市场销量、价格发生了变化，查找原因，及时调整生产方向和销售策略。同时还要了解潜在市场，为项目的决策提供依据。

2. 适销品种调查

肉鸡的经济类型和品种多种多样，不同的地区对产品的需求也有较大差异。如有的地区需要快大型肉鸡，有的地区喜欢优质黄羽肉鸡，也有的地区喜欢淘汰蛋鸡。有的地区肉鸡需要外销，有的地区肉鸡只是内销，对品种的选择也有差异。适销品种的调查在宏观上对品种的选择具有参考意义，在微观上对销售具体操作，满足不同市场的品种需求也很有价值。

（二）市场供给调查

对养殖企业来说，市场需要（肉鸡产品市场需要的种类主要有雏鸡和不同类型的肉鸡）由需求和供给组成，要想获得经营效益，仅调查需求方面的情况还不行，对供给方面的情况也要着力调查。

1. 当地区域产品供给量

当地主要生产企业、散养户等在下一阶段的产品预测上市量，这些内容的调查有利于做好阶段性的销售计划，实现有计划的均衡销售。

2. 外来产品的输入量

目前信息、交通都很发达，跨区域销售的现象越来越普遍，这是一种不能人为控制的产品自然流通现象。在外来产品明显影响当地市场时，有必要对其价格、货源持续的时间等做充分的了解，做出较准确的评估，以便确定生产规模或进行生产规模的调整。

3. 相关替代产品的情况

肉类食品中的鸭、鹅、猪、牛、羊、鱼等都会相互影响，有必要了解相关肉类产品的情况。

（三）市场营销活动调查

1. 竞争对手的调查

调查的内容包括竞争者产品的优势、竞争者所占的市场份额、竞争者的生产能力和市场计划、消费者对主要竞争者的产品认可程度、竞争者产品的缺陷以及未在竞争产品中体现出来的消费者要求。

2. 销售渠道调查

销售渠道是指商品从生产领域进入消费领域所经过的通道，目前肉鸡产品的销售渠道主要有两种：生产企业—批发商—零售商—消费者；生产企业—屠宰厂—零售商—消费者。

（四）其他方面调查

如市场生产资料调查，饲料、燃料等的供应情况和价格，以及人力资源情况等。

二、市场调查方法

市场调查的方法很多，有实地调查、问卷调查、抽样调查等，目前调查家禽市场多采用实地调查当中的访问法和观察法。

（一）访问法

访问法是将所拟调查事项，当面或书面向被调查者提出询问，以获得所需资料的调查方法。访问法的特点在于整个访谈过程是调查者与被调查者相互影响、相互作用的过程，也是人际沟通的过程。访问法在家禽市场调查中经常采用个人访问。

个人访问法是指访问者通过面对面地询问和观察被访者而获得信息的方法。访问要事先设计好调查提纲或问卷，调查者可以根据问题顺序提问，也可以围绕调查问题自由交谈，在谈话中要注意做好记录，以便事后整理分析。一般来说，调查家禽市场的访问对象有：家禽批发商、零售商、消费者、肉禽种禽养殖户、市场管理部门等，调查的主要内容是市场销量、价格、品种比例、品种质量、货源、客户经营状况以及市场状况等。

要想取得良好的效果，访问方式的选择是非常重要的，一般来讲，个人访问有三种方式：

1. 自由问答

自由问答是指调查者与被调查者之间自由交谈，获取所需的市场资料。自由问答方式可以不受时间、地点以及场合的限制，被调查者能不受限制地回答问题，调查者则可以根据调查内容和时机以及调查进程灵活地采取讨论、质疑等形式进行调查，对于不清楚的问题可采取讨论的方式解决。进行一般性、经常性的家禽市场调查多采用这种方式，选择公司客户或一些相关市场人员作为调查对象，自由问答，获取所需的市场信息。

2. 发问式调查

发问式调查又称倾向性调查，是指调查人员事先拟好调查提纲，而在谈话时按提纲进行询问。进行家禽市场的专项调查时常采用这种方法，目的性较强，有利于集中、系统地整理资料，也有利于提高效率，节省调查时间和费用。选择发问式调查，要注意选择调查对象，尽量选择较全面了解市场状况以及行业状况的人进行调查。

3. 限定选择

限定选择又称强制性选择，类似于问卷调查，指在个人访问调查时列出某些调查内容选项，让调查对象选择。此方法多适用于专项调查。

（二）观察法

观察法是指调查者在现场对调查对象直接观察、记录，以取得市场信息的方法。观察法要凭调查人员的直观感觉或借助于某些摄录设备和仪器，跟踪、记录和考察对象，获取某些重要的信息。观察法有自然、客观、直接、全面的特点。观察的内容如下。

1. 市场经营状况观察

选择适当的时间段观察市场整体状况，包括档口的多少、大小、设置，顾客购买情况，肉鸡库存情况，再结合访问等得到的资料，初步综合判断市场经营状况等。

2. 产品质量、适销体重等的观察

观察禽只的体重、毛色、肉色等，判断禽只的质量档次，观察库存肉禽只的体重，结合访问等判断禽只适销体重。

3. 顾客行为观察

通过观察顾客活动及其进出市场的客流情况，如顾客购买家禽的偏好，对价格、质量的反映评价，对品种的选择，以及不同时间的客流情况等，可以得出顾客的构成、行为特征以及产品畅销品种和客流规律情况等市场信息。

4. 顾客流量观察

观察记录市场在一定时段内进出的车辆，购买者数量、类型，借以评定、分析该市场的销量以及活跃程度等。

5. 痕迹观察

有时观察调查对象的痕迹比观察活动本身更能取得准确的所需资料，如通过批发商的购销记录本和市场的一些通知、文件资料等，可以掌握批发商的销量、卖价以及市场状况，收集一些难以直接获得的可靠信息。

为提高观察调查法的效果，观察人员要在观察前做好计划，观察中注意运用技巧，观察后注意及时记录整理，以取得深入、有价值的信息，做出准确的调查结论。

在实际调查中，往往将访问、观察等调查方法综合运用，要根据调查目的、内容不同而灵活运用方法，才能取得良好效果。

第三节　投资概算和效益预测

经过市场调查，确定建设肉鸡场，首先进行生产工艺设计，然后进行投资概算和效益分析。

一、肉鸡场的工艺设计

鸡场生产工艺是指养鸡生产中采用的生产方式（鸡群组成、周转方式、饲喂饮水方式、清粪方式和产品的采集等）和技术措施（饲养管理措施、卫生防疫制度、废弃物处理方法等）。工艺设计是科学建场的基础，也是以后进行生产的依据和纲领性文件，所以，生产工艺设计需要运用畜牧兽医知识，从实际情况出发，考虑生产和科学技术的发展，使方案科学、先进又切合实际并能付诸实践。另外，作为依据和纲领应力求具体详细。

（一）肉鸡场的性质

鸡场性质不同，鸡群组成不同，周转方式不同，对饲养管理和环境条件的要求不同，采取的饲养管理措施不同，对鸡场的设计要求和资金投入也不同。鸡场性质既决定了鸡场的生产经营方向和任务，又影响到鸡场的资金投入和经营效果。

1. 根据不同的代次划分

(1) 原种场 (选育场, 曾祖代场) 进行品种选育、杂交组合配套试验, 生产配套系。

(2) 种鸡场 (祖代场和父母代场) 进行一级杂交制种和二级杂交制种生产父母代和商品代肉仔鸡。

(3) 商品场 饲养肉用仔鸡, 生产肉用鸡。

2. 按照鸡的经济用途划分

可分为快大型肉鸡场、优质黄羽肉鸡场以及肉用土鸡场。

(二) 鸡场规模

1. 鸡场规模表示方法

鸡场规模表示方法一般有三种。

(1) 以存栏繁殖母鸡只 (套) 数来表示 如父母代种鸡场存栏 CD 母鸡 5000 只, 其规模就是 5000 套父母代种鸡, 其中鸡场的 AB 公鸡不算在内, 根据母鸡数量进行配套; 如一个商品蛋鸡场, 有产蛋母鸡 5000 只, 其规模就是 5000 只母鸡的鸡场。生产中常用于蛋鸡场和种鸡场。

(2) 以年出栏商品鸡只数来表示 如年出栏商品肉鸡 50 万。

(3) 以常年存栏鸡的只数来表示 如年出栏商品肉鸡 50 万只, 全进全出, 每年 5 批, 需要存栏肉鸡 10 万只。

2. 养鸡场的种类及规模划分 (表 1-1)

表 1-1　不同性质鸡场的规模划分

类　别		大型养鸡场	中型养鸡场	小型养鸡场
种鸡场/万只	祖代鸡场	≥1.0	<1.0,≥0.5	<0.5
	父母代	≥5.0	<5.0,≥1.0	<1.0
商品场/万只	肉鸡场	≥100.0	<100,≥50	<50.0

注: 种鸡场的规模单位为万套繁殖母鸡。

(三) 影响鸡场性质和规模的因素

鸡场经营方向和规模的大小, 受到内外部各种主客观条件的影响。影响中小型鸡场经营方向和规模大小的主要有如下因素。

1. 市场需要

市场的活鸡价格、雏鸡价格和饲料价格等是影响鸡场性质和饲养规模的主要因素。如在饲料价格一定的情况下,肉鸡价格高,饲养肉鸡有利;肉用仔鸡短缺,价格高时,饲养肉用种鸡利润就高。随着人们对绿色和优质禽产品需求的增加,饲养优质黄羽肉鸡和土鸡也成为许多养鸡户选择的项目。鸡场生产的产品是商品,商品必须通过市场进行交换而获得价值。同样的资金,不同的经营方向和不同的市场条件获得的回报也有很大差异。鸡场的经营方向有多种,要确定鸡场经营方向(性质),必须考虑市场需要和容量,不仅要看到当前需要,更要掌握大量的市场信息并进行细致分析,正确预测市场近期和远期的变化趋势及需要(因为现在市场价格高的产品,等到你生产出来产品时价格不一定高),然后进行正确决策,才能取得较好效益。

市场需求量、鸡产品的销售渠道和市场占有量直接关系到鸡场的生产效益。如果市场对鸡产品需求量大,价格体系稳定健全,销售渠道畅通,规模可以大些,反之则宜小。只有根据生产需要进行生产,才能避免生产的盲目性。

2. 经营能力

经营者的素质和能力直接影响鸡场的经营管理水平。鸡场层次越高、规模越大,对经营管理水平要求越高。经营者的素质高、能力强,能够根据市场需求不断进行正确决策,不断引进和消化吸收新的科学技术,合理地安排和利用各种资源,充分调动饲养管理人员的主观能动性,可获得较好经济效益。

3. 资金数量

养鸡生产需要征用场地、建筑鸡舍、配备设备设施、购买饲料和种鸡以及进行粪污处理等,都需要大量的资金投入。层次越高,规模越大,需要的投资也越多。如种鸡场,基本建设投资大,引种费用高(如一只祖代鸡鸡苗高的需要几十美元,低的也需要几十元人民币)。不根据资金数量多少而盲目上层次、扩规模,结果投产后可能由于资金不足而影响生产正常进行。因此,确定鸡场性质和规模要量力而行,资金拥有量大,其他条件具备的情况下,经营规模可以适当大一些。

4. 技术水平

现代养鸡业与传统的养鸡业有很大不同，品种、环境、饲料、管理等方面都要求较高的技术支撑，鸡的高密度饲养和多种应激反应严重影响鸡体健康，也给疾病控制增加了更大难度。要保证鸡群健康，发挥生产性能，必须应用先进技术。

不同性质的鸡场，对技术水平要求不同。种鸡场，特别是祖代场，饲养 A、B、C、D 等多个品系鸡，需要进行杂交制种、选育、孵化等工作，其质量和管理直接影响到父母代鸡和商品鸡的质量和生产表现，生产环节多，饲养管理过程复杂，对隔离、卫生和防疫要求严格，对技术水平要求高。而商品鸡场生产环节少，饲养管理过程比较简单，相对技术水平较低。如果不考虑技术水平和技术力量，就可能影响投产后的正常生产。

规模化养鸡业，鸡的饲养数量多，鸡群密集，生产性能高，对环境条件要求也更苛刻，经营管理人员和饲养人员必须掌握科学的饲养和管理技术，为鸡的生活和生产提供适宜的条件，满足鸡的各种需要，保证鸡体健康，最大限度地发挥鸡的生产潜力。否则，缺乏科学技术，盲目增大规模，不能进行科学的饲养管理和疾病控制，结果鸡的生产潜力不能发挥，疾病频繁发生，不仅不能取得良好的规模效益，甚至会亏损倒闭。

（四）肉鸡场的性质和规模确定

1. 性质的确定

种鸡场担负着品种选育和杂交任务，鸡群组成和公母比例都应符合选育工作需要，饲养方式也要考虑个体记录、后裔测定、杂交制种等技术措施的实施，对各种技术条件、环境条件要求也更严格，资金投入也多；商品鸡场只是生产鸡肉，生产环节简单，相对来说，对硬件和软件建设要求都不如种鸡场严格，资金投入较少。所以，新开办鸡场要综合考虑社会及生产需要、技术力量和资金状况等因素确定自己的经营方向（性质）。否则，就可能影响投资效果。

2. 规模的确定

鸡场规模的大小也受到资金、技术、市场需求、市场价格以及环境的影响，所以确定饲养规模要充分考虑这些影响因素。开办鸡场，资金、技术和环境是制约规模大小的主要因素，不应该盲目追求数量。养殖数量虽多，但由于技术、资金和管理滞后，环境条件差，饲养管理不善，环境污染严重，疾病频繁发生，也不可能取得好的饲养效果，应该注重适度规模。适度规模的确定方法如下：

（1）适存法　根据适者生存这一原理，观察一定时期内鸡的生产规模水平变化和集中趋势，从而判断哪种规模为最佳规模。这是最简单的一种方法，适合专业户使用。只要考察一下一个地区不同经营规模场的变迁和集中趋势，就可粗略了解当地以哪一种经营规模最为合适。以某省份 2005 年对 30 个县（市）规模商品肉鸡场情况调查为例，2000 只规模场（户）2008 年比 2003 年下降 8 个百分点，2000～5000 只场（户）上升 10 个百分点，5000 只以上场（户）增加 1 个百分点。可以认为以 2000～5000 只规模较为适合。

（2）综合评分法　此法是比较在不同经营规模条件下的劳动生产率、资金利用率、鸡的生产率和饲料转化率等各项指标，评定不同规模间经济效益和综合效益，以确定最优规模。

具体做法是先确定评定指标并进行评分，其次是合理地确定各指标的权重（重要性），然后采用加权平均的方法，计算出不同规模的综合指数，获得最高指数值的经营规模即为最优规模。

（3）投入产出分析法　此法是根据动物生产中普遍存在的报酬递减规律及边际平衡原理来确定最佳规模的重要方法。也就是通过产量、成本、价格和赢利的变化关系进行分析和预测，找到盈亏平衡点，再衡量规划多大的规模才能达到多赢利的目标。

养鸡生产成本可以分为固定成本和变动成本两种。鸡场占地、鸡舍笼具及附属建筑、设备设施等投入为固定成本，它与产量无关；雏鸡的购入成本、饲料费用、人工工资和福利、水电燃料费用、医药费、固定资产折旧费和维修费等为变动成本，与主产品产量呈某种关系。可以利用投入产出分析法求得盈亏平衡时的经营规模和计划一定盈利（或最大赢利）时的经营规模。利用成本、价格、产量之间的关系列出总成本的计算公式：

$$PQ = F + QV + PQx$$

$$Q = \frac{F}{P(1-x) - V} \tag{1-1}$$

式中，F 表示某种产品的固定成本；x 表示单位销售额的税金；

V 表示单位产品的变动成本；P 表示单位产品的价格；Q 表示盈亏平衡时的产销量。

【例1】某商品肉鸡场固定资产投入100万元，计划10年收回投资；每千克肉鸡的变动成本为7.2元，肉鸡价格8元/千克，肉鸡出栏体重2.5千克，饲养周期60天，每年生产6批。求盈亏平衡时的存栏规模？

解：盈亏平衡时的肉鸡出栏量＝100000元（注：每年的固定资产折旧费）÷（8－7.2）元/千克÷2.5千克/只＝50000只

盈亏平衡时的肉鸡存栏量＝年出栏量÷批次＝50000只÷6≈8334只

如果获得利润，肉鸡存栏量必须超过8334只。

如要赢利10万元，需要存栏肉鸡为：[（100000＋100000）元÷（8－7.2）元/千克÷2.5千克/只÷6≈16667只

（4）成本函数法　通过建立单位产品成本与养鸡生产经营规模变化的函数关系来确定最佳规模，单位产品成本达到最低的经营规模即为最佳规模。

（五）鸡群的组成和周转

鸡场的生产工艺流程关系到隔离卫生，也关系到鸡舍的类型。肉用种鸡的一个饲养周期一般分为育雏期、育成期和成年鸡三个阶段。育雏期为0～6周龄，育成鸡为7～22周龄，成年产蛋鸡为23～68周龄。肉用仔鸡一个饲养周期可以分为育雏期和育肥期，育雏鸡为0～3周龄，育肥期为4周龄到出栏。不同饲养时期，鸡的生理状况不同，对环境、设备、饲养管理、技术水平等方面都有不同的要求。肉用种鸡场应分别建立不同类型的鸡舍，以满足鸡群生理、行为及生产等的要求，最大限度地发挥鸡群的生产潜能。商品仔鸡场要采用全进全出的饲养工艺。肉鸡场的工艺流程如图1-1所示。

（六）主要工艺参数

工艺参数主要包括鸡群的划分及饲养日数和生产指标。肉用种鸡场鸡群一般可分为雏鸡、育成鸡、种母鸡、青年公鸡、种公鸡。靠外场提供肉用仔鸡的商品肉鸡场，饲养的只有肉用仔鸡。各鸡群的饲养日数，应根据鸡场的种类、性质、品种、鸡群特点、饲养管理条件、

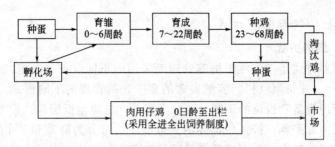

图 1-1 肉鸡场的工艺流程

技术及经营水平等确定，具体见表 1-2～表 1-4。

表 1-2 肉用种鸡体重及耗料

指 标	参 数	指 标	参 数
育雏育成		产蛋期	
7 周龄体重/(克/只)	749～885	25 周龄体重/(克/只)	2727～2863
1～2 周龄日消耗量/(克/只)	26～28	21～25 周龄日耗料/(克/只)	110 渐增至 140
3～7 周龄日消耗量/(克/只)	40 渐增至 56	42 周龄体重/(克/只)	3422～3557
20 周龄体重/(克/只)	2135～2271	26～42 周龄日耗料/(克/只)	161 渐增至 180
18 周龄存活率/%	97～99	43～66 周龄日耗料/(克/只)	170 渐减至 136
8～20 周龄日耗料/(克/只)	59 渐增至 105	66 周龄体重/(克/只)	3632～3768

表 1-3 肉用种鸡产蛋期生产性能

指 标	参 数	指 标	参 数
饲养日产蛋数/(枚/只)	209	入舍鸡产种蛋数/(枚/只)	183
饲养日平均产蛋率/%	68.0	平均孵化率/%	86.8
入舍鸡产蛋率/%	92	入舍鸡产雏数/只	159
入舍鸡产蛋数/(枚/只)	199	平均月死淘率/%	1 以下

表 1-4 肉用仔鸡产蛋期生产性能

指 标	参 数	指 标	参 数
1～4 周龄体重变化/克	150 渐增至 1060	5～7 周龄饲料效率	1.92∶1
1～4 周龄累计饲料效率	1.41∶1	全期死亡率/%	2～3
5～7 周龄体重变化/克	1455 渐增至 2335		

（七）饲养管理方式

1. 饲养方式

饲养方式是指为便于饲养管理而采用的不同设备、设施（栏圈、笼具等），或每圈（栏）容纳畜禽的多少，或管理的不同形式。如按饲养管理设备和设施的不同，可分为笼养、缝隙地板饲养、板条地面饲养或地面平养；按每栏饲养的只数多少，可分为群养和单个饲养。饲养方式的确定，需考虑畜禽种类、投资能力和技术水平、劳动生产率、防疫卫生、当地气候和环境条件以及饲养习惯等。肉用种鸡的饲养方式主要是网上（条板）-地面结合平养，也有少数为笼养；肉用仔鸡的饲养方式主要有笼养、网上平养、地面平养等。

2. 饲喂方式

饲喂方式是指不同的投料方式或饲喂设备（例如采用链环式料槽等机械喂饲）或不同方式的人工喂饲等。采用何种喂饲方式应根据投资能力、机械化程度等因素确定。小型肉鸡场多采用人工饲喂，规模化肉鸡场可采用机械喂料。

3. 饮水方式

饮水方式有水槽饮水和各种饮水器（杯式、乳头式）自动饮水。水槽饮水不卫生，劳动量大；饮水器自动饮水清洁卫生，劳动效率高。

4. 清粪方式

清粪方式有机械清粪和人工清粪两种。机械清粪有刮板式和传送带式两种；刮板式用于阶梯式笼养和平养鸡舍，传送带式用于层叠式笼养肉鸡舍；人工清粪有刮粪和小车推粪两种：刮粪是将粪便刮到走道上或墙外，然后用粪车运到粪场，育雏笼饲养时可将盛粪盘中的粪便直接倒入粪车运出，小车推粪是高床笼养时，清粪人员直接推着小车进入笼下粪道中，将粪运出舍外。目前，适用于肉鸡场的清粪方式是刮板式机械清粪和高床式人工清粪，工作效率高，清洁卫生。

（八）环境参数和建设标准

1. 肉鸡场环境参数

鸡场环境参数包括温度、湿度、通风量和气流速度、光照强度和时间、有害气体浓度、空气含尘量和微生物含量等，以为建筑热工、供暖降温、通风排污和排湿、光照等设计提供依据。鸡场环境参数标准见表 1-5、表 1-6。

表 1-5　鸡舍内小气候标准

鸡舍类型	饲养方式	温度/℃	相对湿度/%	噪声/dB	尘埃/(毫克/立方米)	CO_2/%	NH_3/(毫升/立方米)	SO_2/(毫升/立方米)
成年鸡	笼养	20～18	60～70	90	2～5	0.2	13	3
	地面平养	16～12	60～70	90	2～5	0.2	13	3
1～30 日龄鸡舍	笼养	31～20	60～70	90	2～5	0.2	13	3
	地面平养	31～24	60～70	90	2～5	0.2	13	3
31～70 日龄	笼养	20～18	60～70	90	2～5	0.2	13	3
	地面平养	18～16	60～70	90	2～5	0.2	13	3
71～150 日龄	笼养	16～14	60～70	90	2～5	0.2	13	3
	地面平养	16～14	60～70	90	2～5	0.2	13	3

表 1-6　通风量参数

鸡舍类型	饲养方式	换气量/[立方米/(小时·千克)]		气流速度/(米/秒)	
		冬季	夏季	冬季	夏季
成年鸡	平养	0.75	5.0	0.15～0.25	1.5～2.5
1～9 周龄雏鸡	平养	0.8～1.0	5.0	0.1～0.2	1.5～2.5
10～22 周龄	平养	0.75～1.0	5.0	0.1～0.2	1.5～2.5
肉用仔鸡	笼养或平养	0.7～1.0	5.0	0.1～0.2	1.5～2.5

2. 建设场地标准（表 1-7）

表 1-7　肉鸡场场地面积推荐表

性质	养殖场规模/万只（或万鸡位）	占地面积/万平方米（或公顷）	总建筑面积/平方米	生产建筑面积/平方米
祖代鸡场	0.5	4.5	3480	3020
父母代场	1.0	2.0	3530	3100
	0.5	0.9	1890	1660
商品肉鸡场	50.0	4.2	107500	9340
	10.0	0.9	2150	1870

（九）肉鸡场的人员组成

管理定额的确定主要取决于畜禽场性质和规模、不同畜禽的要求、饲养管理方式、生产过程的集约化及机械化程度、生产人员的技术水平和工作熟练程度等。管理定额应明确规定工作内容和职责，以及工作的数量（如饲养畜禽的头只数、畜禽应达到的生产力水平、死淘率、饲料消耗量等）和质量（如畜禽舍环境管理和卫生情况等）。管理定额是鸡场实施岗位责任制和定额管理的依据，也是牧场设计的参数。一幢鸡舍容纳鸡的头（只）数，宜恰为一人或数人的定额数，以便于分工和管理。由于影响管理定额的因素较多，而且其本身也并非严格固定的数值，故实践中需酌情确定并在执行中进行调整。

（十）卫生防疫制度

疫病是畜牧生产的最大威胁，积极有效的对策是贯彻"预防为主，防重于治"的方针，严格执行国务院发布的《家畜家禽防疫条例》和农业部制定的《家畜家禽防疫条例实施细则》。工艺设计应据此制定出严格的卫生防疫制度。此外，肉鸡场还须从场址选择、场地规划、建筑物布局、绿化、生产工艺、环境管理、粪污处理利用等方面注重设计并详加说明，全面加强卫生防疫，在建筑设计图中详尽绘出与卫生防疫有关的设施和设备，如消毒更衣淋浴室、隔离舍、防疫墙等。

（十一）肉鸡舍的样式、构造、规格和设备

肉鸡舍样式、构造的选择，主要考虑当地气候和场地地方性小气候、鸡场性质和规模、鸡的种类以及对环境的不同要求、当地的建筑习惯和常用建材、投资能力等。

肉鸡舍设备包括饲养设备（笼具、网床、地板等）、饲喂及饮水设备、清粪设备、通风设备、供暖和降温设备、照明设备等。设备的选型须根据工艺设计确定的饲养管理方式（饲养、饲喂、饮水、清粪等方式）、畜禽对环境的要求、舍内环境调控方式（通风、供暖、降温、照明等方式）、设备厂家提供的有关参数和价格等进行选择，必要时应对设备进行实际考察。各种设备选型配套确定之后，还应分别计算出全场的设备投资及电力和燃煤等的消耗量。

（十二）肉鸡舍种类、幢数和尺寸的确定

在完成了上述工艺设计步骤后，可根据肉鸡群组成、饲养方式和劳动定额，计算出各鸡群所需笼具和面积、各类鸡舍的幢数；然后可按确定的饲养管理方式、设备选型、鸡场建设标准和拟建场的场地尺寸，绘出各种鸡舍的平面简图，从而初步确定每幢鸡舍的内部布置和尺寸；最后可按各鸡群之间的关系、气象条件和场地情况，做出全场总体布局方案。

（十三）粪污处理利用工艺及设备选型配套

根据当地自然、社会和经济条件及无害化处理和资源化利用的原则，与环保工程技术人员共同研究确定粪污利用的方式和选择相应的排放标准，并据此提出粪污处理利用工艺，继而进行处理单元的设计和设备的选型配套。

二、鸡场的投资概算和效益分析

投资概算反映了项目的可行性，同时也有利于资金的筹措和准备。

（一）投资概算

1. 投资概算的范围

投资概算可分为三部分：固定投资、流动投资、不可预见费用。

（1）固定投资　包括建筑工程的一切费用（设计费用、建筑费用、改造费用等）、购置设备发生的一切费用（设备费、运输费、安装费等）。

在鸡场占地面积、鸡舍及附属建筑种类和面积、鸡的饲养管理和环境调控设备以及饲料、运输、供水、供暖、粪污处理利用设备的选型配套确定之后，可根据当地的土地、土建和设备价格，粗略估算固定资产投资额。

（2）流动资金　包括饲料、药品、水电、燃料、人工费等各种费用，并要求按生产周期计算铺底流动资金（产品产出前）。根据鸡场规模、鸡的购置、人员组成及工资定额、饲料和能源及价格，可以粗略估算流动资金额。

（3）不可预见费用　主要考虑建筑材料、生产原料的涨价，其次是其他变故损失。

2. 计算方法

鸡场总投资＝固定资产投资＋产出产品前所需要的流动资金＋不可预见费用 (1-2)

（二）效益预测

按照调查和估算的土建、设备投资以及引种费、饲料费、医药费、工资、管理费、其他生产开支、税金和固定资产折旧费，可估算出生产成本，并按本场产品销售量和售价，进行预期效益核算。一般常用静态分析法，就是用静态指标进行计算分析，主要指标公式如下。

盈利＝总收入－总成本＝（单位产品价格－单位产品成本）×产品产量 (1-3)

投资利润率＝年利润/投资总额×100% (1-4)

投资回收期＝投资总额/平均年收入 (1-5)

投资收益率＝（收入－经营费－税金）/总投资×100% (1-6)

（三）举例

【例 2】 年出栏 10 万只肉鸡的肉鸡场的工艺设计、投资估算和效益分析。

1. 工艺设计

（1）**性质规模** 饲养商品肉用仔鸡为市场提供肉鸡；年出栏 10 万只。

（2）**工艺流程** 全场采用全进全出制。每批肉鸡饲养时间 6 周左右，空舍 2 周左右，每年饲养 6 批。

（3）**工艺参数** 见表 1-2～表 1-4。

（4）**饲养管理方式** 采用网上平养，自动饮水，自动喂料，自动清粪。

（5）**鸡舍类型、栋数和规格** 由于采用全进全出制，本场只有一类鸡舍，即肉鸡舍，既要满足育雏期需要，也要满足育肥期需要；年出栏 10 万只，成活率按照 90% 计，需要进雏 11 万只。每年饲养 6 批，则每批饲养肉鸡 1.84 万只。根据劳动定额，每栋舍饲养肉鸡 0.62 万只（2 个人管理），需要 3 栋肉鸡舍。

网上平养，每平方米饲养肉鸡 10 只，每栋舍 620 平方米。舍宽 10 米，则舍长 62 米。

2. 投资估算

（1）固定资产投资　145.00 万元。

① 鸡场建筑投资　肉鸡舍建筑面积为 620×3＝1860 平方米，每平方米 500 元，需要资金 93.0 万元。另外附属建筑 200 平方米，需要资金 12.0 万元，其他建设资金 10.0 万元；合计 115.0 万元。

② 设备购置费　每栋舍设备 10.0 万元（网面、风机、采暖、光照、饲料加工、清粪、饮水、饲喂等设备），需要资金 30.0 万元。

（2）土地租赁费　10 亩（1 亩＝$\frac{1}{15}$公顷＝666.67 平方米）×1500 元/（亩·年）＝1.5 万元。

（3）购买肉用仔鸡费用　每批购进肉用仔鸡 1.84 万只，每只 2.5 元，合计 4.6 万元。

（4）饲料费用　每只鸡饲料费用 15 元，1.84 万只鸡需要饲料费 27.6 万元。

（5）人工费用　6 人×3.0 万元/人÷6＝3.0 万元。

总投资＝145.0 万元＋1.5 万元＋4.6 万元＋27.6 万元＋3.0 万元＝181.7 万元。

3. 效益预测

（1）总收入　出售肉鸡收入 2.5 千克/只×100000 只×8.5 元/千克＝212.5 万元。

（2）总成本

① 鸡舍和设备折旧费　鸡舍利用 10 年，年折旧费 11.5 万元；设备利用 5 年，年折旧费 6.0 万元。合计 17.5 万元。

② 年土地租赁费 1.5 万元。

③ 饲料费用　15.0 元/（只·年）×105000 只（注：增加了死亡鸡消耗的饲料）＝157.5 万元。

④ 人工费　6 人×3.0 万元/人＝18.0 万元。

⑤ 电费等与副产品抵消。

合计：194.5 万元。

（3）年收入　年收益＝总收入－总成本＝212.5 万元－194.5 万

元＝18.0万元。

第四节　办场手续和备案

规模化养殖不同于传统的庭院养殖，养殖数量多，占地面积大，产品产量和废弃物排放多，必须要有合适的场地，最好进行登记注册，这样可以享有国家有关养殖的优惠政策和资金扶持。登记注册需要手续，并在有关部门备案。

一、项目建设申请

（一）用地申批

近年来，传统农业向现代农业转变，农业生产经营规模不断扩大，农业设施不断增加，对于设施农用地的需求越发强烈（设施农用地是指直接用于经营性养殖的畜禽舍、工厂化作物栽培或水产养殖的生产设施用地及其相应附属设施用地，农村宅基地以外的晾晒场等农业设施用地）。

《国土资源部、农业部关于完善设施农用地管理有关问题的通知》（国土资发［2010］155号）对设施农用地的管理和使用做出了明确规定，将设施农用地具体分为生产设施用地和附属设施用地，认为它们直接用于或者服务于农业生产，其性质不同于非农业建设项目用地，依据《土地利用现状分类》（GB/T 21010—2007），按农用地进行管理。因此，对于兴建养殖场等农业设施占用农用地的，不需办理农用地转用审批手续，但要求规模化畜禽养殖的附属设施用地规模原则上控制在项目用地规模7％以内（其中，规模化养牛、养羊的附属设施用地规模比例控制在10％以内），最多不超过15亩。养殖场等农业设施的申报与审核用地按以下程序和要求办理。

1. 经营者申请

设施农业经营者应拟定设施建设方案，方案内容包括项目名称、建设地点、用地面积、拟建设施类型、数量、标准和用地规模等；并与有关农村集体经济组织协商土地使用年限、土地用途、补充耕地、土地复垦、交还和违约责任等有关土地使用条件。协商一致后，双方签订用地协议。经营者持设施建设方案、用地协议向乡镇政府提出用地申请。

2. 乡镇申报

乡镇政府依据设施农用地管理的有关规定，对经营者提交的设施建设方案、用地协议等进行审查。符合要求的，乡镇政府应及时将有关材料呈报县级政府审核；不符合要求的，乡镇政府及时通知经营者，并说明理由。涉及土地承包经营权流转的，经营者应依法先行与农村集体经济组织和承包农户签订土地承包经营权流转合同。

3. 县级审核

县级政府组织农业部门和国土资源部门进行审核。农业部门重点就设施建设的必要性与可行性，承包土地用途调整的必要性与合理性，以及经营者农业经营能力和流转合同进行审核，国土资源部门依据农业部门审核意见，重点审核设施用地的合理性、合规性以及用地协议，涉及补充耕地的，要审核经营者落实补充耕地情况，做到先补后占。符合规定要求的，由县级政府批复同意。

（二）环保审批

由本人向项目拟建所在乡镇提出申请并选定养殖场拟建地点，报县环保局申请办理环保手续（出具环境评估报告）。

【**注意**】环保审批需要附项目的可行性报告，与工艺设计相似，但应包含建场地点和废弃物处理工艺等内容。

二、养殖场建设

按照相关批复进行项目建设。开工建设前申领"动物防疫合格证申请表"、"动物饲养场、养殖小区动物防疫条件审核表"，按照审核表内容要求施工建设。

三、动物防疫合格证办理

养殖场修建完工后，申请验收，相关部门按照审核表内容到现场逐项审核验收，验收合格后办理动物防疫合格证。

四、工商营业执照办理

凭动物防疫合格证按相关要求办理工商营业执照。

五、备案

养殖场建成后需进行备案。备案是畜牧兽医行政主管部门对畜禽养殖场（指建设布局科学规范、隔离相对严格、主体明确单一、生产经营统一的畜禽养殖单元）、养殖小区（指布局符合乡镇土地利用总体规划，建设相对规范、畜禽分户饲养，经营统一进行的畜禽养殖区域）的建场选址、规模标准、养殖条件予以核查确认，并进行信息收集管理的行为。

（一）备案的规模标准

养猪场设计存栏规模 300 头以上、家禽养殖场 6000 只以上、奶牛养殖场 50 头以上、肉牛养殖场 50 头以上、肉羊养殖场 200 只以上、肉兔养殖场 1000 只以上应当备案。

各类畜禽养殖小区内的养殖户达到 5 户以上，生猪养殖小区设计存栏 300 头以上、家禽养殖小区 10000 只以上、奶牛养殖小区 100 头以上、肉牛养殖小区 100 头以上、肉羊养殖小区 200 只以上、肉兔养殖小区 1000 只以上应当备案。

（二）备案具备的条件

申请备案的畜禽养殖场、养殖小区应当具备下列条件：

一是建设选址符合城乡建设总体规划，不在法律法规规定的禁养区，地势平坦干燥，水源、土壤、空气符合相关标准，距村庄、居民区、公共场所、交通干线 500 米以上，距离畜禽屠宰加工厂、活畜禽交易市场及其他畜禽养殖场或养殖小区 1000 米以上。

二是建设布局符合有关标准规范，畜禽舍建设科学合理，动物防疫消毒、畜禽污物和病死畜禽无害化处理等配套设施齐全。

三是建立畜禽养殖档案，载明法律法规规定的有关内容；制定并实施完善的兽医卫生防疫制度，获得《动物防疫合格证》；不得使用国家禁止的兽药、饲料、饲料添加剂等投入品，严格遵守休药期规定。

四是有为其服务的畜牧兽医技术人员，饲养畜禽实行全进全出，同一养殖场和养殖小区内不得饲养两种（含两种）以上畜禽。

<<<<

第二章

肉鸡场的建设

核心提示

　　肉鸡场建设的目的是为肉鸡创造一个适宜的环境条件，促进生产性能的充分发挥。按照工艺设计要求，选择一个隔离条件好、交通运输便利的场址，合理进行分区规划和布局，加强肉鸡舍的保温隔热设计和施工，配备完善的设施设备是创造适宜环境条件的基础。

第一节　科学选择场址和规划布局

一、选择场址

　　场址选择必须考虑建场地点的自然条件和社会条件，并考虑以后发展的可能性。

（一）场地

　　考虑地势、地形、朝向、面积大小以及周围建筑物情况等因素。

1. 地势

　　地势指场地的高低起伏状况。作为鸡场场地，要求地势高燥、平坦或稍有坡度（1%～3%）。如果坡地建场，要向阳背风，坡度最大不超过25%；如果山区建场，不能建在山顶，也不能建在山谷，应建在南边半坡较为平坦的地方。场地高燥，排水良好，地面干燥，阳光充足，不利于微生物和寄生虫的孳生繁殖。如果地势低洼，场地容易积水潮湿泥泞，夏季通风不良，空气闷热，蚊、蝇、蜱、螨等媒介昆虫易于孳生繁殖，冬季则阴冷。

2. 地形

地形指场地形状、大小和地物（场地上的房屋、树木、河流、沟坎）情况。作为鸡场场地，要求地形整齐、开阔，有足够的面积。地形整齐，便于合理布置鸡场建筑和各种设施，并能提高场地面积利用率。地形狭长往往影响建筑物合理布局，拉长了生产作业线，并给场内运输和管理造成不便；地形不规则或边角太多，会使建筑物布局零乱，增加场地周围隔离防疫墙或沟的投资。场地要特别避开西北方向的山口或长形谷地，否则，冬季风速过大严重影响场区和鸡舍温热环境的维持。场地面积要大小适宜，符合生产规模，并考虑今后的发展需要，周围不能有高大建筑物。

（二）土壤

土壤的物理、化学和生物学特性不仅影响场区的空气，还影响土地的净化，选择场址也要注意土壤的选择。其要求：一是土壤的透气透水性能好。透气透水性能好的土壤吸湿性小，容易干燥；否则，土壤潮湿，受到粪尿等有机物污染后在厌氧条件下分解产生氨、硫化氢等有害气体，污染场区空气。污染物和分解物易通过土壤的空隙或毛细管被带到浅层地下水中或被降雨冲集到地面水源，污染水源。同时，潮湿的土壤是微生物存活和孳生的良好场所。二是土壤洁净。即未被病原微生物、有害物质和重金属元素污染。三是土壤要有一定的抗压性，适宜建筑。

适宜建设鸡场的土壤类型是沙壤土。沙壤土既有一定的透气透水性，易于干燥，又有一定的抗压性，昼夜温度稳定。如果没有这样的土壤，也可以通过建筑处理来弥补土壤的不足。

（三）水源

水对鸡体十分重要，在机体内占有很高的比例，且是重要的营养素，鸡的消化吸收、废弃物的排泄以及体温调节等都需要水。另外，鸡场用具清洁洗刷用水，防火和饲养管理人员生活等也都需要水。水质非常重要，水质不良或受到污染，会使肉鸡的健康和生产力受到不良影响，必须加强鸡场水源选择。水源选择原则：一是水量充足，能满足牧场人、畜生活和生产及其消防、灌溉及今后发展用水的需要；二是水质良好，应符合水质卫生指标要求（见表2-1）；三是取用方便，水源应取用方便，投资节省；四是便于保护，水源周围环境条件好，便于进行卫生防护。

表 2-1　肉鸡饮用水质量标准

指　标	项　　目		标　准
感官性状及一般化学指标	色度	≤	30
	浑浊度	≤	20
	臭和味		不得有异臭异味
	肉眼可见物		不得含有
	总硬度(以 $CaCO_3$ 计)/(毫克/升)	≤	1500
	pH 值	≤	6.4~8.0
	溶解性总固体/(毫克/升)	≤	1200
	氯化物(以 Cl^- 计)/(毫克/升)	≤	250
	硫酸盐(以 SO_4^{2-} 计)/(毫克/升)	≤	250
细菌学指标	总大肠杆菌群数/(个/100 毫升)	≤	成畜10；幼畜和禽1
毒理学指标	氟化物(以 F^- 计)/(毫克/升)	≤	2.0
	氰化物/(毫克/升)	≤	0.05
	总砷/(毫克/升)	≤	0.2
	总汞/(毫克/升)	≤	0.001
	铅/(毫克/升)	≤	0.1
	铬(六价)/(毫克/升)	≤	0.05
	镉/(毫克/升)	≤	0.01
	硝酸盐(以 N 计)/(毫克/升)	≤	30

（四）地理和交通

选择场址时，应注意鸡场与周围环境的关系，既不能使鸡场成为周围环境的污染源，也不能受周围环境的污染。应选在居民区的低处和下风处。鸡场宜建在城郊，离大城市 20~50 千米，离居民点和其他家禽场 500~1000 米。种鸡场应距离商品鸡场 1000 米以上，应避开居民污水排放口，更应远离化工厂、制革厂、屠宰场等易造成环境污染的企业。应远离铁路、交通要道、车辆来往频繁的地方，一般要求距主要公路 400 米、次要公路 100~200 米以上，但应交通方便、接近公路，场内有专用公路相通，以便运入原料和运出产品，且场地最好靠近消费地和饲料来源地。

（五）电源

肉鸡场中除孵化室要求电力 24 小时供应外，鸡群的光照也必须有电力供应。因此，对于较大型的鸡场，应有备用电源，如双线路供电或发电机等。

二、规划布局

鸡场的规划布局就是根据拟建场地的环境条件，科学确定各区的位置，合理地确定各类房舍、道路、供排水和供电等管线、绿化带等的相对位置及场内防疫卫生的安排。场址选定以后，要进行合理的规划布局。因鸡场的性质、规模不同，建筑物的种类和数量亦不同，鸡场的规划布局也不同。

（一）分区规划

肉鸡场通常根据生产功能分为生产区、管理区或生活区和隔离区等。分区规划要考虑主风向和地势要求。鸡场的分区规划如图 2-1 所示。

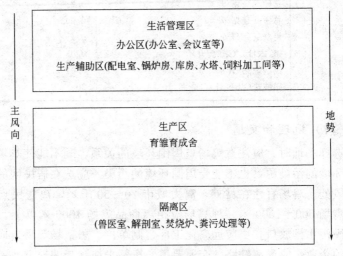

图 2-1　肉鸡场的分区规划图

【注意】（1）各区之间应该能够很好隔离。（2）生产区内，育雏育肥一体，小型商品肉鸡场采用全场"全进全出"的饲养制度；大型商品肉鸡场可以分为多个饲养小区，每个小区保持"全进全出"。如果是肉用种鸡场，可以分为育雏区、育成区和种鸡区，并做好各个小区之间的隔离。（3）隔离区应尽可能与外界隔绝。四周应有隔离屏障，设单独的道路与出入口。

（二）鸡舍间距

鸡舍间距影响鸡舍的通风、采光、卫生、防火。鸡舍之间距离过小，通风时，上风向鸡舍的污浊空气容易进入下风向鸡舍内，引起病原在鸡舍间传播；采光时，南边的建筑物遮挡北边的建筑物；发生火灾时，很容易殃及全场的鸡舍及鸡群；如果鸡舍密集，场区的空气环境容易恶化，微粒、有害气体和微生物含量过高，容易引起鸡群发病。为了保持场区和鸡舍环境良好，鸡舍之间应保持适宜的距离。鸡舍间距如果能满足防疫、排污和防火间距，一般可以满足其他要求。鸡舍间距见表2-2。

表 2-2　鸡舍间距

种　类	鸡舍之间/米	与其他畜禽舍/米
育雏、育成舍	15～20	30～40
种鸡舍	12～15	20～25
商品肉鸡舍	12～15	20～25

（三）鸡舍朝向

鸡舍朝向是指鸡舍长轴与地球经线是水平还是垂直。鸡舍朝向影响鸡舍的采光、通风和太阳辐射。朝向选择应考虑当地的主导风向、地理位置、鸡舍采光和通风排污等情况。鸡舍内的通风效果与气流的均匀性和通风量的大小有关，但主要是看进入舍内的风向角有多大。风向与鸡舍纵轴方向垂直，则进入舍内的是穿堂风，有利于夏季的通风换气和防暑降温，不利于冬季的保温；风向与鸡舍纵轴方向平行，风不能进入舍内，通风效果差。我国大部分地区采用东西走向或南偏东或西15°左右是较为适宜的。这样的朝向，在冬季可以充分利用太阳辐射的温热效应和射入舍内的阳光防寒保温；夏季辐射面积较少，阳光不易直射舍内，有利于鸡舍防暑降温。

（四）鸡舍的排列

生产区中主要的建筑物是鸡舍，根据饲养规模和场地形状、大小确定鸡舍的排列形式，一般有单列、双列和多列（见图2-2）。

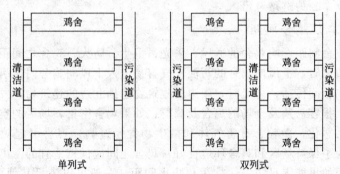

图 2-2　单列式和双列式鸡舍

（五）道路

鸡场设置清洁道和污染道，清洁道供饲养管理人员、清洁的设备用具、饲料和新母鸡等使用，污染道供清粪、污浊的设备用具、病死和淘汰鸡使用。清洁道在上风向，与污染道不交叉。

（六）贮粪场

鸡场设置粪尿处理区。粪场可设置在多列鸡舍的中间，靠近道路，有利于粪便的清理和运输。

【注意】贮粪场应设在生产区和鸡舍的下风处，与住宅、鸡舍之间保持有一定的卫生间距（距鸡舍30～50米）。并应便于运往农田或进行其他处理；贮粪池的深度以不受地下水浸渍为宜，底部应较结实，贮粪场和污水池要进行防渗处理，以防粪液渗漏流失污染水源和土壤；贮粪场底部应有坡度，使粪水可流向一侧或集液井，以便取用；贮粪池的大小应根据每天牧场家畜排粪量多少及贮藏时间长短而定。

（七）绿化

绿化不仅可以美化环境，而且可以净化环境，改善小气候，而且有防疫防火的作用。肉鸡场绿化注意如下方面。

1. 场界林带的设置

在场界周边种植乔木和灌木混合林带，乔木如杨树、柳树、松树等，灌木如刺槐、榆叶梅等。特别是场界的西侧和北侧，种植混合林带宽度应在 10 米以上，以起到防风阻沙的作用。树种选择应适应北方寒冷特点。

2. 场区隔离林带的设置

主要用以分隔场区和防火。常用杨树、槐树、柳树等，两侧种以灌木，总宽度为 3～5 米。

3. 场内外道路两旁的绿化

常用树冠整齐的乔木和亚乔木以及某些树冠呈锥形、枝条开阔、整齐的树种。需根据道路宽度选择树种的高矮。在建筑物的采光地段，不应种植枝叶过密、过于高大的树种，以免影响自然采光。

4. 运动场的遮阴林

在运动场的南侧和西侧，应设 1～2 行遮阴林。多选枝叶开阔、生长势强、冬季落叶后枝条稀疏的树种，如杨树、槐树、枫树等。运动场内种植遮阴树时，应选遮阴性强的树种。但要采取保护措施，以防家畜损坏。

第二节 鸡舍的设计

鸡舍是肉鸡生存和生产的场所，鸡舍的设计和建筑是否科学以及舍内设施是否配套直接决定着肉鸡生活环境的优劣，从而影响着肉鸡健康和生产性能的发挥。鸡舍设计首先根据饲养方式和设备、笼具排列形式确定鸡舍规格，然后进行保温隔热、通风、采光等设计，设计墙体、屋顶，确定窗户、进排气口以及风机和光照系统的安装位置。

一、鸡舍的种类、规格和配备

根据工艺设计要求，在选择好的场地上进行合理规划布局后，可以进行鸡舍的设计，确定鸡舍规格，绘制鸡舍建筑详图。

（一）鸡舍种类

根据生产工艺要求确定鸡舍种类和配套比例，这样既可以保证连续均衡生产，又可以充分利用鸡舍面积，减少基建投资，降低每只鸡固定成本。

肉用种鸡场多采用从生到死制（即肉用种鸡从出壳到产蛋结束一

直饲养在一个鸡舍内），只有肉用种鸡舍；专业化肉鸡场只饲养商品肉鸡，也只有商品肉鸡舍。

（二）鸡舍规格

鸡舍规格即鸡舍的长宽高。鸡舍规格决定于饲养方式、设备和笼具的摆放形式及尺寸、鸡舍的容鸡数和内部设置。

1. 平养肉鸡舍

平养肉鸡舍分为地面平养和网上平养鸡舍，因不受笼具摆放形式和笼具尺寸影响，只要满足饲养密度要求，可以根据容纳肉鸡数量和场地情况确定鸡舍的大小和长宽。

如网上平养肉鸡舍，饲养密度为 8 只/平方米（饲养至出栏），饲养 5000 只肉鸡需要鸡舍面积是 625 平方米。肉鸡舍的规格：跨度（宽度）10 米，则长度为 62.5 米；跨度 12 米，则长度为 52.1 米；跨度 8 米，则长度为 78.1 米。

2. 笼养肉鸡舍

笼养肉鸡舍的规格要考虑笼的规格、摆放形式和容鸡的数量。

（1）鸡舍的长度 可根据下面公式计算鸡舍长度。

鸡舍长度（米）＝鸡舍容鸡数÷（每组笼容鸡数×鸡笼列数）×单笼长度＋横向通道总宽度＋操作间长度＋端墙厚度　　　　　　(2-1)

如一栋肉鸡舍容鸡 10000 只，每组容鸡 160 只，单笼长 2 米，二列三走道排放，鸡舍两端和中间各留横向走道共 3 条，每个走道宽 1.5 米，邻净道一侧设置一操作间，长度为 3 米，两端墙各 24 厘米厚，则该鸡舍的总长度为 10000÷(160×2)×2＋3×1.5＋3＋0.48＝70.48 米。

（2）鸡舍的宽度 可根据下面公式计算。

鸡舍的宽度（米）＝每组笼跨度×鸡笼列数＋纵向走道宽度×纵向走道条数＋纵墙厚度　　　　　　(2-2)

如上例中，每组笼的跨度为 0.8 米，每条纵向走道宽度 1.2 米，纵墙厚度 0.24 米，则鸡舍的总跨度为：0.8×2＋1.2×3＋0.48＝5.68 米。

（三）鸡舍的配备

科学的饲养制度是"全进全出制"，根据年出栏肉鸡数量确定鸡舍的配备数量。如年出栏 100 万只商品肉鸡时肉鸡舍的配备计算见表 2-3。

表 2-3 商品肉鸡场鸡舍配备计算表

饲养天数 /天	空舍天数 /天	年周转批 /(天/批)	每批出栏量 /(万只/批)	每栋鸡舍容鸡数 /(万只/栋)	需要鸡舍 栋数/栋
45	15	365÷60＝6	100÷6＝17	1	17÷1＝17

【小知识】规模养殖，在选址时充分考虑基本养殖所需要的面积和尺寸，如果考虑到绿化带和防护林甚至考虑到以后可能会扩大规模，也可以适当地多用一些土地。一般来讲 4 栋 30 亩、6 栋 45 亩、8 栋 60 亩是比较适宜的。至少在整体规划中不会受到约束。根据建场经验，鸡舍一般要求长 120 米×13 米，鸡舍间距在 10～15 米，如果不需要侧向通风，鸡舍间距在 2～4 米即可，有的地方为了降低建场投资和提高保温效果，可以建造联体鸡舍。考虑到净道和污道的出入方便，基本要求土地的宽（一般要求东西向）至少是 150 米，而长（一般为南北向）可以在 180～300 米为宜。

二、鸡舍设计的基本知识

(一) 鸡舍的类型及特点

肉鸡舍的类型有开放式鸡舍（普通鸡舍）和密闭式鸡舍。

开放式鸡舍多采用自然通风换气和自然光照与补充人工光照相结合。其优点是鸡舍的设计、建材、施工工艺和内部设施等方面要求较为简单，造价低，投资少，施工周期短。可以充分利用空气、自然光照等自然资源，运行成本低，减少能源消耗。如果配备一定的设备和设施，在气候较为温和的地区，鸡群的生产性能也有较好的表现。其缺点是舍内环境受外界环境变化影响较大，舍内环境不稳定，鸡的生长会受到影响。

密闭式鸡舍有保温隔热性能良好的屋顶和墙壁，将鸡舍小环境与外界大环境完全隔开。舍内小气候通过各种设施控制与调节，使之尽可能地接近最适宜鸡体生理特点的要求。鸡舍内采用人工通风与光照。通过变换通风量的大小和气流速度的快慢来调节舍内温度、相对湿度和空气成分。其优点是为鸡群提供最适宜的环境条件，保证鸡群生产性能充分发挥，可以减少鸡舍之间的距离，适当提高饲养密度，节省占地面积。如果加强隔离卫生和进入舍内空气的过滤消毒，基本可以阻断由媒介传入疾病的途径。其缺点是建筑标准要求高，附属设施和设备要配套，基建和设备投入大，对电力依赖性强，设施和设备的运行成本高，对管理要求高。

（二）鸡舍的主要结构及要求

鸡舍是由各部分组成，包括基础、墙、屋顶及顶棚、地面及楼板、门窗、楼梯等（其中屋顶和外墙组成鸡舍的外壳，将鸡舍的空间与外部隔开，屋顶和外墙称外围护结构）。鸡舍的结构不仅影响到鸡舍内环境的控制，而且影响到鸡舍的牢固性和利用年限。

1. 基础

基础是鸡舍地面以下承受畜舍的各种荷载并将其传给地基的构件，也是墙突入土层的部分，是墙的延续和支撑。它的作用是将畜舍本身重量及舍内固定在地面和墙上的设备、屋顶积雪等全部荷载传给地基。基础决定了墙和畜舍的坚固和稳定性，同时对畜禽舍的环境改善具有重要意义。对基础的要求：一是坚固、耐久、抗震；二是防潮（基础受潮是引起墙壁潮湿及舍内湿度大的原因之一）；三是具有一定的宽度和深度。如条形基础一般由垫层、大放脚（墙以下的加宽部分）和基础墙组成，砖基础每层放脚宽度一般宽出墙为 60 毫米；基础的底面宽度和埋置的深度应根据畜舍的总荷重、地基的承载力、土层的冻胀程度及地下水位高低等情况计算确定，北方地区在膨胀土层修建畜舍时，应将基础埋置在土层最大冻结深度以下。

2. 墙

墙是基础以上露出地面的部分，其作用是将屋顶和自身的全部荷载传给基础的承重构件，也是将畜舍与外部空间隔开的外围护结构，是畜舍的主要结构。以砖墙为例，墙的重量占畜舍建筑物总重量的 $40\% \sim 65\%$，造价占总造价的 $30\% \sim 40\%$。同时墙体也在畜舍结构中占有特殊的地位，据测定，冬季通过墙散失的热量占整个畜舍总失热量的 $35\% \sim 40\%$，舍内的湿度、通风、采光也要通过墙上的窗户来调节，因此，墙对畜舍小气候状况的保持起着重要作用。对墙体的要求：一是坚固、耐久、防火、抗震；二是良好的保温隔热性能，墙体的保温、隔热能力取决于所采用的建筑材料的特性与厚度，尽可能选用隔热性能好的材料，保证最好的隔热设计，在经济上是最有利的措施；三是防水、防潮，受潮不仅可使墙的导热加快，造成舍内潮湿，而且会影响墙体寿命，所以必须对墙采取严格的防潮、防水措施（墙体的防潮措施主要有：用防水耐久材料抹面，保护墙面不受雨雪侵蚀；做好散水和排水沟；设防潮层和墙围，如墙裙高 1.0～1.5 米，生活办公用房踢脚高 0.15 米，勒脚高约为 0.5 米等）；四是结构简单，便于清扫消毒。

3. 屋顶

屋顶是畜舍顶部的承重构件和围护构件，主要作用是承重、保温隔热、防风沙和雨雪。它由支承结构和屋面组成。支承结构承受着畜舍顶部包括自重在内的全部荷载，并将其传给墙或柱；屋面起围护作用，可以抵御降水和风沙的侵袭，以及隔绝太阳辐射等，以满足生产需要。对屋顶的要求：一是坚固防水，屋顶不仅承接本身重量，而且承接着风沙、雨雪的重量；二是保温隔热，屋顶对于畜舍的冬季保温和夏季的隔热都有重要意义，屋顶的保温与隔热作用比墙重要，因为屋顶的面积大于墙体，舍内上部空气温度高，屋顶内外实际温差总是大于外墙内外温差，热量容易散失或进入舍内；三是不透气、光滑、耐久、耐火、结构轻便、简单、造价便宜，任何一种材料不可能兼有防水、保温、承重三种功能，所以正确选择屋顶，处理好三方面的关系，对于保证畜舍环境的控制极为重要；四是保持适宜的屋顶高度，在寒冷地区，适当降低净高有利保温，而在炎热地区，加大净高则是加强通风、缓和高温影响的有力措施；五是最好设置天棚，天棚又名顶棚、吊顶、天花板，是将畜舍与屋顶下空间隔开的结构，天棚的功能主要在于加强畜舍冬季的保温和夏季的防热，同时也有利于通风换气（天棚上屋顶下的空间称为阁楼，也叫做顶楼），天棚必须具备保温、隔热、不透水、不透气、坚固、耐久、防潮、耐火、光滑、结构轻便、简单的特点，无论在寒冷的北方或炎热的南方，天棚与屋顶间形成封闭空间，其间不流动的空气就是很好的隔热层，因此，结构严密（不透水、不透气）是保温隔热的重要保证，如果在天棚上铺设足够厚度的保温层（或隔热层），将大大加强天棚的保温隔热作用。

4. 地面

地面的结构和质量不仅影响鸡舍内的小气候和卫生状况，还会影响鸡体及产品的清洁，甚至影响鸡的健康及生产力。对地面的要求是坚实、致密、平坦、稍有坡度、不透水和有足够的抗机械能力以及抗各种消毒液和消毒方式的能力。

5. 门窗

鸡舍门一律要向外开，门口不设台阶及门坎，而是设斜坡，舍内与舍外的高度差为 20～25 厘米；窗与通风、采光有关，所以对它的数量和形状都有一定的要求。通过窗户的散热占总散热量的 25％～35％。为加强外围护结构的保温和绝热，要注意窗户面积大小。窗户要设置窗户扇，能根据外界气候变化开启。生产中许多鸡场采用的花砖墙作为窗户给管理带来较大的麻烦，不利于环境控制。

三、鸡舍设计

（一）建筑设计

1. 墙体的设计

设计墙体要考虑其保温隔热意义，特别是肉用雏鸡舍，需要较高温度，如果墙体保温隔热性能不良，影响舍内温度的维持和稳定。

（1）墙体的厚度　墙体厚度根据舍内温度要求、不同地区气候条件和选择的材料进行计算设计（见表 2-4）。一般情况下，东北、西北地区肉鸡舍采用 24 墙体（墙体厚 24 厘米）加 10 厘米的保温层；其他地区肉鸡舍采用 37 墙体（墙体厚 37 厘米）或 24 墙体加 5 厘米的保温层。有的采用双层钢板中间夹聚苯板或岩棉等保温材料的板块，即彩钢复合板作为墙体，保温隔热效果较好。

表 2-4　外墙的构造方案及保温隔热性能

构造方案	材料热阻	保温隔热性能				
	1. 白灰粉刷(200 毫米厚，$R=0.028$) 2. 砖墙(240 毫米厚，$R=0.295$； 370 毫米厚，$R=0.455$； 490 毫米厚，$R=0.602$； 620 毫米厚，$R=0.745$)	δ $R_{0.d}$ R_{0x} $\sum D$ V_0	240 0.481 0.492 0.309 11.54	370 0.641 0.652 4.63 34.20	490 0.788 0.799 6.05 93.08	620 0.947 0.950 7.59 276.70
	1. 白灰粉刷(200 毫米厚，$R=0.028$) 2. 砖墙(240 毫米厚，$R=0.295$； 370 毫米厚，$R=0.455$； 490 毫米厚，$R=0.602$； 620 毫米厚，$R=0.745$) 3. 水泥沙浆(200 毫米厚，$R=0.021$)	δ $R_{0.d}$ R_{0x} $\sum D$ V_0	240 0.502 0.513 3.30 13.61	370 0.662 0.673 4.84 39.78	490 0.809 0.820 6.25 109.3	620 0.969 0.980 7.8 322.3

续表

构造方案	材料热阻	保温隔热性能			
	1. 抹泥(200毫米厚,$R=0.286$) 2. 土坯墙(370毫米厚,$R=0.530$; 490毫米厚,$R=0.702$; 620毫米厚,$R=0.917$) 3. 抹泥(200毫米厚,$R=0.286$)	δ $R_{0.d}$ R_{0x} $\sum D$ V_0	370 1.260 1.272 10.13 168.5	490 1.420 1.443 11.71 5218.7	620 1.647 1.658 13.42 17275.0
	1. 白灰粉刷(200毫米厚,$R=0.028$) 2. 空斗墙填焦渣($R=0.408$) 3. 水泥沙浆(200毫米厚,$R=0.021$) 如果是不填焦渣的空斗墙,其冬、夏总热阻均与同厚度的实体砖墙同	δ $R_{0.d}$ R_{0x} $\sum D$ V_0	240 0.615 0.626 3.45 15.30		
	1. 白灰粉刷(200毫米厚,$R=0.028$) 2. 空心砖(380毫米厚,$R=0.469$; 450毫米厚,$R=0.703$) 3. 水泥沙浆(200毫米厚,$R=0.021$)	δ $R_{0.d}$ R_{0x} $\sum D$ V_0	380 0.676 0.689 4.21 26.21	450 0.911 0.922 6.09 98.40	
	1. 白灰粉刷(200毫米厚,$R=0.028$) 2. 焦渣砖墙(380毫米厚,$R=0.653$; 450毫米厚,$R=0.774$) 3. 水泥沙浆(200毫米厚,$R=0.021$)	δ $R_{0.d}$ R_{0x} $\sum D$ V_0	380 0.861 0.872 4.81 41.35	450 0.981 0.992 5.63 74.4	
	1. 白灰粉刷(200毫米厚,$R=0.028$) 2. 石墙(490毫米厚,$R=0.132$; 620毫米厚,$R=0.194$)	δ $R_{0.d}$ R_{0x} $\sum D$ V_0	490 0.353 0.365 4.02 24.2	620 0.395 0.365 5.00 48.18	

注：1. R 为材料层热阻，$m^2 \cdot K/W$；δ 为材料层厚度，mm；$R_{0.d}$为构造方案的冬季总热阻值，$m^2 \cdot K/W$；R_{0x}为构造方案的夏季总热阻值，$m^2 \cdot K/W$；$\sum D$ 为构造方案各层材料的热惰性指标之和；V_0 为构造方案的总衰减度。

2. 构造方案（表第 1 列）中上方标注的 1、2、3……代表外墙的构成材料，与材料热阻（表第 2 列）中的 1、2、3……相对应。下方标注的数字是各材料层的厚度；保温隔热性能（表第 3 列和第 4 列）中的数字表示墙体不同厚度情况下外墙结构的各种热工特性。如表第二行中，砖墙厚度为 240 毫米时，冬季总热阻值为 0.481，夏季总热阻值为 0.492，热惰性指标之和为 0.309，总衰减度为 11.54；370 毫米时，分别为 0.641、0.652、4.63、34.20。

（2）**墙体高度** 地面饲养墙体高度一般为2.6～2.8米；高床笼养或网养，要高出走道2～2.2米，否则饲养管理人员工作时容易碰头。

（3）**过梁或圈梁** 过梁是设在门窗洞口上的构件，起承受门窗洞口以上重量的作用。圈梁一般设在墙体顶部，采用钢筋砖混凝土结构，高度为25～30厘米；宽度与墙体保持一致。

2. 屋顶设计

屋顶对于舍内小气候的维持和稳定具有更加重要的意义：一方面是屋顶面积大于墙体，单位时间屋顶散失或吸收的热量多于墙体；另一方面是屋顶的内外表面温差大，热量容易散失和吸收，夏季的遮阳作用显著，如果屋顶设计不良，影响舍内温热环境的稳定和控制。在设计、结构和选材上要保证达到一定的热阻值。

（1）**屋顶形式** 屋顶形式种类繁多，在畜禽舍建筑中常用的有以下几种形式（图2-3）。

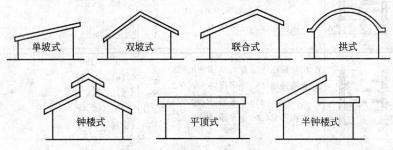

单坡式　　双坡式　　联合式　　拱式

钟楼式　　平顶式　　半钟楼式

图 2-3　按屋顶形式区分的鸡舍样式

（2）**屋顶的材料和结构** 屋顶的材料和结构对鸡舍的保温隔热效果影响最大，是肉鸡舍建造中应该受到高度重视的一个方面，应根据不同地区对屋顶的保温隔热要求进行计算设计。常见的、实用的屋顶材料和结构的保温隔热性能指标见表2-5。

表 2-5　屋顶结构及保温隔热性能指标

构造方案	材料热阻	保温隔热性能
3 2 1 201.2.12	1. 屋面板（$R=0.115$） 2. 油毡（$R=0.114$） 3. 水泥瓦（$R=0.0215$）	$R_{0.d}$　0.305 R_{0x}　0.346 $\sum D$　0.734 V_0　2.03

构造方案	材料热阻	保温隔热性能		
	1. 苇箔或荆笆($R=0.057$) 2. 草泥(50毫米厚，$R=0.143$； 　　80毫米厚，$R=0.229$； 　　100毫米厚，$R=0.289$) 3. 水泥瓦($R=0.0215$)	δ　50　80　100 $R_{0.d}$　0.380　0.466　0.523 R_{0x}　0.419　0.505　0.562 ΣD　1.063　1.503　1.795		
	1. 苇箔或秫秆把 　　(直径100毫米，$R=1.11$) 2. 草泥(50毫米厚，$R=0.143$； 　　80毫米厚，$R=0.229$； 　　100毫米厚，$R=0.289$) 3. 水泥瓦($R=0.0215$)	δ　50　80　100 $R_{0.d}$　1.280　1.364　1.421 R_{0x}　1.319　1.403　1.460 ΣD　2.875　3.316　3.606 V_0　15.98　21.24　25.70		
	1. 白灰粉刷($R=0.028$) 2. 砖拱($R=0.148$) 3. 水泥沙浆($R=0.021$) 4. 白灰焦渣(50毫米厚，$R=0.172$； 　　80毫米厚，$R=0.275$； 　　120毫米厚，$R=0.412$) 5. 水泥沙浆($R=0.021$)	δ　50　80　120 $R_{0.d}$　0.548　0.651　0.788 R_{0x}　0.587　0.690　0.827 ΣD　2.73　3.13　3.68 V_0　9.24　12.68　19.03		
	1. 二毡三油豆石($R=0.057$) 2. 水泥沙浆($R=0.021$) 3. 泡沫混凝土(80毫米厚，$R=0.382$； 　　120毫米厚，$R=0.574$； 　　200毫米厚，$R=0.956$) 4. 石油沥青隔气层($R=0.006$) 5. 钢筋混凝土板($R=0.045$)	δ　80　120　200 $R_{0.d}$　0.670　0.862　1.244 R_{0x}　0.710　0.902　1.285 ΣD　2.22　2.75　3.80 V_0　11.01　16.0　33.87		

注：1. R 为材料层热阻，$m^2 \cdot K/W$；δ 为材料层厚度，mm；$R_{0.d}$ 为构造方案的冬季总热阻值，$m^2 \cdot K/W$；R_{0x} 为构造方案的夏季总热阻值，$m^2 \cdot K/W$；ΣD 为构造方案各层材料的热惰性指标之和；V_0 为构造方案的总衰减度。

2. 构造方案(表第1列)中标注的1、2、3……代表屋顶的构成材料，与材料热阻(表第2列)中的1、2、3……相对应，其他数字是材料的厚度；保温隔热性能中的数字含义同表2-4。

（二）通风设计

通风换气设计是鸡舍设计的一个重要内容，也是环境控制的一个重要手段。通风是指气温高时，加大气流流动，使动物体感到舒适，以缓和高温对家畜的不良影响；换气是指在密闭舍内，引进舍外的新鲜空气，排出舍内的污浊气体（水汽、有害气体、尘埃和微生物等），以改善舍内空气环境。

1. 自然通风设计

自然通风分无管道通风和有管道通风。前者经开着的门窗进行，适应于温暖地区或温暖季节；后者适用于寒冷季节的封闭舍。自然通风的动力是风压（是指大气流动时，作用于建筑物表面有一个压力。当风吹向建筑物时，迎风面形成正压，背风面形成负压，气流从正压流入，由负压流出，形成自然通风）和热压（当舍内不同部位的空气因温热不匀而发生比重差异时，即当舍外温度较低的空气进入舍内，遇到由鸡体放散的热量或其他热源，受热变轻而上升，于是在舍内近屋顶天棚处形成较高的压力区，而由屋顶的通气口或空隙排出，舍内下部空气稀薄，舍外较冷的空气不断入内，如此反复形成自然通风）。

由于自然界的风是随机的，因此自然通风中一般是考虑无风时的不利情况，设计时按热压进行计算。这样夏季有风时，舍内通风量将大于计算值，对鸡更有利；冬季为防寒关闭门窗，通风量也不受太大影响。

热压通风通风量大小取决于舍内外的温差、进排气口面积及中心垂直距离 H（只有一个开口时，H 为开口高度的 1/2）。气流分布决定于进排气口的形状、位置和分布。

（1）自然通风设计的计算公式　鸡舍通风量 $L = L_{排} = L_{进}$

$$L = 3600uF\sqrt{\frac{2gH(t_n - t_w)}{(273 + t_w)}} = 7968.9F\sqrt{\frac{H(t_n - t_w)}{(273 + t_w)}} \tag{2-3}$$

式中，3600 为 1 小时变换秒数；u 为排风口的流量系数（<1）；F 为排风口面积，平方米；g 为重力加速度，9.8 米/秒；H 为进排气口垂直距离，米；t_n 为舍内通风计算温度（冬季 0～4 周龄肉用育雏舍取 20℃，育肥舍取 13℃；夏季 $t_n = t_w + 3$℃）；t_w 为舍外通风计算温度（查环境卫生学附录的室外气象参数表，如郑州地区冬季为 0℃，夏季为 32℃；北京地区冬季为 -5℃，夏季为 30℃；哈尔滨地区冬季为 -20℃，夏季为 26℃）。

注：本公式既可用于计算设计方案，检验已建成鸡舍的通风量是

否满足要求；也可根据通风量计算所需要的排气口面积。

（2）设计方法与步骤 可根据平均每间鸡舍所需要的通风量来进行计算和设计。

第一步，确定所需要的通风量。按鸡舍容纳的鸡的种类和数量，查鸡舍通风参数表（见表2-6），计算冬夏季所需要的通风量，再按容纳鸡的鸡舍间数，求得每间鸡舍夏季或冬季所需要的通风量 L。

表 2-6 鸡舍通风参数表

鸡　舍	换气量/[立方米/（小时·千克体重）]		气流速度/（米/秒）	
	冬季	夏季	冬季	夏季
成年肉鸡舍（平养）	0.75	5.0	0.15～0.25	1.5～2.5
肉用雏鸡舍：1～9周龄	0.75～1.0	5.5	0.1～0.2	1.5～2.5
10～26周龄	0.70	5.0	0.1～0.2	1.5～2.5
肉用仔鸡舍：1～8周龄（笼养）	0.7～1.0	5.0	0.1～0.2	1.5～2.5
1～9周龄（平养）	0.7～1.0	5.0	0.1～0.2	1.5～2.5

第二步，检验采光窗能否满足夏季通风量需要。如果南北窗面积和位置不同，应分别计算各自的通风量。代入式（2-3），求其和即得出该间鸡舍总通风量。F 排气口面积为窗面积的 $1/2$，H 为窗高的 $1/2$；如能满足夏季要求，可进行冬季通风设计；如不能满足，需要设置地窗、天窗或通风屋脊、屋顶风管等。

第三步，地窗、天窗、屋顶通风管道设计。地窗可设置在南北墙采光窗下，按采光窗面积的 $50\%～70\%$ 设计成卧式保温窗。设置地窗后再计算能否满足夏季通风需要。计算时排风口面积按采光窗面积，垂直距离按采光窗中心至地窗中心的垂直距离。

第四步，冬季通风设计。如果鸡舍跨度小（8米以内），冬季所需通风量较小，冷风渗透较多，可在南窗上部设置外开口下悬窗排风口，每窗上面设一个，最多隔窗设置一个，酌情控制开启角度以调节通风量，面积不必计算；如果鸡舍跨度大（8米以上），结合夏季通风设置屋顶风管作排气口。无天棚时，风管高出屋面不少于1米，下端进入舍内不宜少于0.6米；进风口设在背风侧墙的上部，使冷空气预热后再降到地面。

　　风管面积可根据该栋鸡舍冬季所需要的通风量依据表 2-7 计算得到。然后按所需要的总面积求得风管数量。跨度小时安装一排，跨度大时设置两排，交错布置。风管最好做成圆管，以便于安装风机。顶端有风帽，寒冷地区风管外加保温层，为控制通风量管内应设调节阀。

　　进风口的面积为排风口面积的 70％设计，如只在背风的一侧墙上设置进风口，屋顶风管宜靠对侧墙近一些，以保证通风均匀。进气口设置导向控制板，以控制风量和风向。

表 2-7　鸡舍冬季通风量每 1000 立方米/小时需要排风口面积（平方米）

舍内外温差 /℃	风管上口至舍内地面的高度/米						
	4	5	6	7	8	9	10
6	0.43	0.38	0.35	0.32	0.30	0.28	0.27
8	0.36	0.33	0.30	0.28	0.26	0.24	0.23
10	0.33	0.29	0.28	0.25	0.23	0.22	0.21
12	0.30	0.26	0.24	0.22	0.21	0.20	0.19
14	0.28	0.25	0.22	0.21	0.19	0.18	0.17
16	0.25	0.23	0.21	0.19	0.18	0.17	0.16
18	0.24	0.21	0.20	0.18	0.17	0.16	0.15
20	0.23	0.20	0.19	0.17	0.16	0.15	0.14
22	0.22	0.19	0.18	0.16	0.15	0.14	0.14
24	0.21	0.18	0.17	0.16	0.15	0.14	0.13
26	0.20	0.18	0.16	0.15	0.14	0.13	0.12
28	0.19	0.17	0.16	0.14	0.13	0.13	0.12
30	0.18	0.16	0.15	0.14	0.13	0.12	0.11
32	0.17	0.16	0.15	0.13	0.12	0.12	0.11
34	0.17	0.15	0.14	0.13	0.12	0.11	0.11
36	0.16	0.15	0.14	0.12	0.12	0.11	0.10
38	0.16	0.14	0.13	0.12	0.11	0.11	0.10
40	0.14	0.14	0.13	0.12	0.11	0.10	0.10

　　【例 1】河南某肉鸡场肉鸡舍，网上平养，总长 70 米，宽 8.5 米，共 23 间，容纳肉鸡 5000 只（出栏体重 2.5 千克）。南北各设置两个高 1.6 米、宽 1.2 米的窗户。检验采光窗能否满足夏季通风要求？设计冬季通风系统（风管距地面高度按 6 米计）。

解：

第一步，求夏季每间通风量。某一端留一间工作室（放置饲料和饲养人员值班），肉鸡占的间数为 22 间。查表 2-6，肉鸡所需要通风量为 5 立方米/小时·千克体重，则每间需要的通风量为：$L = 5000 \times 2.5 \times 5 \div 22 = 2640.9$ 立方米/小时。

第二步，求采光窗夏季热压通风量。南北窗均为单开口通风，上排下进，进排气口垂直距离 H 是高的 $1/2$，则：

南北窗 $H = 0.80$ 米；

南窗排风口面积 $F_1 = 1.6 \times 1.2 \times 2 \div 2 = 1.92$ 平方米；

北窗排风口面积 $F_2 = 1.6 \times 1.2 \times 2 \div 2 = 1.92$ 平方米；

查表郑州的舍外计算温度 $t_w = 32℃$，则舍内 $t_n = 32 + 3℃$　则

$$L = 7968.9F \sqrt{\frac{H(t_n - t_w)}{(273 + t_w)}} = 7968.9 \times (1.92 + 1.92) \sqrt{\frac{0.8(35 - 32)}{(273 + 32)}}$$

$= 2714.3$ 立方米/小时

由此可知，窗户的通风量接近需要的通风量，加上屋顶排风管，基本可以满足需要。

第三步，冬季通风设计。查表 2-6 知，冬季换气量为 0.75 立方米/（小时·千克体重），则每间鸡舍需 $5000 \times 2.5 \times 0.75 \div 22 = 426.1$ 立方米/小时；查表肉用雏鸡舍冬季 $t_n = 20℃$，舍外冬季计算 $t_w = 0℃$，则 $t_n - t_w = 20 - 0 = 20℃$。

查表 2-7 得知，风管上口距地面 6.0 米时，1000 立方米/小时通风量需要的风管面积为 0.19 平方米，则 426.1 立方米/小时需 0.081 平方米。

一间设置一个排风管，设成圆形，风管半径 $= \sqrt{0.081 \div 3.14} = 0.16$ 米；进气口面积 $= 0.081 \times 70\% = 0.056$ 平方米。在南北窗上设置高为 0.12 米的进气口各一个，则宽度为 $0.0567 \div 2 \div 0.12 = 0.236$ 米。

2. 机械通风设计

机械通风的动力是电动风机，肉鸡舍常用的风机是轴流式风机。机械通风方式主要有正压通风（通过风机将舍外的新鲜空气强制输入舍内，使舍内气压增高，舍内污浊空气经风口或风管自然排出的换气方式。当鸡舍不能封闭时可采用）和负压通风（通过风机抽出舍内空

气，造成舍内空气气压小于舍外，舍外空气通过进气口或进气管流入舍内的换气方式。生产中常采用，但鸡舍必须封闭）。

根据风机安装位置，负压通风又可分为横向通风和纵向通风。纵向通风与横向通风比较，一是风速提高，平均风速比横向通风风速提高5倍以上，纵向通风的气流断面（畜舍净宽）仅为横向通风（畜舍长度）的1/10～1/5；二是气流分布均匀，无死角；三是节能，风机数量少，总功率低，运行费用低；四是场区小气候环境好，提高生产性能。所以，目前在生产中多采用纵向负压通风。

① 纵向负压通风设计

第一步，确定通风量。

排风量＝风速（米/秒）×鸡舍横断面（平方米）

　　　　＝风速（米/秒）×鸡舍宽度（米）×鸡舍的内径高度（米）

第二步，风机数量确定。先根据总排风量和风机的风量选择风机，然后计算风机台数（生产中常见的风机及性能见表2-8）。

表2-8　鸡舍常用风机性能参数

型　号	HRJ-71 型	HRJ-90 型	HRJ-100 型	HRJ-125 型	HRJ-140 型
风叶直径/毫米	710	900	100	125	140
风叶转速/(转/分钟)	560	560	560	360	360
风量/(立方米/分钟)	295	445	540	670	925
全压/帕	55	60	62	55	60
噪声/分贝	≤70	≤70	≤70	≤70	≤70
输出功率/千瓦	0.55	0.55	0.75	0.75	1.1
额定电压/伏	380	380	380	380	380
电机转速/(转/分钟)	1350	1350	1350	1350	1350
安装外形尺寸(长×宽×厚)/毫米	810×810×370	1000×1000×370	1100×1100×370	1400×1400×400	1550×1550×400

第三步，进气口面积确定。进气口面积直接与鸡舍横断面相等，或为风机面积的2倍，或按1000平方米排风量需要0.15平方米计算。或应用下列公式计算：进气口面积（最小）＝排风量/进风口速度，一般要求夏季2.5～5米/秒、冬季1.5米/秒。

② 风机和进气口的布置　根据鸡舍的布局、长短布置风机和进气口，如图 2-4 所示。

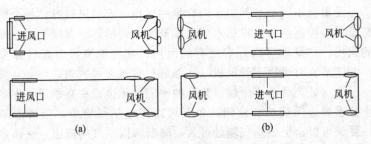

(a)　　　　　　　　　　(b)

图 2-4　纵向通风风机和进风口布局图

(a) 图表示的是鸡舍的长度在 60 米以内，可以将风机安装在一端墙上或紧邻端墙的侧墙上，进气口在另一端墙或紧邻端墙的侧墙上；(b) 图表示的是鸡舍的长度在 60 米以上，可以将风机安装在两端墙上或紧邻端墙的侧墙上，进气口在中部侧墙；负压通风风机应安装在污染道一端墙或侧墙，风机距地面高度为 0.4～0.5 米或高于饲养层，如纵墙上安装风机，排风方向与屋脊成 30°～60°角

【例 2】【例 1】中的鸡舍净宽 8 米，天花板距地面高度 2.5 米，设计负压纵向通风系统（夏季风速按 2.5 米/秒）。

第一步，通风量确定

排风量＝风速（米/秒）×鸡舍横断面面积（平方米）＝2.5×8×2.5×60＝3000 立方米/分钟

第二步，风机数量确定

选择 3 台 HRJ-140 型风机、1 台 HRJ-71 型风机。其通风量为 925×3＋295×1＝3070 立方米/分钟，可以满足需要。

第三步，进气口的确定。进气口面积可以与鸡舍的横断面面积相等，所以进气口面积为 25 平方米。

③ 机械通风的管理

一要做好通风设备的检测工作。每天通风换气前，或在夏季来临之前，做好通风设备的检测工作。检查内容包括线路和控制器的安全性、电机的完好性、扇叶的牢固性等，并清理风机扇叶和百叶窗上的灰尘，保证有效的通风量。另外，如果风机皮带松弛，也会造成扇叶转速减慢甚至皮带过早磨损。因此，应经常清除风机扇叶和百叶窗上的灰尘，确保皮带处于紧绷状态，使风机经常处于最大工作效率状态，同时及时更换皮带和磨损后的皮带轮，大大提高风机的通风换气量和排热能力。

二要根据不同季节开启不同数量的风机。安装风机时，每个风机上都要安装控制装置，根据不同的季节或不同的环境温度开启不同数量的风机。如夏季可以开启所有的风机，其他季节可以开启部分风机，温度适宜时可以不开风机（能够进行自然通风的鸡舍）。

三要保证鸡舍的密闭性。鸡舍的密闭性无论是在夏季还是在冬季都十分重要，保持鸡舍密闭，冬天可以避免热量流失，节省能源开支；夏天可以避免热空气随处可入，降低舍内空气的流速，进而影响降温效果。

四要联合使用湿帘装置。当天气炎热、舍内温差较大时才有必要使用，而且一定要等纵向通风系统运转正常以后再开启湿帘装置。同时，保证除了湿帘进风口以外，不应存在其他的进风口。检查门、通风口、湿帘与墙体的结合部位是否存在漏风部位，还要检查湿帘是否存在干燥部位。因这些地方进入鸡舍的热气将影响降温效果。

（三）光照设计

开放式鸡舍采用自然光照与人工补光相结合，密闭式鸡舍采用人工照明。光照系统的设计方法两种类型鸡舍完全相同。如果安装光照控制器，基本实现光照自动化。

1. 光源种类

养鸡生产中常用的人工光源种类主要有白炽灯和荧光灯。白炽灯安装成本低，易管理，但发光效率低，运行成本高；荧光灯发光效率高，但安装成本也高。

2. 自然采光设计

自然采光是指太阳光通过鸡舍的开露部分进入舍内达到照明的目的。自然采光取决于窗户的面积，窗户面积越大进入舍内的光线越多。但采光面积要兼顾通风、光照、保温隔热因素合理确定。采光系数是衡量与设计鸡舍采光的一个重要指标（指窗户的有效面积与鸡舍地面面积之比，即 $1:X$。成鸡舍的采光系数为 $1:10\sim1:12$，雏鸡舍的采光系数为 $1:7\sim1:9$）。影响鸡舍自然采光的因素主要有畜舍的方位（坐北朝南方向，舍内光线较好）、舍外情况、入射角（是鸡舍地面中央一点到窗户上缘或屋檐所引的直线与地面水平线之间的夹角，入射角的大小对光线进入舍内有影响，入射角越大，越有利于光线进入舍内。为保证舍内得到适宜照度，入射角一般不少于 25°)、透光角（鸡舍地面中央一点向窗户上缘或屋檐和下缘引出的两条直线所形成的夹角。透光角越大，越有利于光线进入舍内。为保证舍内得到适宜照度，透光角一般不少于 5°)、玻璃、舍内反光面以及舍内设施及鸡笼构造与布局等。

自然光照的设计：其任务是合理设计采光窗的位置、形状、数量、面积，保证鸡舍的自然采光标准，并尽量使其照度均匀。

第一步，确定窗口位置。如图 2-5 所示，可以根据入射角和透光角来计算窗口上下缘的高度：

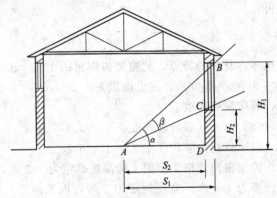

图 2-5　肉鸡舍的入射角和透光角

$$H_1 = \text{tg}\alpha \cdot S_1$$
$$H_2 = \text{tg}(\alpha - \beta)S_2$$

要求 $\alpha \geqslant 25°$，$\beta \geqslant 5°$，即 $\alpha - \beta \leqslant 20°$

则：$H_1 \geqslant 0.4663 S_1$，

$H_2 \leqslant 0.364 S_2$

第二步，窗口面积计算。按采光系数计算，公式如下：

$$A = \frac{K \cdot F_d}{J} \tag{2-4}$$

式中，A 表示采光窗口总面积；K 表示采光系数；F_d 表示舍内地面面积；J 表示窗扇遮挡系数，单层金属窗为 0.80、双层为 0.65、单层木窗为 0.70、双层为 0.50。

第三步，确定窗的数量、形状和布置。窗的数量应首先根据当地气候确定南北窗的比例，然后再考虑光照均匀和房屋结构对窗间墙宽度的要求来确定。炎热地区，南北窗的比例是（1～2）：1，冬冷夏热地区和寒冷地区为（2～4）：1。

窗的形状也关系到采光和通风的均匀程度。卧式窗有利于长度方向采光均匀，而跨度方向则较差；立式窗正好相反。

【例3】一个鸡舍共16间，间距3米，净跨度为8米，则每间净面积24平方米。其采光系数标准为1/12～1/10，如采用单层木窗，遮挡系数为0.70，进行采光设计。

第一步，确定窗户面积（由于每一间的窗户设置一样，只需计算设计一间即可）。

$$A = 0.1 \times \frac{24}{0.7} = 3.5 \text{ 平方米}$$

根据当地冬冷夏热的特点，北窗可占南窗的1/4，则每间鸡舍北窗为3.5×1÷5＝0.7平方米，南窗面积为3.5×4÷5＝2.8平方米。

第二步，确定窗缘高度。

$H_1 \geqslant 0.4663 \times 4.24$（鸡舍总跨度1/2）＝1.977米

$H_2 \leqslant 0.364 \times 4$（鸡舍净跨度1/2）＝1.456米

第三步，确定窗户规格。南窗上缘高度确定为2.2米，下缘高度为0.8米，窗高为1.4米。宽度确定为1米，设置两个，则面积为：1.4×1×2＝2.8平方米；北窗可设高1米、宽1米的窗一个，面积为1平方米，其上下缘高度分别为2米和1米。采光面积符合标准要求。

第四步，窗户布置。南窗的布置如图2-6所示。

3. 人工照明系统设计

① 计算鸡舍光照需要的光通量（总流明数）。

光通量（总流明数）＝

$$\frac{\text{光照强度（勒克斯/平方米）} \times \text{地板面积（平方米）}}{\text{利用系数} \times \text{维持系数}} \tag{2-5}$$

注：利用系数是表示光源发射的光线与畜禽接收光线的比例系数，它受到舍内建设及安装结构与清洁度的影响，未粉刷、无天花板、无罩光照系统利用系数为0.25，粉刷清洁有反光罩的为0.60，

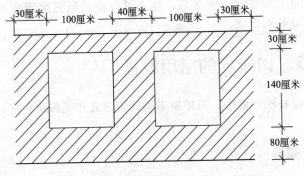

图 2-6 南面窗户的布局图

一般清洁和有反光罩的为 0.5 左右；维持系数是指光照设备清洁和能否正常使用等常在 0.5～0.7 范围内。

如一个面积为 100 平方米的肉鸡舍，光照强度为 5 勒克斯（lx）。安装带罩的白炽灯光源，利用系数 0.5，维持系数 0.7，代入式（2-5），则：总光通量＝1428.6 流明。

② 灯泡规格和数量确定 根据鸡舍的实际情况确定光源的种类和规格，再根据不同光源的发光量（表 2-9）计算光源的数量。

表 2-9 不同规格光源的发光量

规格/瓦	15	25	40	50	60	100
白炽灯/流明	125	225	430	655	810	1600
荧光灯/流明	500～700	800～100	2000～2500			

为了保证鸡舍光照均匀，可以适当增加光源的数量，降低光源的规格（功率）。【例 3】中如果选用 40 瓦白炽灯，其发光量为 430 流明，需要的灯泡数量＝总流明数÷每个灯泡的流明数＝1428.6÷430＝3.3 只≈4 只

③ 光照系统的安装和管理 灯的高度直接影响到地面的光照强度，一般安装高度为 1.8～2.4 米，光源分布均匀，数量多的小功率光源比数量少的大功率光源有利于光线均匀。光源功率一般在 40～60 瓦之间较好（荧光灯在 9～15 瓦之间）。灯间距为其高度的 1.5 倍，距墙的距离为灯间距的一半，灯泡不应使用软线。如是笼养，应

在每条走道上方安置一列光源；灯罩可以使光照强度增加 50%，应选择伞形或蝶形灯罩。

第三节　肉鸡场的常用设备

养鸡设备种类繁多，可根据不同饲养方式和机械化程度，选用不同的设备。

一、笼具

（一）种鸡笼具

1. 单笼

优质肉用种鸡采用自然交配方式时一般用此种笼具。这种笼具为一种金属大方笼，长 2 米，宽 1 米，高 0.7 米，笼底向外倾斜，伸到笼外形成蛋槽。数个或数十个组装成一列，笼外挂上料槽和饮水管，采用乳头饮水器饮水。

2. 单层式笼具

这种方式为全部机械化操作。具体是将所有鸡笼均平放于距地面 2 米左右高的架子上。每两个鸡笼背靠背安装成为一列，列与列之间不留过道，但有供水及集蛋的专用传送带。供料、供水及集蛋全部机械操作。鸡的粪便直接落在地面。此种笼具虽只有一层，但因无过道，故单位面积上养鸡数量多。同时除粪方便，舍内空气质量好，环境条件一致性好。但投资成本较高，如果饲养员责任心不强，当发生机械事故及鸡只健康不佳时，均不易被发现。这种笼具生产中较少使用。

3. 全阶梯式笼具

这是目前肉用种鸡生产中采用人工授精方式时的主要饲养笼具之一。这种笼具各层之间全部错开，粪便直接掉入粪坑或地面，不需安装承粪板。多采用三层结构。人工喂料、集蛋时，为降低饲养员工作强度和有利于保护笼具，也可采取二层结构，但降低了单位面积上的养鸡数量。近年来，为降低舍内氨气浓度和方便除粪，南方很多鸡场均采用高床饲养，即笼子全部架空在距地 2 米左右高的水泥条板上。这种结构，单位面积上养鸡数量虽不及其他方式多，但生产中使用效果较好。

4. 半阶梯式笼具

这种方式与全阶梯式的区别在于上下层鸡笼之间有一半重叠，其重叠部分设有一斜面承粪板，粪便通过承粪板而落入粪坑或地面。由于有一半重叠，故节约了地面而使单位面积上的养鸡数量比全阶梯式增加了 1/3，同时也减少了鸡舍的建筑投资，生产效果两者基本相似。

5. 综合阶梯式笼具

这种布局为三层中的下两层重叠，顶层与下两层之间完全错开呈阶梯式。此布局与半阶梯式在占地面积上是相等的，不同的是施工难度较半阶梯式低。同时，在低温环境下，重叠部分的局部区域空气质量相对较好。

（二）育雏笼

常见的是四层重叠育雏笼。该笼四层重叠，层高333毫米，每组笼面积为700毫米×1400毫米，层与层之间设置两个粪盘，全笼总高为1720毫米。一般采用6组配置，其外形尺寸为4400毫米×1450毫米×1720毫米，总占地面积为6.38平方米。加热组在每层顶部内侧装有350W远红外加热板1块，由乙醚胀缩饼或双金属片调节器自动控温，另设有加湿槽及吸引灯，除与保温组连接一侧外，三面采用封闭式，以便保温。保温组两侧封闭，与雏鸡活动笼相连的一侧挂帆布帘，以便保温和雏鸡进出。雏鸡活动笼两侧挂有饲喂网格片，笼外挂饲槽或饮水槽。目前多采用6～7组的雏鸡活动笼。

（三）育雏育成笼

育雏育成笼每个单笼长1900毫米，中间有一隔网隔成两个笼格，笼深500毫米，适用0～20周龄雏鸡，以三层阶梯或半阶梯布置，每小笼养育成鸡12～15只，每整组150～180只。饲槽喂料，乳头饮水器或长流水水槽供水。

（四）肉仔鸡笼

肉仔鸡笼由笼架、笼体、料槽、水槽和托粪盘构成。规模不等，一般笼架长100厘米，宽60～80厘米，高150厘米。从离地30厘米起，每40厘米为一层，可设三层或四层，笼底与托粪盘相距10厘米。饲槽喂料，乳头饮水器或长流水水槽供水。

二、条板

网上平养鸡舍需要条板形成网面。种鸡舍一般是条板-垫料形式，条板占鸡舍面积的60%，垫料占鸡舍面积的40%，条板的宽为2.5～5厘米，间隙为2.5厘米，应沿着鸡舍纵向铺设，不能在鸡舍内横向铺设，否则鸡沿食槽吃料时不能很好地站立来支撑自己的身体。也可用金属网来代替条板，但金属网应足够粗，网眼尺寸为2.5厘米×5厘米，同样的道理，网眼的长度方向应横向于鸡舍。条板在鸡舍内的安装方法有两种：一种为一半条板靠左墙，另一半条板靠右墙，中央铺设垫料，日常工作在中央垫料区域内进行；另一种方法为鸡舍中央铺设条板，垫料分别铺设在条板两边。条板离地面应在70厘米以上，条板下才有足够的空间来积聚一年的粪便。肉用仔鸡舍可以使用全条板。

三、喂料设备

（一）料桶

适用于平养、人工喂料。由上小下大的圆形盛料桶和中央锥形的圆盘状料盘及栅格等组成，并可通过吊索调节高度。

（二）自动喂料系统

1. 链环式喂料系统

由料箱、驱动器、链片、饲槽、饲料清洁器和升降装置等部分组成，适用于平养或笼养。饲料从舍外料塔经输料管送入舍内料箱，再由驱动轮带动饲槽中的链片，将饲料输送至整个饲槽中。平养喂料机应加栅格，并在余料带回料箱前，经饲料清洁器筛去鸡毛、鸡粪和垫料。另还设有升降装置来调节饲槽高度，既可减少饲料浪费，又便于鸡舍清扫。

2. 螺旋式喂料系统

由料箱、驱动器、推送螺旋、输料管、料盘和升降装置等部分组成。

3. 塞盘式喂料系统

由料箱、驱动器、塑料塞盘及镀锌钢缆、输料管、转角器、料盘和升降装置等部分组成。适用于平养。

4. 轨道车喂饲机

多层笼养鸡舍内常采用轨道车喂饲机。在鸡笼的顶端装有角钢或工字钢制的轨道，轨道上有一台四轮料车，车的两侧分别挂有与笼层列数相同的料斗，料斗底部的排料管伸入饲槽内，排料管上套有伸缩管，伸缩调整离槽底的距离，可改变喂料量。料车由钢索牵引或自行，沿轨道从鸡笼一端运行至另一端，即完成一次上料。

四、饮水设备

（一）水槽式饮水设备

常流水式水槽供水设备简单，国内广泛应用。但水量浪费大，水质易受污染，需定期刷洗。安装时，应使整列水槽处于同一水平线，以免出现缺水或溢水。在平养中应用，可用支架固定，其高度高出鸡背 2 厘米左右，并设防栖钢丝。水线安置在离料线 1 米左右或靠墙地方。可采用浮子阀门或弹簧阀门机构来控制水槽内水位高度。

（二）真空饮水器

真空饮水器（壶式饮水器），由水罐和水盘组成，有大中小三种型号，适用于不同年龄段雏鸡使用。

（三）吊塔式饮水器

靠盘内水的重量来启闭供水阀门，即当盘内无水时，阀门打开，当盘内水达到一定量时，阀门关闭。吊塔式饮水器可任意调节高度，并有阀门控制水盘水位和防晃装置，以防饮水溢出，适用于平养鸡，用调索吊在离地面一定高度

图 2-7 吊塔式饮水器（普拉松）

（与雏鸡的背部或成鸡的眼睛等高）。该饮水器的特点是适应性广，不妨碍鸡群的活动。如图 2-7 所示。

（四）杯式和乳头式饮水器

1. 杯式饮水器

由饮水杯、控制系统和水线构成，水线供水，通过控制系统使水

杯中的水始终保持在一定水位。每个笼格前面安装一个即可。其优点是自动供水，易于观察有无水，不足是需要定时洗刷水杯。

2. 乳头式饮水器

乳头式饮水器因其出水处设有乳头状阀门杆而得名，多用于笼养。每个饮水器可供 10～20 只雏鸡或 3～5 只成鸡使用，前者水压约为 (1.47～2.45)×10⁴ 帕斯卡，后者为 (2.45～3.43)×10⁴ 帕斯卡，由于是全封闭水线供水，可保证饮水清洁，有利防疫并可大量节水，但要求制造工艺精度高，以防漏水，有的产品配有接水槽或接水杯。如图 2-8 所示。

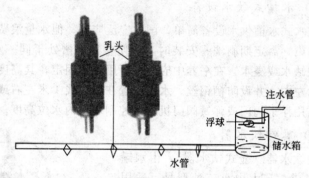

图 2-8　乳头式自动饮水器

（五）供水系统

笼养的供水系统包括饮水器、水质过滤器、减压水箱、输水管道。平养的供水系统，在上述设备基础上再增设防栖钢丝、升降钢索、滑轮和减速器及摇把，以便根据需要调节高度。在鸡群淘汰后还可将水线升至鸡舍高处，以利鸡舍清洗的操作。

五、清粪设备

鸡舍内的粪便清理方法有分散式和集中式两种。分散式除粪每日清粪 2～3 次，常用普通网上平养和笼养；集中式除粪是每隔数天、数月或一个饲养期清粪一次，主要用于地面平养或高床式笼养。

（一）刮板式清粪机

用于网上平养和笼养，安置在鸡笼下的粪沟内，刮板略小于粪沟宽度（图 2-9）。每开动一次，刮板作一次往返移动，刮板向前移动时将鸡粪刮到鸡舍一端的横向粪沟内，返回时，刮板上抬空行。横向粪沟内的鸡粪由螺旋清粪机排至舍外。视鸡舍设计，1 台电动机可负载单列、双列或多列。

图 2-9　刮板式清粪机

在用于半阶梯笼养和叠层笼养时，采用多层式刮板，其安置在每一层的承粪板上，排粪沟设在安有动力装置相反端。以四层笼养为例，开动电动机时，两层刮板为工作行程，另两层为空行、到达尽头时电动机反转，刮板反向移动，此时另两层刮板为工作行程，到达尽头时电动机停止。

（二）输送带式清粪机

只用于叠层式笼养。它的承粪和除粪均由输送带完成，工作时由电动机带动上下各层输送带的主动辊，使鸡粪排到鸡舍一端的横向粪沟。排粪处设有刮板，将粘在带上的鸡粪刮下。为将鸡粪排出舍外，多在鸡舍横向粪沟内安装螺旋排粪机，在鸡舍外的部分为倾斜搅龙以便装车。

六、通风设备

肉鸡舍的通风方式有自然通风和机械通风。

（一）自然通风

主要利用舍内外温度差和自然风力进行舍内外空气交换，适用于

图 2-10　轴流式风机

开放舍和有窗舍。利用门窗开启的大小及鸡舍屋顶上的通风口进行。通风效果决定于舍内外的温差、口大小和风力的大小，炎热夏季舍内外温差小，冬季鸡舍封闭严密都会影响通风效果。

（二）机械通风

机械通风是利用风机进行强制的送风（正压通风）和排风（负压通风）。常用的风机是轴流式风机（图 2-10）。风机由外壳、叶片和电机组成，有的叶片直接安装在电机的转轴上，有的是叶片轴与电机轴分离，由传送带连接。

七、照明设备

肉鸡舍必须要安装人工光照照明系统。人工照明采用普通灯泡或节能灯泡，并安装灯罩，以防尘和最大限度地利用灯光。根据饲养阶段不同采用不同功率的灯泡。如育雏舍用 60～100 瓦的灯泡，育成舍用 15～25 瓦的灯泡，种用肉鸡舍和肉鸡肥育舍用 25～45 瓦的灯泡，灯距为 2～3 米，高度 2～2.5 米。笼养鸡舍每个走道上安装一列光源。平养鸡舍的光源布置要均匀。

八、加温和降温设备

（一）供温设备

1. 烟道供温

烟道供温有地上水平烟道和地下烟道两种。地上水平烟道是在育雏室墙外建一个炉灶，根据育雏室面积的大小在室内用砖砌成一个或两个烟道，一端与炉灶相通。烟道排列形式因房舍而定。烟道另一端穿出对侧墙后，沿墙外侧建一个较高的烟囱，烟囱应高出鸡舍 1 米左右，通过烟道对地面和育雏室空间加温。地下烟道与地上烟道相比差异不大，只不过室内烟道建在地下，与地面齐平。烟道供温应注意烟道不能漏气，以防煤气中毒。烟道供温时室内空气新鲜，粪便干燥，可减少疾病感染，适用于广大农户养鸡和中小型鸡场，对平养和笼养均适宜。

2. 煤炉供温

煤炉由炉灶和铁皮烟筒组成。使用时先将煤炉加煤升温后放进育雏室内，炉上加铁皮烟筒，烟筒伸出室外，烟筒的接口处必须密封，以防煤烟漏出致使雏鸡发生煤气中毒死亡。此方法适用于较小规模的养鸡户使用，方便简单。

3. 保温伞供温

保温伞由伞部和内伞两部分组成（图 2-11）。伞部用镀锌铁皮或纤维板制成伞状罩，内伞有隔热材料，以利保温。热源用电阻丝、电热管子或煤炉等，安装在伞内壁周围，伞中心安装电热灯泡。直径为 2 米的保温伞可养鸡 300～500 只。保温伞育雏时要求室温 24℃以上，伞下距地面高度 5 厘米处温度 35℃，雏鸡可以在伞下自由出入。此种方法一般用于平面垫料育雏。

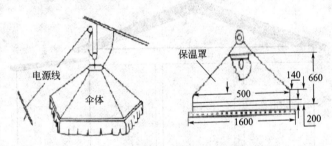

图 2-11 保温伞示意图（单位：毫米）

4. 热水热气供温

利用锅炉和供热管道将热气或热水送到鸡舍的散热器中，然后提高舍内温度。温度稳定，舍内卫生，但一次投入大，运行成本高，适用于大型肉鸡场。

5. 热风炉供温

利用热风炉（图 2-12）将热空气送入舍内，使舍内温度达到要求。舍内温度稳定，空气洁净，是一种实用的、新型的供温方式。

图 2-12 热风炉（暖风炉）

（二）降温设备

通过设计降温系统以确保肉鸡舍夏季温度不能超过28℃为原则。

1. 开放式鸡舍

采用喷雾降温设备。

2. 密闭式鸡舍

采用湿帘风机负压通风降温系统是目前最成熟的蒸发降温系统。湿帘安装时应注意：湿帘厚度一般以10～20厘米为宜。东北、西北及长江以北地区等干燥气候选择较厚的湿帘，长江以南潮湿地区湿帘不宜过厚；湿帘面积为鸡舍排风口面积的2倍；湿帘安装在靠近净道的端墙上（见图2-13），如果端墙面积不够时，可在靠近端墙的附近两侧墙增加湿帘面积；湿帘应便于拆卸，防止高温高湿天气时阻风。

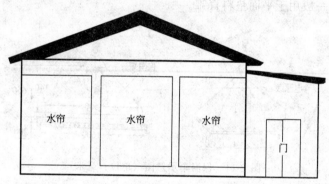

图2-13 湿帘降温系统湿帘位置

九、肉鸡场的隔离设施

没有良好的隔离设施就难以保证有效的隔离，设置隔离设施会加大投入，但减少疾病发生带来的收益将是长期的，要远远超过投入。

1. 隔离墙（或防疫沟）

鸡场周围（尤其是生产区周围）要设置隔离墙，墙体严实，高度2.5～3米或沿场界周围挖深1.7米、宽2米的防疫沟，沟底和两壁硬化并放上水，沟内侧设置15～18米的铁丝网，避免闲杂人员和其他动物随便进入鸡场。

2. 消毒池和消毒室

鸡场大门设置消毒室（或淋浴消毒室）和车辆消毒池，供进入人员、设备和用具的消毒。生产区中每栋建筑物门前要有消毒池。可以在与生产区围墙同一平行线上建蛋盘、蛋箱和鸡笼消毒池。如图2-14、图2-15所示。

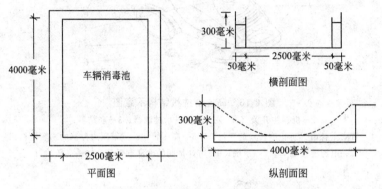

图 2-14　肉鸡场大门车辆消毒池

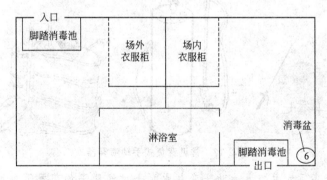

图 2-15　淋浴消毒室布局图

3. 场内清洗消毒设施

鸡场常用的场内清洗消毒设施有高压冲洗机、喷雾器和火焰消毒器，如图2-16和图2-17所示。

【小知识】现代养殖成功的保障在于环境控制和先进设备的自动化，如供暖系统（暖风炉＋引风机＋风道＋水暖片）、通风降温系统（侧向风机＋侧窗＋纵向风机＋湿帘和配套水循环系统）、供水系统

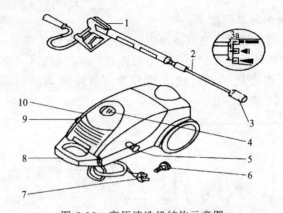

图 2-16 高压清洗机结构示意图

1—机器主开关（开/关）；2—进水过滤器；3—联结器；
4—带安全棘齿（防止倒转）的喷枪杆；5—高压管；6—（带压力控制的）喷枪杆；
7—电源连接插头；8—手柄；9—带计量阀的洗涤剂吸管；10—高压出口

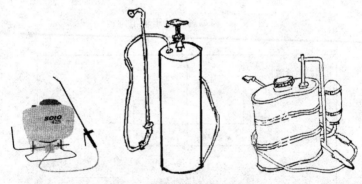

图 2-17 常见背负式手动喷雾器

（水井＋备用水井或蓄水池＋变频水泵＋过滤器＋加药器＋自动乳头
式饮水线）、供料系统（散装料车＋散装料仓＋主料线＋副料线＋料
盘）、供电系统（高压线＋变压器＋相当功率的备用发电机组）、加湿
系统（自动雾线或专用加湿器）、网上养殖（钢架床＋塑料垫网或养
殖专用塑料床）等；附属设施是保证规模化肉鸡场安全生产的保证。
附属设施包括服务用房（卫生间、淋浴间、宿舍、餐厅、仓库、办公
室、兽医室、化验室、车库等）、污水处理池、粪便发酵处理池、病
死鸡焚烧炉、鱼塘等。

<<<<<

第三章

肉鸡的品种及选择

核心提示

　　品种是决定肉鸡生产性能的内在因素，只有选择具有高产潜力的优良品种（优良品种是指符合一定地区、一定市场、一定饲养条件的适宜品种），才可能取得较好的经济效益。品种多种多样，必须根据市场需求、饲养条件以及品种的特性科学选择品种，并且要到有种禽、种蛋经营许可证的信誉高、质量好的种鸡场引种。

第一节　肉鸡品种介绍

　　我国目前饲养的肉鸡品种有几十种，按其来源分为国外引进品种和地方优良品种（包括培育品种）。国外引进品种生长速度快，饲料报酬高，但肉质风味相对差；我国地方优良种鸡相对国外引进品种生长速度慢，饲料报酬低，肉质风味优良。按照生长速度和体重可以分为快大型肉鸡、优质黄羽肉鸡和土种鸡。

一、国外品种（快大型肉鸡）

（一）国外肉鸡的特点

　　国外快大型肉鸡是利用选育的专门化父系和母系进行杂交生产出来的，具有如下特点。

1. 早期生长速度快，饲料利用率高

　　这是快大型肉鸡最重要的特点，只有早期生长快，才能早出场，减少饲料消耗。如快大型肉鸡初生重为40～45克，6周龄末公母混群饲养的肉鸡平均体重为 2.35 千克左右，7 周龄末体重可达 2.5 千克左右，每增重 1 千克肉消耗饲料约 1.8～2.0 千克，料肉比达 (1.8～2.0)：1。

2. 生活力强，饲养密度高

现代肉鸡业都是高密度大群饲养，数千只鸡一群，挤满整个舍内，几乎看不到地面。只有密集大量饲养，才能获取最大的经济效益。但大规模高密度饲养不仅加大了疫病的传播和流行机会，而且应激的因素也增多，家禽容易发生疾病。现代培育的肉鸡具有体质强健、适应力和抗病力强、成活率高的特点，适合高密度大规模饲养。

3. 整齐一致，商品性强

现代肉鸡不仅生长快、耗料省、成活率高，而且体格发育均匀一致，出场时商品率高。如果体格大小不一，给屠宰加工也带来麻烦，影响商品等级，降低经济收入。这种一致性只有通过杂交才能获得。由于多年的选育改良，公母鸡体重之间的差异愈来愈大。为提高商品肉鸡的一致性，有的国家采取公母分开饲养。有的国家，如日本，当仔鸡长到一定周龄先将母鸡挑出上市，公鸡再养一段时间，这样既能使肉鸡出场体重均匀，又能充分发挥公鸡生长的潜力，从而增加经济效益。

4. 繁殖力强，总产肉量高

繁殖力实际上也是肉用鸡生产性能的指标。今天的肉用种鸡，差不多是 24 周龄开产，养到 64 周龄，每只鸡大约产蛋 180 个，生产种蛋 160 个左右，种蛋受精率 95％，受精蛋孵化率 95％，一只肉用母鸡一个生产周期生产商品雏鸡 155 只左右，而且生产的肉用仔鸡当年可以上市，短期内为市场提供大量的肉食。

（二）国外肉鸡的主要品种

1. 罗斯 308 肉鸡

罗斯 308 肉鸡是英国罗斯育种公司培育的四系配套优良肉用鸡种。1989 年上海新杨种畜场从原公司引进配套祖代鸡。罗斯 308 就是当今世界上肉鸡产肉性能极佳的品种之一。

父母代生产性能：23～24 周产蛋率可达 5％，24 周蛋重可达 48 克以上即可入孵；高峰产蛋率可达 86％，全期累计产合格种蛋 177 枚；商品鸡可通过羽毛鉴别雌雄，规模鸡场可公母分饲。

商品代生产性能：适应性和抗病力都很强，在良好的饲养管理下，前期增重比较快，育雏成活率可达98%以上。6周龄平均体重2480克，料肉比为1.7：1；7周龄平均体重3000克，料肉比为1.85：1。

2. 爱拔益加肉鸡（AA肉鸡）

爱拔益加肉鸡是美国爱拔益加育种公司培育的四系配套白羽肉鸡品种，父本豆冠，母本单冠，胸宽，腿粗，肌肉发达，尾巴短，蛋壳棕色。目前我国已有十多个祖代和父母代种鸡场，是白羽肉鸡中饲养较多品种。其具有生产性能稳定、增重快、胸肌率高、成活率和饲料报酬高、抗逆性强等特点。AA肉鸡可在全国绝大部分地区饲养，适宜于各类养殖场饲养。

父母代生产性能：全群平均成活率90%，入舍母鸡66周龄产蛋数193枚，入舍母鸡产种蛋数185枚，入舍母鸡产健雏数159只，种蛋受精率94%，入孵种蛋平均孵化率80%，36周龄蛋重63克。

商品代生产性能：商品代公母混养35日龄体重1770克，成活率97.0%，饲料利用率1.56；42日龄体重2360克，成活率96.5%，饲料利用率1.73，胸肉产肉率16.1%；49日龄体重2940克，成活率95.8%，饲料利用率1.90，胸肉产肉率16.8%。

3. 艾维因肉鸡

艾维因肉鸡是由美国艾维因国际有限公司培育的三系配套白羽肉鸡品种，我国自1987年开始引进，也是我国白羽肉鸡中饲养较多的品种之一。艾维因肉鸡为显性白羽肉鸡，体型饱满，胸宽、腿短、黄皮肤，具有增重快、成活率和饲料报酬高等特点。艾维因肉鸡可在我国绝大部分地区饲养，适宜各种类型的养殖场饲养。

父母代生产性能：入舍母鸡产蛋5%时成活率不低于95%，产蛋期死淘汰率不高于8%～10%；高峰期产蛋率86.9%，41周龄可产蛋187枚，产种蛋数177枚，入舍母鸡产健雏数154只，入孵种蛋最高孵化率91%以上。

商品代生产性能：商品代公母混养49日龄体重2600克，耗料4.63千克，饲料转化率1.89，成活率97%以上。

4. 安卡红肉鸡

安卡红为速生型黄羽肉鸡，四系配套，原产于以色列。1994年

10月上海市华青从祖代肉鸡场引进。安卡红鸡体型较大、浑圆，是目前国内生长速度最快的红羽肉鸡。初生雏较重，达38～41克。绒羽为黄色、淡红色，少数雏鸡背部有条纹状褐色，主翼羽、背羽羽尖有部分黑色羽，公鸡尾羽有黑色，肤色白色，喙黄，腿粗，胫趾为黄色。单冠，公、母鸡冠齿以6个居多，肉髯、耳叶均为红色，较大、肥厚。与我国地方鸡种杂交有较好的配合力，可在我国绝大部分地区饲养，适宜集约化鸡场、规模化养鸡场、专业户养殖。

父母代生产性能：0～21周龄成活率94%，22～26周龄成活率92%～95%，淘汰周龄为66周龄。25周龄产蛋率5%。每只入舍母鸡产种蛋数164枚，入孵种蛋出雏率85%。

商品代生产性能：商品代饲料转化率高，生长快，饲料报酬高，6周龄体重达2000克，累计料肉比1.75∶1；7周龄体重达2405克，累计料肉比1.94∶1；8周龄体重达2875克，累计料肉比2.15∶1。

5. 哈巴德肉鸡

哈巴德肉鸡是上海大江股份有限公司从美国引进的高产肉鸡品种。该品种具有生长速度快，抗病能力强，胴体屠宰率高，肉质好，饲料报酬高，饲养周期短以及商品鸡可羽速自别雌雄，有利于分群饲养等特点。可在我国大部分地区饲养。

父母代生产性能：开产日龄175天，产蛋总数180枚，合格种蛋数173枚，平均孵化率86%～88%，平均出雏数135～140只。

商品代生产性能：28天体重1250克，料肉比1.54∶1；35天体重1750克，料肉比1.68∶1；42天体重2240克，料肉比1.82∶1；49天体重2710千克，料肉比1.96∶1。

6. 秋高肉鸡

该品种是由澳大利亚狄高公司培育而成的两系配套杂交肉鸡，父本为黄羽、母本为浅褐色羽，商品代皆黄羽。其特点是商品肉鸡生长速度快，与我国地方优良种鸡杂交，其后代生产性能好，肉质佳，可在我国大部分地区饲养。

父母代生产性能：开产日龄175天，产蛋总数191枚，合格种蛋数177.5枚，平均孵化率89%，平均出雏数175只。

商品代生产性能：42天体重1810克，料肉比1.88∶1；49天体重2120克，料肉比1.95∶1；56天体重2530克，料肉比2.07∶1。

7. 红波罗肉鸡

红波罗肉鸡又称红宝肉鸡，体型较大，为有色红羽鸡，肉用仔鸡生长速度快，具有三黄特征，即黄喙、黄脚、黄皮肤，屠体皮肤光滑，味道较好，备受国内消费者欢迎。初生雏重达 38～40 克。绒毛呈红色，无白羽鸡，成年鸡羽色一致，鸡冠为单冠，公、母鸡冠齿极大，部分为 7 个，肉髯、耳叶均为红色、较大。

父母代生产性能：20 周龄体重为 1.9～2.1 千克，64 周龄体重为 3.0～3.2 千克，入舍母鸡累计产蛋数（66 周龄）185 个，入舍母鸡累计提供种蛋数（64 周龄）165～170 个，入舍母鸡累计提供肉用仔鸡初生雏数 137～145 个，生长期死亡率为 2%～4%，产蛋期死亡率（每月）为 0.4%～0.7%，平均日耗料量为 145 克。

商品代生产性能：用全价饲料 60 天体重可达 2200 克，饲料转化率为（1.7～2.0）：1。生活力强，60 日龄存活率达 97% 以上。

8. 海波罗肉鸡

海波罗肉鸡是荷兰尤里勃利特育种公司培育的四系配套白羽肉用鸡。海波罗肉种鸡为白色快大型肉用种鸡，体形硕大，白色羽毛，单冠，胸肌发达，眼大有神，腿粗有力，早期生长速度快，产肉性能好；生产性能稳定，死亡率较低，但对寒冷气候适应性稍差。

父母代生产性能：20 周龄母鸡体重 2230 克，公鸡 3050 克；65 周龄时的母鸡体重 3685 克，公鸡 4970 克。65 周龄入舍母鸡产蛋数 185 个，入舍母鸡产种蛋数 178 个，平均入孵蛋孵化率 83%，入舍母鸡产雏鸡数 148 只。

商品代生产性能：海波罗肉鸡生长速度快，28 日龄体重 1280 克，料肉比 1.45：1；35 日龄体重 1833 克，料肉比 1.65：1；42 日龄体重 2418 克，料肉比 1.74：1；49 日龄体重 2970 克，料肉比 1.85：1。

二、国内肉鸡品种（优质肉鸡）

（一）国内肉鸡的分类和特点

优质肉鸡应是指饲养到一定日龄，肉质鲜美、风味独特的肉鸡品种，主要强调的是肉质。优质肉鸡生产呈现多元化的格局，不同的市场对外观和品质有不同的要求。

1. 优质黄羽肉鸡的分类

我国的优质肉鸡按照生长速度可分为三种类型，即快速型、中速型和优质型。

（1）快速型　以长江中下游上海、江苏、浙江和安徽等省市为主要市场。要求49日龄公母平均上市体重1.3～1.5千克，1千克以内未开啼的小公鸡最受欢迎。该市场对生长速度要求较高，对"三黄"特征要求较为次要，黄羽、麻羽、黑羽均可，胫色有黄、有青也有黑。

（2）中速型　以香港、澳门和广东珠江三角洲地区为主要市场，有逐年增长的趋势。港、澳、粤市民偏爱接近性成熟的小母鸡，当地称之为"项鸡"。要求80～100日龄上市，体重1.5～2.0千克，冠红而大，毛色光亮，具有典型的"三黄"外形特征。

（3）优质型　以广西、广东湛江地区和部分广州市场为代表，一些中高档宾馆饭店、高收入人员也有需求。要求90～120日龄上市，体重1.1～1.5千克，冠红而大，羽色光亮，胫较细，羽色和胫色随鸡种和消费习惯而有所不同。这种类型的鸡一般未经杂交改良，以各地优良地方鸡种为主。

2. 国内肉鸡的特点

（1）生长速度较快　优质肉鸡通过选育和配套杂交，生长速度比传统的品种有了巨大提高。有的母鸡60天即上市，上市体重达1300～2000克。饲料转化率也有较大提高。

（2）肉质好　黄羽肉鸡肉质细嫩、味道鲜美，羽毛黄色，在市场上具有较强的竞争力和较高的价值。

（二）国内肉鸡的主要品种

1. 康达尔黄鸡

康达尔黄鸡是由深圳康达尔（集团）公司家禽育种中心培育的优质黄鸡配套系，利用A、B、D、R、S 5个基础品系，组成康达尔黄鸡128和康达尔黄鸡132两个配套系。

康达尔黄鸡128：属于快大型黄鸡配套8系，由于父母代母本使用了黄鸡与隐性白鸡的杂交后代，使产蛋率、均匀度、生长速度和蛋形等都有了较大的改善。同时，利用品系配套技术，使各品系的优点在杂交后代得到了充分的体现。

父母代生产性能：20周龄体重1.66～1.77千克，64周龄体重2.50～2.55千克，25周龄产蛋率5％，产蛋高峰为30～31周，68周龄产蛋数160个，平均种蛋合格率95％，平均受精率92％，平均孵化率84.2％，产蛋期死亡率8％，饲料消耗49千克。

商品代生产性能：肉鸡出栏日龄70～95天，平均活重1.5～1.8千克，料肉比（2.5～3.0）∶1。

康达尔黄鸡132：是用矮脚基因，根据不同的市场需求生产的系列配套品种。用矮脚鸡作母本来生产快大鸡，可使父母代种鸡较正常型节省25％～30％的生产成本；用来生产仿土鸡，可极大地提高种鸡的繁殖性能，降低生产成本。

2. 快大型黄鸡

利用矮脚鸡D系作父本，隐性白母鸡作母本，生产矮脚型的父母代母本，再以快大型黄鸡品系或品系之间的杂交后代作父本，生产快大型黄鸡品种，使商品代的生长速度达到市场上的主要快大黄鸡品种的性能。商品代的生产性能是肉鸡出栏日龄70～95天，平均活重1.5～1.8千克，料肉比（2.5～3.2）∶1。

仿土鸡：用地方优质鸡（土鸡）作父本、矮脚母鸡作母本的杂交生产方式，其特点是后代在外观上和肉质上具有地方种鸡特色，种母鸡生产性能较地方鸡有较大提高，可极大地提高地方鸡生产经济效益。这种配套的商品代，公鸡为黄羽快大型，母鸡为具有黄羽的矮脚型、肉质鲜美，胸肌发达，并较一些地方品种（土鸡）的生长速度快。

仿土鸡父母代生产性能：20周龄体重1.45～1.55千克，24周龄体重1.70～1.80千克，64周龄体重2.15～2.25千克，5％产蛋周龄24周，产蛋高峰周龄29～30周，68周龄产蛋数164个，饲养日产蛋数170个，健雏数127羽；育成期死亡率5％，产蛋期死亡率8％，饲料消耗39千克。

3. 苏禽黄鸡

苏禽黄鸡是江苏省家禽科学研究所培育的优质黄鸡配套系列。苏禽黄鸡系列包括快大型、优质型、青脚型3个配套系，其主要特点和生产性能如下。

（1）快大型 快大型羽毛黄色，颈、翅、尾间有黑羽，羽毛生长速度快。父母代产蛋较多，入舍母鸡 68 周龄所产种蛋可孵出雏鸡 142 只，商品代 60 日龄体重，公鸡 1700 克、母鸡 1400 克，饲料转化比为 2.5∶1。

（2）优质型 该型的特点是商品鸡生长速度快，羽毛麻色，似土种鸡，肉质优，适合于要求 40 多天上市、体重在 1 千克左右的饲养户生产。麻羽鸡三系配套，由地方鸡种的麻鸡引进外血后作第一父本，具备了生长快、产蛋率高、肉质鲜嫩等特点；第二父本系国外引进的快大系黄鸡。因而，配套鸡的各项性能表现均处于国内先进水平。

（3）青脚型 以我国地方鸡种为主要血缘，分别选育、配套而成。其羽毛黄麻、黄色，脚青色，生长速度中等，肉质风味特优，是典型的仿土品系。生产的仔鸡 70 日龄左右上市，可用于烧、炒、清蒸、白切等，在河南、安徽、四川、江西等地有较大的市场。

4. 佳禾黄鸡

佳禾黄鸡是南京温氏家禽育种有限公司培育的系列黄鸡配套系，分别有快大型、节粮型和青脚型配套系。其特点是，体型外貌仿土鸡，肉质优，生长速度适合不同层次消费，节约饲料。佳禾黄鸡配套系主要为快大型和青脚型。

（1）快大型 用隐性白和矮脚黄等配套而成，其父母代具有体型小、产蛋率高、羽毛受消费者欢迎等优点。由于配套系中 dw 基因的选用，父母代种鸡的饲养成本降低 25%～30%，产蛋率比其他种鸡提高 12% 以上，因而生产成本降低近 40%，每只种蛋全程消耗饲料仅 186 克左右。商品代早熟，35 天时冠大面红，羽毛丰满，可上市出售。羽毛黄（麻）色，黄脚，黄皮，生长速度快，42 天公、母平均体重 1900 克左右，饲料转化比 2.04∶1。

（2）青脚型 其父母代种鸡青脚、白肤，羽毛以黄麻为主，68 周龄产蛋 181 个，提供商品雏鸡 154 只。商品代体型紧凑，胸肌丰满，羽毛麻黄，似土种鸡，皮下脂肪中等，肉质优，生产量占国内青脚鸡市场的 40% 以上。

5. 新浦东鸡

新浦东鸡是由上海畜牧兽医研究所育成的我国第一个肉鸡品种，是利用原浦东鸡作为母本，与红科尼什、白洛克作父本杂交、选育而成的。羽毛颜色为棕黄或深黄，皮肤微黄，胫黄色。

生产性能：产蛋率 5％的日龄为 26 周龄，500 日龄的产蛋量 140～152 枚，受精蛋孵化率 80％，受精率 90％；仔鸡 70 日龄体重 1500～1700 克，料肉比（2.6～3.0）：1。成活率 95％。

6. 京星 102

由中国农业科学院畜牧研究所，利用国内地方品种，导入法国明星鸡的 dw 基因，自行选育而成（品种权申请号：新品种证字 10 号）。

商品代肉鸡外貌特征（正常型）：单冠，黄羽、黄脚、黄肤；体型宽大，肌肉发达。羽毛被完整，光泽度好，冠色红润；脂肪沉积均匀，肉味浓郁。商品代肉鸡主要生产性能指标见表 3-1。

表 3-1　京星黄鸡 102 商品代的生产性能

生产性能	公鸡	母鸡
出栏时间/天	50	63
出栏体重/千克	1500	1680
成活率/％	99	98
料重比	1：2.03	1：2.38
屠宰率/％	91.2	90.4

7. 京星 100

由中国农业科学院畜牧研究所，利用国内地方品种，导入法国明星鸡的 dw 基因，自行选育而成（品种权申请号：新品种证字 9 号）。

商品代肉鸡外貌特征（矮小型）：单冠，黄羽、黄脚、黄肤；体型丰满、紧凑，肌肉发达。羽毛被完整，光泽度好，冠色红润。商品代肉鸡主要生产性能指标见表 3-2。

表 3-2　京星黄鸡 100 商品代肉鸡主要生产性能

生产性能	公鸡	母鸡
出栏时间/天	60	80
出栏体重/千克	1500	1600
成活率/％	98	97
料重比	1：2.1	1：2.95

8. 岭南黄鸡

岭南黄鸡是广东省农科院畜牧研究所家禽研究室经多年培育而成的黄鸡品种。品种审定情况:"岭南黄鸡Ⅰ号"(2002)和"岭南黄鸡Ⅱ号"(2002)。

岭南黄鸡有快长型、特优矮小型、快长节粮矮小型、快慢羽自别雌雄型四个适合市场需求的岭南黄鸡配套系,商品肉鸡 56 日龄平均体重 1.74 千克,饲料报酬率 2.27:1,生产性能居全国 14 个快长型配套之首,成为国内生长最快、饲料利用率最高且不含稳定性白羽肉鸡血缘的黄肉鸡配套系,节粮型配套系每枚商品种蛋耗料量比正常型减少 56~60 克,特优型配套系父母代产蛋比地方种鸡提高 40%~100%,快慢羽自别雌雄配套系自别率达 98% 以上。

9. 粤禽皇 3 号鸡配套系

粤禽皇 3 号鸡配套系是广东粤禽育种有限公司充分利用我国地方鸡种的优良特性,适当引进国外优良品种,通过培育专门化纯系、杂交配套选育而成。2008 年通过国家畜禽遗传资源委员会审定,农业部公告第 990 号予以公布,证书编号农 09 新品种证字第 19 号。

粤禽皇 3 号鸡配套系保持了我国地方鸡种大部分优秀品质。父母代产蛋多,饲养成本低;商品代肉鸡能进行初生雏快慢羽自别雌雄,公母自别准确率达 99% 以上;成活率高;饲料转化率高,适合国内外对特优质肉鸡的市场需求。

根据农业部家禽品质监督检验测试中心(北京)的测定结果(2005 年),商品代肉鸡公鸡 15 周龄平均体重为 1847.50 克,饲料转化率为 3.99:1,成活率为 99.33%,母鸡 15 周龄平均体重为 1723.50 克,饲料转化率为 4.32:1,成活率为 97.33%。

10. 鹿苑鸡

鹿苑鸡又名鹿苑大鸡,属兼用型鸡种,因产于江苏省张家港市鹿苑镇而得名。该鸡以屠体美观、肉质鲜嫩肥美而著称。鹿苑鸡体型高大,体质结实,胸部较深,背部平直。头部冠小而薄,肉垂、耳叶亦小。眼中等大,瞳孔黑色,虹彩呈粉红色,喙中等长,黄色,有的喙基部呈褐黑色。全身羽毛黄色,紧贴体躯,且使腿羽显得比较丰满。颈羽、主翼羽和尾羽有黑色斑纹。胫、趾黄色,两腿间距离较宽,无胫羽。

生产性能：母鸡开产日龄（按产蛋率达 50％ 计算）为 180 天，开产体重 2 千克左右。年平均产蛋量 144.7 个，平均蛋重 52.2 克，蛋壳褐色；60 日龄公鸡体重 937.1 克左右，母鸡 786.9 克左右；120 日龄公鸡体重 1877.3 克左右，母鸡 1581.3 克左右。

11. 惠阳胡须鸡

惠阳胡须鸡又称三黄胡须鸡。该鸡具有肥育性能好、肉嫩味鲜、皮薄骨细等优点，深受广大消费者欢迎，尤其在香港和澳门活鸡市场久享盛誉，售价也特别高。它的毛孔浅而细，屠体皮质细腻光滑，是与外来肉鸡明显的区别之处。在农家饲养条件下，5～6 月龄体重可达 1.2～1.5 千克，料肉比（5～6）：1。

12. 北京油鸡

北京油鸡的特征是"三黄"（即黄毛、黄皮、黄脚）和"三毛"（即毛冠、毛髯、毛腿）。按体型与毛色主要分为两大类：一是黄色油鸡，羽毛淡黄色，主、副翼羽颜色较深，尾羽黑色，多毛脚；二是红褐色油鸡，羽毛红褐色，除毛脚外，还有毛冠、毛髯；以后者较多。因互相杂交，目前无毛冠、毛髯者也很少了。北京油鸡均为单冠，冠、髯、脸、耳为红色。成年公鸡体重为 2～2.5 千克，母鸡为 1.7～2 千克。

13. 湘黄鸡

湘黄鸡别名黄郎鸡、毛苁鸡、黄鸡，是湖南省肉蛋兼用型地方良种，在香港和澳门市场享有较高的声誉。成年公鸡体重 1.5～1.8 千克，母鸡 1.2～1.4 千克。湘黄鸡体型小，早期生长较慢。在农家放牧饲养条件下，6 月龄左右，公、母鸡平均体重为 1 千克；在良好饲养条件下，4 月龄公、母鸡平均体重可达 1 千克。雏鸡长羽速度快，38 天左右可以长齐毛。

14. 浦东鸡

体大膘肥，肉质鲜美，耐粗饲，适应性强。单冠，黄嘴，黄脚。羽毛可分成几种类型：公鸡常见的有红胸、红背和黄胸、黄背；母鸡有黄色、浅麻、深麻及棕色四种。成年公鸡体重 3.5～4 千克，母鸡体重 3～3.5 千克。

15. 固始鸡

该品种个体中等，外观清秀灵活，体型细致紧凑，结构匀称，羽毛丰满。羽色分浅黄、黄色,少数黑羽和白羽。冠型分单冠和复冠两种。90 日龄公鸡体重 500 克,母鸡体重 350 克,180 日龄公母鸡体重分别为 1.3 千克和 1 千克。

16. 桃源鸡

桃源鸡有"三阳黄"之称。体型高大,体躯稍长,呈长方形。公鸡姿态雄伟,性勇猛好斗,头颈高昂,尾羽上翘,侧视鸡体呈"U"字形。体羽金黄色或红色,主翼羽和尾羽呈黑色,颈羽金黄、黑色相间。母鸡体稍高,性温顺,活泼好动,呈方圆形。母鸡可分黄羽型和麻羽型。早期生长速度较慢。120 日龄公、母鸡平均体重为 1 千克左右。成年公鸡体重为 3.5~4 千克,母鸡 2.5~3 千克。

17. 丝羽乌骨鸡

丝羽乌骨鸡头小、颈短、脚矮、体小轻盈,它具有"十全"特征,即桑葚冠、缨头(凤头)、绿耳(蓝耳)、胡髯、丝羽、五爪、毛脚(胫羽、白羽)、乌皮、乌肉、乌骨。除了白羽丝羽乌鸡,还培育出了黑羽丝羽乌鸡。150 日龄公、母鸡体重分别为 1.5 千克和 1.4 千克。

三、肉杂鸡

肉杂鸡一般是用速生型的肉鸡作为父本(如 AA、艾维因、海星等)、中重型高产蛋鸡作为母本(如罗曼褐、海兰褐等),杂交生产肉鸡的一种模式,20 世纪 90 年代初在我国部分省市开始兴起。其具有生长速度较快,比普通蛋鸡快,但比大型肉鸡慢;饲养成本低,如鸡苗价格便宜,只有肉鸡苗价格的 1/3 左右;适应能力强,各种饲养方式都能较好生长以及鸡肉口感好等特点,越来越受到养殖户和消费者的欢迎,饲养数量不断增加,市场占有的比例不断提高。

第二节 肉鸡品种选择和引进

一、优良品种的选择

只有选择适合市场需求和本地(本场)实际情况,且具有较好生产性能表现的品种，才能取得较好的养殖效益。选择肉鸡品种必须考虑如下方面。

（一）市场需要

市场经济条件下，生产者只有根据市场需要来进行生产，才能获得较好的效益。肉鸡的类型较多，根据市场需要选择适销对路的品种类型。如中国香港、深圳和沿海经济发达地区喜欢优质黄羽肉鸡，优质鸡肉的消费量大，所以南方饲养较多的是黄羽肉鸡；北方地区和一些肉鸡出口企业，饲养较多的快大型肉鸡。白羽肉鸡屠宰后皮肤光滑好看，深受消费者喜欢，我国饲养白羽肉鸡的多，饲养有色羽肉鸡的少。

（二）品种的体质和生活力

现代的肉鸡品种生长速度都很快，但在体质和生活力方面存在差异。应选用腿病、猝死症、腹水症较少，抗逆性强的肉鸡品种。

（三）种鸡场管理

我国肉用种鸡场较多，规模大小不一，管理参差不齐，生产的肉用仔鸡质量也有较大差异，肉鸡的生产性能表现也就不同。如有的种鸡场不进行沙门菌的净化，沙门菌污染严重，影响肉鸡的成活率和增重速度；有的引种渠道不正规，引进的种鸡质量差，生产的仔鸡质量也差。无论选购什么样的鸡种，必须到规模大、技术力量强、有种禽种蛋经营许可证、管理规范、信誉度高的种鸡场购买雏鸡。最好能了解种鸡群的状况，要求种鸡群体质健壮高产、未发生疫情、洁净纯正。

二、肉鸡的订购

肉鸡的种蛋从入孵到出雏需要 21 天的时间（鸡的孵化期为 21 天），所以要按照生产计划提前安排雏鸡。自己孵化可以按照饲养时间提前 21 天上蛋孵化；外购雏鸡应按照饲养时间提前 1 个月订购雏鸡，如果是在雏鸡供应紧张的情况下，应更早订购，否则可能订购不到或供雏时间推迟而影响生产计划。

到有种禽种蛋经营许可证、信誉度高的肉用种鸡场或孵化厂订购雏鸡，并要签订购雏合同（合同形式见表 3-3）。

表 3-3　禽产品购销合同范本

甲方(购买方)：_____

乙方(销售方)：_____

为保证购销双方利益,经甲乙双方充分协商,特订立本合同,以便双方共同遵守。

1. 产品的名称和品种_____；数量_____(必须明确规定产品的计量单位和计量方法)。

2. 产品的等级和质量：_____(产品的等级和质量,国家有关部门有明确规定的,按规定标准确定产品的等级和质量；国家有关部门无明文规定的,由双方当事人协商确定)；产品的检疫办法：_____(国家或地方主管部门有卫生检疫规定的,按国家或地方主管部门规定进行检疫；国家或地方主管部门无检疫规定的,由双方当事人协商检疫办法)。

3. 产品的价格(单价)_____；总货款_____；货款结算办法_____。

4. 交货期限、地点和方式_____。

5. 甲方的违约责任

(1)甲方未按合同收购或在合同期中退货的,应按未收或退货部分货款总值的____%(5%～25%的幅度),向乙方偿付违约金。

(2)甲方如需提前收购,征得乙方同意变更合同的,甲方应给乙方提前收购货款总值的____%的补偿,甲方因特殊原因必须逾期收购的,除按逾期收购部分货款总值计算向乙方偿付违约金外,还应承担供方在此期间所支付的保管费或饲养费,并承担因此而造成的其他实际损失。

(3)对通过银行结算而未按期付款的,应按中国人民银行有关延期付款的规定,向乙方偿付延期付款的违约金。

(4)乙方按合同规定交货,甲方无正当理由拒收的,除按拒收部分货款总值的____%(5%～25%的幅度)向乙方偿付违约金外,还应承担乙方因此而造成的实际损失和费用。

6. 乙方的违约责任

(1)乙方逾期交货或交货少于合同规定的,如需方仍然需要的,乙方应如数补交,并应向甲方偿付逾期不交或少交部分货物总值的____%(由甲乙双方商定)的违约金；如甲方不需要的,乙方应按逾期或应交部分货款总值的____%(1%～20%的幅度)付违约金。

(2)乙方交货时间比合同规定提前,经有关部门证明理由正当的,甲方可考虑同意接收,并按合同规定付款；乙方无正当理由提前交货的,甲方有权拒收。

(3)乙方交售的产品规格、卫生质量标准与合同规定不符时,甲方可以拒收。乙方如经有关部门证明确有正当理由,甲方仍然需要乙方交货的,乙方可以延迟交货,不按违约处理。

7. 不可抗力

合同执行期内,如发生自然灾害或其他不可抗力的原因,致使当事人一方不能履行、不能完全履行或不能适当履行合同的,应向对方当事人通报理由,经有关主管部门证实后,不负违约责任,并允许变更或解除合同。

8. 解决合同纠纷的方式

执行本合同发生争议,由当事人双方协商解决。协商不成,双方同意由_____仲裁委员会仲裁(当事人双方不在本合同中约定仲裁机构,事后又没有达成书面仲裁协议的,可向人民法院起诉)。

9. 其他_____。

当事人一方要求变更或解除合同,应提前通知对方,并采用书面形式由当事人双方达成协议。接到要求变更或解除合同通知的一方,应在七天之内作出答复(当事人另有约定的,从约定),逾期不答复的,视为默认。

违约金、赔偿金应在有关部门确定责任后十天内(当事人有约定的,从约定)偿付,否则按逾期付款处理,任何一方不得自行用扣付货款来充抵。

本合同如有未尽事宜,须经甲乙双方共同协商,作出补充规定,补充规定与本合同具有同等效力。

本合同正本一式三份,甲乙双方各执一份,主管部门保存一份。

甲方:_____(公章); 代表人:_____(盖章)

乙方:_____(公章); 代表人:_____(盖章)

____年___月___日订

三、雏鸡的选择和运输

(一) 雏鸡的选择

1. 质量标准

雏鸡质量从两大方面衡量。

内在质量:雏鸡品种优良、纯正,具有高产的潜力;雏鸡要洁净,来源于严格净化的种鸡群。

外在质量:具有头大、脖短、腿短、大小均匀等肉鸡品种特点,平均体重符合品种要求(一般在35克以上);雏鸡适时出壳(孵化20.5~21天之间);雏鸡羽毛良好,清洁而有光泽,鸡爪光亮如蜡,不呈干燥脆弱状;雏鸡脐部愈合良好,无感染,无肿胀,无钉脐;雏鸡眼睛大而明亮,站立姿势正常,行动机敏,活泼好动,握在手中挣扎有力;无畸形。

2. 选择方法

选择方法是先了解,然后通过"看""听""摸"可以确定雏鸡的健壮程度(应该注重群体健壮情况)。了解雏鸡的出壳时间、出壳情况。正常应在20天半到21天半全部出齐,而且有明显的出雏高峰

（俗称"出得脆"）；"看"是看雏鸡的行为表现，健康的雏鸡精神活泼，反应灵敏。绒毛长短适中，有光泽。雏鸡站立稳健。"听"是听声音，用手轻敲雏鸡盒的边缘，发出响动，健雏会发出清脆悦耳的叫声。"摸"是用手触摸雏鸡，健雏挣扎有力，腹部柔软有弹性，脐部平整光滑无钉手感觉。另外，有的孵化场对出壳雏鸡用福尔马林熏蒸消毒，并能使雏鸡绒毛颜色好看，但熏蒸过度易引起雏鸡的眼部损伤，发生结膜炎、角膜炎，严重影响雏鸡的生长发育和育成质量。

（二）雏鸡的运输

雏鸡的运输是一项技术性强的工作，运输要迅速及时，安全舒适到达目的地。

1. 接雏时间

应在雏鸡羽毛干燥后开始，至出壳36小时结束（雏鸡入舍时间越早越好）。如果远距离运输，也不能超过48小时，以减少路途脱水和死亡。

2. 装运工具

运雏时最好选用专门的运雏箱（如纸质箱、塑料箱、木箱等），规格一般长60厘米、宽45厘米、高20厘米，内分2个或4个格，箱壁四周适当设通气孔，箱底要平而且柔软，箱体不得变形。在运雏前要注意运雏箱的冲洗和消毒，根据季节不同每箱可装80~100只雏鸡。运输工具可选用车、船、飞机等。

3. 装车运输

主要考虑防止缺氧闷热造成窒息死亡或寒冷冻死，防止感冒拉稀。装车时箱与箱之间要留有空隙，确保通风。夏季运雏要注意通风防暑，避开中午运输，防止烈日曝晒发生中暑死亡；冬季运输要注意防寒保温，防止感冒及冻死，同时也要注意通风换气，不能包裹过严，防止出汗或窒息死亡；春、秋季节运输气候比较适宜，春、夏、秋季节运雏要备好防雨用具。如果天气不适而又必须运雏时，就要加强防护设施，在途中还要勤检查，观察雏鸡的精神状态是否正常，以便及早发现问题及时采取措施。无论采用哪种运雏工具，要做到迅速、平稳，尽量避免剧烈震动，防止急刹车，尽量缩短运输时间，以便及时开食、放水。

四、雏鸡的安置

雏鸡运到目的地后，将全部装雏盒移至育雏舍内，分放在每个育雏器附近，保持盒与盒之间的空气流通，把雏鸡取出放入指定的育雏器内，再把所有的雏盒移出舍外，对一次使用的纸盒要烧掉；对重复使用的塑料盒、木箱等应清除箱底的垫料并将其烧毁，下次使用前对雏盒进行彻底清洗和消毒。

第四章

肉鸡的饲料和营养

肉鸡生产性能和经济效益的高低，饲料营养是重要的决定因素之一。鸡的生存、生长和繁衍后代等生命活动，离不开营养物质。营养物质来源于饲料。不同类型、不同生长阶段、不同生产性能的肉鸡，营养需要不同。必须根据肉鸡的生理特点和营养需要，科学选择饲料原料，合理配制，生产出优质的配合饲料，满足其营养需求。

第一节　肉鸡的营养需要

一、肉鸡需要的营养物质

（一）蛋白质

蛋白质在肉鸡体内具有重要的营养作用，占有特殊的地位。肉鸡的肌肉、神经、内脏器官、血液等，均以蛋白质为基本成分，尤以生长、产蛋的家禽更为突出，是构成肉、蛋等产品以及组成生命活动所必需的各种酶、激素、抗体以及其他许多生命活性物质的原料。机体只有借助于这些物质，才能调节体内的新陈代谢并维持其正常的生理机能。

由于蛋白质具有上述营养作用，所以日粮中缺乏蛋白质，不但影响家禽的健康生长和生殖，而且会降低家禽的生产力和畜产品的品质，如体重减轻、生长停止、产蛋量及生长率降低等。但日粮中蛋白质也不应过多。如超过了家禽的需要，对家禽同样有不利影响。这不仅会造成浪费，而且长期饲喂将引起机体代谢紊乱以及蛋白质中毒，从而使得肝脏和肾脏由于负担过重而遭受损伤。因此，根据家禽的不同生理状态及生产力制定合理的饲粮蛋白质水平是保证家禽健康、提高饲料和日粮利用率、降低生产成本、提高家禽生产力的重要环节。

1. 蛋白质中的氨基酸

蛋白质是由氨基酸组成的，蛋白质营养实质上是氨基酸营养。其营养价值不仅取决于所含氨基酸的数量，而且取决于氨基酸的种类及其相互间的平衡关系。组成蛋白质的各种氨基酸，虽然对动物来说都是不可缺少的，但它们并非全部需要直接由饲料提供。

氨基酸在营养上分为必需氨基酸和非必需氨基酸。必需氨基酸是指畜禽体内不能合成或合成数量满足不了需要，必须由饲料供应的氨基酸，如赖氨酸、蛋氨酸、色氨酸、苯丙氨酸、亮氨酸、异亮氨酸、缬氨酸、苏氨酸、组氨酸、精氨酸、甘氨酸、胱氨酸与酪氨酸等是雏鸡的必需氨基酸。

在饲料中，某种或几种必需氨基酸的含量低于动物的需要量，而且由于它们的不足限制了动物对其他必需和非必需氨基酸利用的氨基酸称为限制性氨基酸。肉鸡生产中，一般把苏氨酸、色氨酸、赖氨酸、蛋氨酸与胱氨酸称为限制性氨基酸。通常将饲料中最易缺乏的氨基酸称为第一限制性氨基酸；其余按相对缺乏的必需氨基酸，依次称为第二、第三、第四、第五……限制性氨基酸。全面分析饲料中各种必需氨基酸的含量，然后与家禽营养需要量进行对比，即可得出何种氨基酸是限制性氨基酸。在由一般谷物与油饼类配合的饲料中，蛋氨酸和赖氨酸常达不到营养标准。因此，蛋氨酸被称为鸡的第一限制性氨基酸，赖氨酸被称为鸡的第二限制性氨基酸。所以，有人把蛋氨酸、赖氨酸又叫做蛋白质饲料的营养强化剂。鱼粉之所以营养价值高，就是因为其中的蛋氨酸、赖氨酸含量高。我国多用的植物蛋白饲料，如能添加适量的蛋氨酸及赖氨酸，则可大大提高蛋白质的营养价值。

非必需氨基酸是指在畜禽体内合成较多或需要较少，不需由饲料来供给，也能保证畜禽正常生长的氨基酸，即必需氨基酸以外的均为非必需氨基酸，例如丝氨酸、谷氨酸、丙氨酸、天冬氨酸、脯氨酸和瓜氨酸等。畜禽可以利用由饲料供给的含氮物在体内合成，或用其他氨基酸转化代替这些氨基酸。

2. 氨基酸的互补作用

畜禽体蛋白的合成和增长、旧组织的修补和恢复、酶类和激素的分泌等均需要有各种各样的氨基酸，但饲料蛋白质中的必需氨基酸，由于饲料种类的不同，其含量有很大差异。例如，谷类蛋白质含赖氨酸较少，而含色氨酸则较多；有些豆类蛋白质含赖氨酸较多，而色氨酸含量又较少。如果在配合饲料时，把这两种饲料混合应用，即可取长补短，提高其营养价值。这种作用就叫做氨基酸的互补作用。

根据氨基酸在饲粮中存在的互补作用，可在实际饲养中有目的地选择适当的饲料，进行合理搭配，使饲料中的氨基酸能起到互补作用，以改善蛋白质的营养价值，提高其利用率。

3. 氨基酸的平衡

所谓氨基酸的平衡，是指日粮中各种必需氨基酸的含量和相互间的比例与动物体维持正常生长、繁殖的需要量相符合。只有在日粮中氨基酸保持平衡条件下，氨基酸方能有效地被利用。任何一种氨基酸的不平衡都会导致动物体内蛋白质的消耗增加，生产性能降低。这是因为合理的氨基酸营养，不仅要求日粮中必需氨基酸的种类齐全和含量丰富，而且要求各种必需氨基酸相互间的比例也要适当，即与动物体的需要相符合。如果在日粮中过多地添加第二限制性氨基酸，此时会因氨基酸的平衡失调而导致动物的采食量减少、生长发育缓慢及繁殖力降低等。在日粮中氨基酸不平衡条件下，动物体蛋白质的合成将受到限制，从而降低动物的生产性能。例如，赖氨酸过剩而精氨酸不足的日粮，会严重影响雏鸡的生长。

4. 影响饲料蛋白质营养作用的因素

（1）日粮中蛋白质水平 日粮中蛋白质水平即蛋白质在日粮中占有的数量，若过多或缺乏均会造成危害，这里着重是从蛋白质的利用率方面加以说明的。蛋白质数量过多不仅不能增加体内氮的沉积，反而会使尿中分解不完全的含氮物数量增多，从而导致蛋白质利用率下降，造成饲料浪费；反之，日粮中蛋白质含量过低，也会影响日粮的消化率，造成机体代谢失调，严重影响畜禽生产力的发挥。因此，只有维持合理的蛋白质水平，才能提高蛋白质利用率。

（2）日粮中蛋白质的品质 蛋白质的品质是由组成它的氨基酸种

类与数量决定的。凡含必需氨基酸的种类全、数量多的蛋白质，其全价性高，品质也好，则称其为完全价值蛋白质；反之，全价性低，品质差，则称其为不完全价值蛋白质。若日粮中蛋白质的品质好，则其利用率高，且可节省蛋白质的喂量。蛋白质的营养价值，可根据可消化蛋白质在体内的利用率作为评定指标，也就是蛋白质的生物学价值，实质是氨基酸的平衡利用问题，因为体内利用可消化蛋白质合成体蛋白的程度，与氨基酸的比例是否平衡有着直接的关系。

必需氨基酸与非必需氨基酸的配比问题，也与提高蛋白质在体内的利用率有关。首先要保证氨基酸不充作能源，主要用于氮代谢；其次要保证足够的非必需氨基酸，防止必需氨基酸转移到非必需氨基酸的代谢途径。近年来，通过对氨基酸营养价值研究的进展，使得蛋白质在日粮中的数量趋于降低，但这实际上已满足了家禽体内蛋白质代谢过程中对氨基酸的需要，提高了蛋白质的生物学价值，因而节省了蛋白质饲料。在饲养实践中规定配合日粮饲料应多样化，使日粮中含有的氨基酸种类增多，产生互补作用，以达到提高蛋白质生物学价值的目的。

（3）日粮中各种营养物质的关系　日粮中的各种营养因素都是彼此联系、互相制约的。近年来，在家禽饲养实践活动中，人们越来越注意到了日粮中能量蛋白比的问题。经消化吸收的蛋白质，在正常情况下有 70%～80% 被用来合成体组织，另有 20%～30% 的蛋白质在体内分解，放出能量，其中分解的产物随尿排出体外。但当日粮中能量不足时，体内蛋白质分解加剧，用以满足家禽对能量的需求，从而降低了蛋白质的生物学价值。因此，在饲养实践中应供给足够的量，避免价值高的蛋白质被作为能量利用。

另外，当日粮能量浓度降低时，畜禽为了满足对能量的需要势必增加采食量，如果日粮中蛋白质的百分比不变，则会造成日粮蛋白质的浪费；反之，日粮能量浓度增高，采食量减少，则蛋白质的进食量相应减少，这将造成畜禽生产力下降。因此，日粮中能量与蛋白质含量应有一定的比例，如"能量蛋白比"（克/兆卡❶）是表示此关系的指标。

---

❶ 1 卡＝4.1840 焦耳。

许多维生素参与氨基酸的代谢反应，如维生素 B_{12} 对提高植物性蛋白质在机体内的利用率早已被证实。此外，抗生素的利用及磷脂等的补加，也均有助于提高蛋白质的生物学价值。

（4）饲料的调制方法　豆类和生豆饼中含有胰蛋白酶抑制素，其可影响蛋白质的消化吸收，但经加热处理破坏抑制素后，则会提高蛋白质利用率。应注意的是，加热时间不宜过长，否则会使蛋白质变性，反而降低蛋白质的营养价值。

（5）合理利用蛋白质养分的时间因素　在家禽体内合成一种蛋白质时，须同时供给数量上足够和比例上合适的各种氨基酸。因而，如果因饲喂时间不同而不能同时到达体组织时，必将导致先到者已被分解，后至者失去用处，结果氨基酸的配套和平衡失常，影响利用。

（二）能量

肉鸡的一切生命活动，如躯体运动、呼吸运动、血液循环、消化吸收、废物排泄、神经活动、繁殖后代、体温调节与维持等，都需要耗能，能量对鸡具有重要的营养作用。能量不足或过多，都会影响鸡的生产性能和健康状况。饲料中的有机物——蛋白质、脂肪和碳水化合物都含有能量，但主要来源于饲料中的碳水化合物、脂肪。鸡饲料中的能量都以代谢能（ME）来表示，其表示方法是兆焦/千克或千焦/千克。能量在鸡体内的转化过程如图 4-1 所示。

1. 碳水化合物

肉鸡体内的能量主要靠饲料中的碳水化合物进行生理氧化来提供。碳水化合物包括糖、淀粉、纤维素、半纤维素、木质素、果胶、黏多糖等物质。饲料中的碳水化合物除少量的葡萄糖和果糖外，大多数以多糖形式的淀粉、纤维素和半纤维素存在。

淀粉主要存在于植物的块根、块茎及谷物类子实中，其含量可高达 80% 以上。在木质化程度很高的茎叶、稻壳中可溶性碳水化合物的含量则很低。淀粉在动物消化道内，在淀粉酶、麦芽糖酶等水解酶的作用下水解为葡萄糖而被吸收。

纤维素、半纤维素和木质素存在于植物的细胞壁中，一般情况下，不容易被鸡所消化。因此，鸡饲料中纤维素含量不可过高，一般纤维素的含量应控制在 2.5%～5% 为宜。如果饲料中纤维素含量过少，也会影响胃、肠的蠕动和营养物质的消化吸收，并且易发生吞食

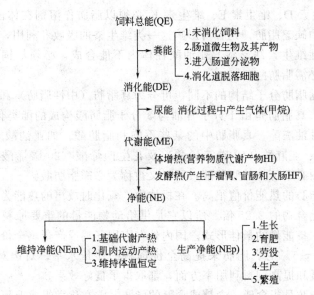

图 4-1　能量在鸡体内的转化过程

羽毛、啄肛等不良现象。

　　碳水化合物在体内可转化为肝糖原和肌糖原贮存起来，以备不时之需。糖原在动物体内的合成贮备与分解消耗经常处于动态平衡之中。动物摄入的碳水化合物，在氧化、供给能量、合成糖原后有剩余时，将用于合成脂肪贮备于机体内，以供营养缺乏时使用。

　　如果饲料中碳水化合物供应不足，不能满足动物维持生命活动需要时，动物为了保证正常的生命活动，就必须动用体内的贮备物质，首先是糖原，继之是体脂。如仍不足时，则开始挪用蛋白质代替碳水化合物，以解决所需能量的供应。在这种情况下，动物表现出机体消瘦、体重减轻、生产性能下降以及产蛋减少等现象。

2. 脂肪

　　脂肪是广泛存在于动、植物体内的一类有机化合物，和碳水化合物一样，在鸡体内分解后产生热量，用以维持体温和供给体内各器官活动时所需要的能量，其热能是碳水化合物或蛋白质的 2.25 倍。脂肪是体细胞的组成成分，是合成某些激素的原料，尤其是生殖激素大多需要胆固醇作原料。也是脂溶性维生素的携带者，脂溶性维生素

A、维生素 D、维生素 E、维生素 K 必须以脂肪作溶剂在体内运输。若日粮中缺乏脂肪，则容易影响这一类维生素的吸收和利用，导致鸡患脂溶性维生素缺乏症。亚油酸在体内不能合成，必须从饲料中提供，称必需脂肪酸。

根据脂肪分子结构的不同，可分为真脂肪（中性脂肪）和类脂肪两大类。真脂肪是由 1 分子甘油与 3 分子脂肪酸构成的酯类化合物，故又称甘油三酯。真脂肪中的某些不饱和脂肪酸，如亚油酸（18-碳二烯酸）、亚麻酸（18-碳三烯酸）及花生四烯酸（20-碳烯酸）是动物营养中必不可少的脂肪酸，所以又被称为必需脂肪酸。

真脂肪的热能价值很高。在机体内，氧化时放出的热能为同等重量碳水化合物的 2.25 倍。所以它是供给动物能量的重要原料，也是动物体贮备能量的最佳形式。国内外在肉用仔鸡或产蛋鸡全价饲料中添加 1%～5% 的真脂肪来提高全价饲料的能量水平，对肉鸡生长、成鸡产蛋和提高饲料利用率方面，都取得了良好效果。

类脂肪是指含磷、含糖或含氮的脂肪。它在化学组成上虽然有别于真脂肪，但它在结构或性质上却与真脂肪相接近，主要有磷脂、糖脂、固醇类及蜡质。类脂肪是构成动物体各种器官、组织和细胞的重要原料，如神经、肌肉、骨骼、皮肤、羽毛和血液成分中均含有类脂肪。

几乎所有的脂肪酸在鸡体内均能合成，一般不存在脂肪酸的缺乏问题。唯有亚油酸在鸡体内不能合成，必须从饲料中供给。亚油酸缺乏时，雏鸡表现生长不良，成鸡则表现产蛋量减少，种蛋孵化率降低。玉米胚芽内含有丰富的亚油酸，以玉米为主要成分的全价饲料含有足够的亚油酸，故不会发生亚油酸缺乏症；而以红高粱或小麦类为主要成分的全价饲料则可能会出现亚油酸缺乏现象，应给予足够注意。

3. 蛋白质

当体内碳水化合物和脂肪不足时，多余的蛋白质可在体内分解、氧化供能，以补充热量的不足。过度饥饿时体蛋白也可能供能。鸡体内多余的蛋白质可经脱氨基作用，将不含氮部分转化为脂肪或糖原，储备起来，以备营养不足时供能。但蛋白质供能不仅不经济，而且容易加重机体的代谢负担。鸡对能量的需要包括本身的代谢维持需要和生产需要。影响能量需要的因素很多，如环境温度、鸡的类型和品种、不同生长阶段及生理状况和生产水平等。日粮的能量值在一定范围，鸡的采食量多少可由日粮的能量值而定，所以饲料中不仅要有一个适宜的能量值，而且与其他营养物质比例要合理，使鸡摄入的能量与各营养素之间保持平衡，提高饲料的利用率和饲养效果。

（三）矿物质的营养

矿物质是构成骨骼、蛋壳、羽毛、血液等组织不可缺少的成分，对鸡的生长发育、生理功能及繁殖系统具有重要作用。鸡需要的矿物质元素有钙、磷、钠、钾、氯、镁、硫、铁、铜、钴、碘、锰、锌、硒等，其中前 7 种是常量元素（占体重 0.01％以上），后 7 种是微量元素。饲料中矿物质元素含量过多或缺乏都可能产生不良的后果。主要矿物元素的种类及作用见表 4-1。

表 4-1　主要矿物元素的种类及作用

种类	主要功能	缺乏症状	备注
钙	形成骨骼和蛋壳,促进血液凝固,维持神经、肌肉正常机能和细胞渗透压	雏鸡易患佝偻病,成鸡蛋壳薄、软壳蛋	钙在一般谷物、糠麸中含量很少,在贝粉、石粉、骨粉等矿物质饲料中含量丰富;钙和磷比例适当,生长鸡日粮的钙磷比例为 $(1\sim1.5):1$,种鸡为 $(5\sim6):1$
磷	骨骼和卵黄卵磷脂组成部分,参与许多辅酶的合成,是血液缓冲物质	鸡食欲减退,消瘦,雏鸡易患佝偻病,成年鸡骨质疏松、瘫痪	矿物质饲料、糠麸、饼粕类和鱼粉中含量多。对植酸磷利用能力较低,为 $30\%\sim50\%$。对无机磷利用能力高达 100%
钠、钾、氯	三者对维持鸡体内酸碱平衡、细胞渗透压和调节体温起重要作用。它们还能改善饲料的适口性。食盐是钠、氯的主要来源	缺乏钠、氯,可导致消化不良、食欲减退、啄肛啄羽等;缺钾时,肌肉弹性和收缩力降低,肠道膨胀,热应激时,易发生低血钾症	食盐摄入量过多,轻者饮水量增加,便稀,重者会导致鸡食盐中毒甚至死亡。动物饲料中钠含量丰富;植物饲料中钾含量较多
镁	镁是构成骨质必需的元素,它与钙、磷和碳水化合物的代谢有密切关系	镁缺乏时,鸡易惊厥,出现神经性震颤,呼吸困难。雏鸡生长发育不良;种鸡产蛋率下降	青饲料、糠麸和油饼粕类中含量丰富;过多会扰乱钙磷平衡,导致下痢

种类	主要功能	缺乏症状	备注
硫	硫主要存在于鸡体蛋白、羽毛及蛋内	缺乏时,表现为食欲降低,体弱脱羽,多泪,生长缓慢,产蛋减少	羽毛中含硫2%
铁、铜、钴	铁是血红素、肌红素的组成成分,铜能催化血红蛋白形成,钴是维生素B_{12}的成分之一	三者参与血红蛋白形成和体内代谢,并在体内起协同作用,缺一不可,否则就会产生营养性贫血	来源于硫酸亚铁、硫酸铜和钴胺素、氯化钴
锰	锰影响鸡的生长和繁殖	雏鸡骨骼发育不良,骨短粗,运动失调,生长受阻,蛋鸡性成熟推迟,产蛋率和孵化率下降	但摄入量过多,会影响钙、磷的利用率,引起贫血;氧化锰、硫酸锰,青饲料、糠麸中丰富
碘	碘是构成甲状腺必需的元素,对营养物质代谢起调节作用	缺乏时,会导致鸡甲状腺肿大,代谢机能降低	植物饲料中的碘含量较少,鱼粉、骨粉中含量较高。主要来源是碘化钾、碘化钠及碘酸钙
锌	是鸡生长发育必需的元素之一,有促进生长、预防皮肤病的作用	缺乏时,肉鸡食欲不振,生长迟缓,腿软无力	常用饲料中含有较多的锌,可用氧化锌、碳酸锌补充
硒	硒与维生素E相互协调,可减少维生素E的用量,是蛋氨酸转化为胱氨酸所必需的元素。能保护细胞膜的完整性,保护心肌作用	缺乏时,雏鸡皮下出现大块水肿,积聚血样液体,心包积水及患脑软化症	一般饲料中硒含量及其利用率较低,需额外补充,一般多用亚硒酸钠

（四）维生素

维生素是动物机体进行新陈代谢、生长发育和繁衍后代所必需的一类有机化合物。动物对维生素的需要量很小,通常以毫克计。但它们在动物体生命活动中的生理作用却很大,而且相互之间不可代替(表4-2)。

维生素不是形成动物机体各种组织、细胞和器官的原料,也不是能量物质。它们主要是以辅酶和辅基的形式参与构成各种酶类,广泛地参与动物体内的生物化学反应,从而维持机体组织和细胞的完整性，以保证动物的健康和生命活动的正常进行。

动物体内的维生素可从饲料中获取、消化道中微生物合成和动物体的某些器官合成，共三种途径。鸡的消化道短、消化道内的微生物较少，合成维生素的种类和数量都有限；鸡除肾脏能合成一定量的维生素 C 外，其他维生素均不能在鸡体内合成，而必须从饲料中摄取。

动物缺乏某种维生素时，会引起相应的新陈代谢和生理机能的障碍，导致特有的疾病，称为某种维生素缺乏症。数种维生素同时缺乏而引起的疾病，则称为多种维生素缺乏症。

表 4-2 主要维生素的种类及作用

名称	主要功能	缺乏症状	备注
维生素 A[1 国际单位（IU）维生素A＝0.6 微克胡萝卜素]	可维持呼吸道、消化道、生殖道上皮细胞或黏膜的结构完整与健全，促进雏鸡的生长发育和蛋鸡产蛋，增强鸡对环境的适应力和抵抗力	易引起上皮组织干燥和角质化，眼角膜上皮变性，发生干眼病，严重时造成失明；雏鸡消化不良，羽毛蓬乱无光泽，生长速度缓慢，母鸡产蛋量和种蛋受精率下降，胚胎死亡率高，孵化率降低等	存在于青绿多汁饲料、黄玉米、鱼肝油、蛋黄、鱼粉，含量丰富；维生素 A 和胡萝卜素均不稳定，在饲料的加工、调制和贮存过程中易被破坏，而且环境温度愈高，破坏程度愈大
维生素 D[以国际单位（IU）、毫克/千克表示]	参与钙、磷的代谢，促进肠道钙、磷的吸收，调整钙、磷的吸收比例，促进骨的钙化是形成正常骨骼、喙、爪和蛋壳所必需的。1 国际单位维生素 D＝0.025 微克结晶维生素 D₃ 的活性	雏鸡生长速度缓慢，羽毛松散，趾爪变软、弯曲，胸骨弯曲，胸部内陷，腿骨变形；成年鸡缺乏时，蛋壳变薄，产蛋率、孵化率下降，甚至发生产蛋疲劳症	包括维生素 D₂（麦角钙化醇）和维生素 D₃（胆钙化醇），由植物内麦角固醇和动物皮肤内 7-脱氢胆固醇经紫外线照射转变而来，维生素 D₃ 的活性要比维生素 D₂ 高约 30 倍。鱼肝油含有丰富的维生素 D₃，日晒的干草维生素 D₂ 含量较多，市场有维生素 D₃ 制剂
维生素 E（国际单位、毫克/千克表示）	抗氧化剂和代谢调节剂，与硒和胱氨酸有协同作用，对消化道和体组织中的维生素 A 有保护作用，能促进鸡的生长发育和繁殖率的提高	雏鸡发生渗出性素质病，形成皮下水肿与血肿、腹水，引起小脑出血、水肿和脑软化；种鸡繁殖机能紊乱，产蛋率和受精率降低，胚胎死亡率高	在麦芽、麦胚油、棉籽油、花生油、大豆油中含量丰富，在青饲料、青干草中含量也较多；市场有维生素 E 制剂。鸡处于逆境时需要量增加

续表

名称	主要功能	缺乏症状	备注
维生素 K	催化合成凝血酶原(具有活性的是维生素 K_1、维生素 K_2 和维生素 K_3)	皮下出血形成紫斑,而且受伤后血液不易凝固,流血不止以致死亡。雏鸡断喙时常在饲料中补充人工合成的维生素 K	维生素 K 在青饲料和鱼粉中含有,一般不易缺乏。市场有维生素 K 制剂
维生素 B_1(硫胺素)	参与碳水化合物的代谢,维持神经组织和心肌正常,有助于加强胃肠的消化机能	易发生多发性神经炎,表现头向后仰、羽毛蓬乱、运动器官和肌胃肌肉衰弱或变性、两腿无力等,呈"观星"状;食欲减退,消化不良,生长缓慢。雏鸡对维生素 B_1 缺乏敏感	维生素 B_1 在糠麸、青饲料、胚芽、草粉、豆类、发酵饲料和酵母粉中含量丰富,在酸性饲料中相当稳定,但遇热、遇碱易被破坏。市场有硫胺素制剂
维生素 B_2(核黄素)	它构成细胞黄酶辅基,参与碳水化合物和蛋白质的代谢,是鸡体较易缺乏的一种维生素	雏鸡生长慢、下痢,足趾弯曲,用跗关节行走;种鸡产蛋率和种蛋孵化率降低;胚胎发育畸形,萎缩、绒毛短,死胚多	维生素 B_2 在青饲料、干草粉、酵母、鱼粉、糠麸和小麦中含量丰富。市场有核黄素制剂
维生素 B_5(泛酸)	是辅酶 A 的组成成分,与碳水化合物、脂肪和蛋白质的代谢有关	生长受阻,羽毛粗糙,食欲下降,骨粗短,眼睑黏着,喙和肛门周围有坚硬痂皮,脚爪有炎症,育雏率降低;种鸡产蛋量减少,孵化率下降	泛酸在酵母、糠麸、小麦中含量丰富。泛酸不稳定,易吸湿,易被酸、碱和热破坏
维生素 B_3(烟酸或尼克酸)	某些酶类的重要成分,与碳水化合物、脂肪和蛋白质的代谢有关	雏鸡缺乏时食欲减退,生长慢,羽毛发育不良,关节肿大,腿骨弯曲;种鸡缺乏时,羽毛脱落,口腔黏膜、舌、食道上皮发生炎症。产蛋减少,种蛋孵化率低	维生素 B_3 在酵母、豆类、糠麸、青饲料、鱼粉中含量丰富。烟酸制剂。雏鸡需要量高
维生素 B_6(吡哆醇)	是蛋白质代谢的一种辅酶,参与碳水化合物和脂肪代谢,在色氨酸转变为烟酸和脂肪酸过程中起重要作用	鸡缺乏时发生神经障碍,从兴奋到至痉挛,雏鸡生长发育缓慢,食欲减退	维生素 B_6 在一般饲料中含量丰富,又可在体内合成,很少有缺乏现象

续表

名称	主要功能	缺乏症状	备注
维生素H(生物素)	以辅酶形式广泛参与各种有机物的代谢	股骨粗短症是鸡缺乏维生素H的典型症状。鸡喙、趾发生皮炎,生长速度降低,种蛋孵化率低,胚胎畸形	维生素H在鱼肝油、酵母、青饲料、鱼粉及糠麸中含量较多
胆碱	胆碱是构成卵磷脂的成分,参与脂肪和蛋白质代谢;蛋氨酸等合成时所需的甲基来源	鸡易患脂肪肝,发生骨短粗症,共济运动失调,产蛋率下降;在鸡的日粮中添加适量胆碱,可提高蛋白质的利用率	胆碱在小麦胚芽、鱼粉、豆饼、甘蓝等饲料中含量丰富。市场有氯化胆碱
维生素B$_{11}$(叶酸)	以辅酶形式参与嘌呤、嘧啶、胆碱的合成和某些氨基酸的代谢	生长发育不良,羽毛不正常,贫血,种鸡的产蛋率和孵化率降低,胚胎在最后几天死亡	叶酸在青饲料、酵母、大豆饼、麸皮和小麦胚芽中含量较多
维生素B$_{12}$(钴胺素)	以钴酰胺辅酶形式参与各种代谢活动,如嘌呤、嘧啶合成,甲基的转移及蛋白质、碳水化合物和脂肪的代谢;有助于提高造血机能和日粮蛋白质的利用率	缺乏时,雏鸡生长停滞,羽毛蓬乱,种鸡产蛋率、孵化率降低	维生素B$_{12}$在动物肝脏、鱼粉、肉粉中含量丰富,鸡舍内的垫草中也含有维生素B$_{12}$
维生素C(抗坏血酸)	具有可逆的氧化和还原性,广泛参与机体的多种生化反应;能刺激肾上腺皮质合成;促进肠道内铁的吸收,使叶酸还原成四氢叶酸	易患坏血病,生长停滞,体重减轻,关节变软,身体各部出血、贫血,适应性和抗病力降低	维生素C在青饲料中含量丰富,生产中多使用维生素C添加剂;抗应激用量一般为50~300毫克/千克饲料。提高抗热应激和逆境的能力

　　【注意】 在养殖实践中,常常由于日粮中供给的维生素不足,消化道疾病所致的维生素吸收障碍,或是由于特殊的生理状态(产卵)等原因,引起各种缺乏症状。某些维生素(如脂溶性维生素)在体内有一定量的贮备,短时间缺乏不会很快表现出临床症状,也不会对生

产力发生明显影响，但随着消耗的增加会逐渐表现出各种症状。因此，在养殖实践中，要预防由于维生素不足或缺乏所引起的不良后果，必须从疫病情况、环境条件、特殊生理状态等多方面考虑动物对各种维生素的实际需要量，并且保障充足供给，而不能"死搬硬套"动物营养标准中规定的维生素需要量。

（五）水

水是家禽机体一切细胞和组织的组成成分。水广泛分布于各器官、组织和体液中。体液以细胞膜为界，分为细胞内液和细胞外液。正常动物，细胞内液约占体液的2/3；细胞外液主要指血浆和组织液，约占体液的1/3。细胞内液、组织液和血浆之间的水分不断地进行着交换，保持着动态平衡。组织液是血浆中营养物质与细胞内液中代谢产物进行交换的媒介。

动物体内水的营养作用是繁多和复杂的，所有生命活动都依赖于水的存在。其主要生理功能是参与体内物质运输（体内各种营养物质的消化、吸收、转运和大多数代谢废物的排泄，都必须溶于水中才能进行转送）、参与生物化学反应（在动物体内的许多生物化学反应都必须有水的参与，如水解、水合、氧化还原，有机物的合成和所有聚合和解聚作用都伴有水的结合或释放）、参与体温调节（动物体内新陈代谢过程中所产生的热，被吸收后通过体液交换和血液循环，经皮肤中的汗腺和肺部呼气散发出来）。

动物得不到饮水比得不到饲料更难维持生命。饥饿时动物可以消耗体内的绝大部分脂肪和一半以上的蛋白质而维持生命；如果体内水分损失达10%，则可引起机体新陈代谢的严重紊乱。如体内损失20%以上的水分，即可引起死亡，高温季节缺水的后果更为重要。

二、肉鸡营养需要（饲养标准）

根据鸡维持生命活动和从事各种生产，如产蛋、产肉等对能量和各种营养物质需要量的测定，并结合各国饲料条件及当地环境因素，制定出鸡对能量、蛋白质、必需氨基酸、维生素和微量元素等的需要量，称为鸡的饲养标准，并以表格形式以每日每只具体需要量或占日粮含量的百分数来表示。

鸡的饲养标准有许多种，如美国的 NRC 饲养标准、日本家禽饲养标准，我国也制订了中国家禽饲养标准。目前许多育种公司根据其培育的品种特点、生产性能以及饲料、环境条件变化，制订其培育品种的营养需要标准，按照这一饲养标准进行饲养，便可达到该公司公布的某一优良品种的生产性能指标，在购买各品种雏鸡时索要饲养管理指导手册，按手册上的要求配制饲粮。

（一）中华人民共和国专业标准（ZBB 43005—86）

见表 4-3。

表 4-3　肉仔鸡的饲养标准

项　目	0~4 周龄		5 周龄以上	
代谢能/(兆焦/千克)	12.13		12.55	
粗蛋白/%	21.0		19.0	
钙/%	1.00		0.90	
总磷/%	0.65		0.65	
有效磷/%	0.45		0.40	
食盐/%	0.37		0.35	
氨基酸	%	克/兆焦	%	克/兆焦
蛋氨酸	0.45	0.37	0.36	0.28
蛋氨酸+胱氨酸	0.84	0.79	0.68	0.54
赖氨酸	1.09	0.90	0.94	0.75
色氨酸	0.21	0.17	0.17	0.13
精氨酸	1.31	1.08	1.13	0.90
苏氨酸	0.73	0.60	0.69	0.55
维生素 A/(国际单位/千克)	2700.00		2700.00	
维生素 D_3/(国际单位/千克)	400.00		400.00	
维生素 E/(毫克/千克)	10.00		10.00	
维生素 K_3/(毫克/千克)	0.50		0.50	
维生素 B_1(硫胺素)/(毫克/千克)	1.80		1.80	
维生素 B_2(核黄素)/(毫克/千克)	7.20		3.60	
泛酸(维生素 B_5)/(毫克/千克)	10.00		10.00	
烟酸(维生素 B_3)/(毫克/千克)	27.00		27.00	
吡哆醇(维生素 B_6)/(毫克/千克)	3.00		3.00	
生物素(维生素 H)/(毫克/千克)	0.15		0.15	

续表

项　目	0～4 周龄	5 周龄以上
氯化胆碱/(毫克/千克)	1300.00	850.00
叶酸/(毫克/千克)	0.55	0.55
维生素 B_{12}/(毫克/千克)	0.009	0.009
亚油酸/(克/千克)	10.00	10.00
铜/(毫克/千克)	8.00	8.00
碘/(毫克/千克)	0.35	0.35
铁/(毫克/千克)	80.00	80.00
锰/(毫克/千克)	60.00	60.00
锌/(毫克/千克)	40.00	40.00
硒/(毫克/千克)	0.15	0.15

（二）美国 NRC（1994）建议的需要量

见表 4-4。

表 4-4　美国 NRC（1994）建议的肉仔鸡营养需要量

营养成分	0～3 周龄	3～6 周龄	6～8 周龄
代谢能/(兆焦/千克)	13.39	13.39	13.39
粗蛋白/%	23.00	20.0	18.00
精氨酸/%	1.25	1.10	1.00
甘氨酸＋丝氨酸/%	1.25	1.10	0.97
组氨酸/%	0.35	0.32	0.27
异亮氨酸/%	0.80	0.73	0.62
亮氨酸/%	1.20	1.09	0.93
赖氨酸/%	1.10	1.00	0.85
蛋氨酸/%	0.50	0.38	0.32
蛋氨酸＋胱氨酸/%	0.90	0.72	0.60
苯丙氨酸/%	0.72	0.65	0.56
苯丙氨酸＋酪氨酸/%	1.34	1.22	1.04
苏氨酸/%	0.80	0.74	0.68
色氨酸/%	0.20	0.18	0.16
脯氨酸/%	0.60	0.55	0.46

营养成分	0～3周龄	3～6周龄	6～8周龄
缬氨酸/%	0.91	0.82	0.70
亚油酸/%	1.00	1.00	1.00
钙/%	1.00	0.90	0.80
氯/%	0.20	0.15	0.12
非植酸磷/%	0.45	0.35	0.30
钾/%	0.30	0.30	0.30
钠/%	0.20	0.15	0.15
镁/(毫克/千克)	600.00	600.00	600.00
锰/(毫克/千克)	60.00	60.00	60.00
碘/(毫克/千克)	0.35	0.35	0.35
锌/(毫克/千克)	40.00	40.00	40.00
铁/(毫克/千克)	80.00	80.00	80.00
铜/(毫克/千克)	8.00	8.00	8.00
硒/(毫克/千克)	1.15	0.15	0.15
维生素 A/(国际单位/千克)	1500.00	1500.00	1500.00
维生素 D_3/(国际单位/千克)	200.00	200.00	200.00
维生素 E/(国际单位/千克)	10.00	10.00	10.00
维生素 K_3/(毫克/千克)	0.50	0.50	0.50
维生素 B_{12}/(毫克/千克)	0.01	0.01	0.01
泛酸/(毫克/千克)	10.00	10.00	10.00
尼克酸/(毫克/千克)	35.00	30.00	25.00
氯化胆碱/(毫克/千克)	1300.00	1100.00	750.00
生物素/(毫克/千克)	0.15	0.15	0.15
叶酸/(毫克/千克)	0.55	0.55	0.55
核黄素/(毫克/千克)	3.60	3.60	3.60
吡哆醇/(毫克/千克)	3.50	3.50	3.00
硫胺素/(毫克/千克)	1.80	1.80	1.80

（三）育种场家培育品种的饲养标准

1. 爱拔益加肉鸡饲养标准

见表 4-5、表 4-6。

表 4-5　爱拔益加父母代肉种鸡饲养标准

营养成分	雏鸡	育成鸡	预产鸡	产蛋鸡
代谢能/(兆焦/千克)	11.50～12.50	11.00～12.00	11.70～12.50	11.50～12.50
粗蛋白/%	17.0～18.0	15.0～15.5	17.75～18.25	15.0～16.0
亚油酸/%	1.00	1.00	1.50～1.75	1.50～1.75
钙/%	0.90～1.00	0.85～0.90	1.50～1.75	3.15～3.30
有效磷/%	0.45～0.50	0.38～0.45	0.42～0.45	0.40～0.42
盐/%	0.45～0.50	0.45～0.50	0.40～0.45	0.40～0.45
精氨酸/%	0.90～1.00	0.75～0.90	0.92～1.00	0.85～0.95
异亮氨酸/%	0.66～0.68	0.58～0.60	0.66～0.68	0.60～0.65
赖氨酸/%	0.85～0.95	0.60～0.70	0.84～0.87	0.65～0.75
蛋氨酸/%	0.34～0.36	0.30～0.35	0.36～0.38	0.30～0.35
胱氨酸/%	0.68～0.71	0.56～0.60	0.67～0.70	0.60～0.64
苏氨酸/%	0.52～0.54	0.48～0.52	0.52～0.54	0.50～0.52
色氨酸/%	0.17～0.19	0.17～0.19	0.17～0.19	0.17～0.19
锰/(毫克/千克)	66.00	66.00	100.00	100.00
锌/(毫克/千克)	44.00	44.00	75.00	75.00
铜/(毫克/千克)	5.00	5.00	8.00	8.00
铁/(毫克/千克)	44.00	44.00	100.00	100.00
碘/(毫克/千克)	0.45	0.45	0.45	0.45
硒/(毫克/千克)	0.30	0.30	0.30	0.30
维生素 A/(国际单位/千克)	11000	11000	15400	15400
维生素 D_3/(国际单位/千克)	3300	3300	3300	3300
维生素 E/(毫克/千克)	16.50	16.50	27.50	27.50
维生素 K_3/(毫克/千克)	8.80	8.80	2.20	2.20
维生素 B_1/(毫克/千克)	2.20	2.20	2.20	2.20
维生素 B_2/(毫克/千克)	5.50	5.50	9.90	9.90
泛酸/(毫克/千克)	11.00	11.00	13.20	13.20
烟酸/(毫克/千克)	33.00	33.00	44.00	44.00
氯化胆碱/(毫克/千克)	440	440	330	330
叶酸/(毫克/千克)	0.66	0.66	1.10	1.10
维生素 B_6/(毫克/千克)	1.10	1.10	5.50	5.50
维生素 B_{12}/(毫克/千克)	0.013	0.013	0.013	0.013
生物素/(毫克/千克)	0.11	0.11	0.22	0.22
抗氧化剂/(毫克/千克)	120	120	120	120

表 4-6　爱拔益加肉仔鸡饲养标准

营 养 成 分	育雏期(0～21 天)	中期(22～37 天)	后期(38 天至出栏)
代谢能/(兆焦/千克)	12.97	13.4	13.4
粗蛋白/%	23.0	20.5	18.5
钙/%(最低至最高)	0.95～1.10	0.85～1.00	0.80～0.95
有效磷/%(最低至最高)	0.47～0.50	0.41～0.50	0.38～0.48
盐/%(最低至最高)	0.30～0.50	0.30～0.50	0.30～0.50
钠/%(最低至最高)	0.18～0.25	0.18～0.25	0.18～0.25
钾/%(最低至最高)	0.70～0.90	0.70～0.90	0.70～0.90
镁/%	0.60	0.60	0.60
氯/%(最低至最高)	0.15～0.25	0.15～0.25	0.15～0.25
蛋氨酸/%(最低)	0.47	0.45	0.38
蛋氨酸＋胱氨酸/%(最低)	0.90	0.83	0.68
赖氨酸/%(最低)	1.18	1.02	0.77
精氨酸/%(最低)	1.25	1.22	0.96
色氨酸/%(最低)	0.23	0.20	0.18
苏氨酸/%(最低)	0.78	0.75	0.65
每千克添加维生素			
维生素 A/国际单位	8800	8800	6600
维生素 D/国际单位	3000	3000	2200
维生素 E/国际单位	30.00	30.0	30.00
维生素 K_3/毫克	1.65	1.65	1.65
维生素 B_1/毫克	1.10	1.10	1.10
维生素 B_2/毫克	6.60	6.60	5.50
泛酸/毫克	11.00	11.00	11.00
烟酸/毫克	66.00	66.00	66.00
维生素 B_6/毫克	4.40	4.40	3.00
叶酸/毫克	1.00	1.00	1.00
胆碱/毫克	550	550	440
维生素 B_{12}/毫克	0.022	0.022	0.011
生物素/毫克	0.20	0.20	0.20
每千克添加微量元素			
锰/毫克	100	100	100
锌/毫克	75	75	75

营 养 成 分	育雏期(0～21天)	中期(22～37天)	后期(38天至出栏)
铁/毫克	100	100	100
铜/毫克	8.00	8.00	8.00
碘/毫克	0.45	0.45	0.45
硒/毫克	0.30	0.30	0.30

2. 艾维因肉鸡饲养标准

见表 4-7、表 4-8。

表 4-7 艾维因父母代肉种鸡饲养标准

营 养 成 分	雏鸡	育成鸡	种鸡
代谢能/(兆焦/千克)	11.50～12.20	11.20～12.20	11.50～12.20
粗蛋白/%	17.0～18.0	14.5～15.5	15.5～16.5
亚油酸/%	1.50	1.5	1.5
钙/%	0.90～1.00	0.85～1.00	2.75～3.0
有效磷/%	0.45～0.50	0.40～0.45	0.40～0.45
盐/%	0.18～0.22	0.18～0.25	0.16～0.25
精氨酸/%	0.85	0.62	0.72
赖氨酸/%	0.90	0.70	0.70
蛋氨酸/%	0.28	0.22	0.25
蛋氨酸＋胱氨酸/%	0.50	0.38	0.45
色氨酸/%	0.18	0.18	0.18
锰/(毫克/千克)	80.00	80.00	80.00
锌/(毫克/千克)	55.00	55.00	55.00
铜/(毫克/千克)	1.00	1.00	1.00
铁/(毫克/千克)	30.00	30.00	30.00
碘/(毫克/千克)	1.00	1.00	1.00
硒/(毫克/千克)	0.272	0.272	0.272
维生素 A/(国际单位/千克)	6000	6000	10000
维生素 D_3/(国际单位/千克)	2250	2250	2250
维生素 E/(毫克/千克)	30.00	12.50	30.00
维生素 K_3/(毫克/千克)	4.00	4.00	4.00
维生素 B_1/(毫克/千克)	1.00	1.00	1.00

营 养 成 分	雏鸡	育成鸡	种鸡
维生素 B_2/(毫克/千克)	7.00	7.00	7.00
泛酸/(毫克/千克)	12.00	12.00	12.00
烟酸/(毫克/千克)	60.00	35.00	60.00
氯化胆碱/(毫克/千克)	400	300	400
叶酸/(毫克/千克)	1.50	1.00	1.50
维生素 B_6/(毫克/千克)	3.60	2.40	3.00
维生素 B_{12}/(毫克/千克)	0.014	0.014	0.014
生物素/(毫克/千克)	0.20	0.20	0.20
抗氧化剂/(毫克/千克)	＋	＋	＋

注：抗氧化剂按产品说明添加；预产期种鸡料饲料成分与种鸡料相同，但钙含量只有 2.0%。

表 4-8　艾维因肉仔鸡饲养标准

营 养 成 分	育雏期(0～21 天)	中期(22～42 天)	后期(43～56 天)
代谢能/(兆焦/千克)	12.89～13.81	13.14～14.02	13.35～14.27
粗蛋白/%	22.00～24.00	20.00～22.00	18.00～20.00
钙/%	0.90～1.10	0.85～1.00	0.80～1.00
有效磷/%	0.48～0.55	0.43～0.50	0.38～0.50
蛋氨酸/%(最低)	0.33	0.32	0.25
蛋氨酸＋胱氨酸/%(最低)	0.60	0.56	0.46
赖氨酸/%(最低)	0.81	0.70	0.53
精氨酸/%(最低)	0.88	0.81	0.66
色氨酸/%(最低)	0.16	0.12	0.11
维生素 A/(国际单位/千克)	8800	6600	6600
维生素 D/(国际单位/千克)	2750	2200	2200
维生素 E/(国际单位/千克)	11.00	8.80	8.80
维生素 K_3/(毫克/千克)	2.20	2.20	2.20
维生素 B_1/(毫克/千克)	1.10	1.10	1.10
维生素 B_2/(毫克/千克)	5.50	4.40	4.40
泛酸/(毫克/千克)	11.00	11.00	11.00
烟酸/(毫克/千克)	38.50	33.00	33.00
维生素 B_6/(毫克/千克)	2.20	1.10	1.10

续表

营 养 成 分	育雏期(0～21天)	中期(22～42天)	后期(43～56天)
叶酸/(毫克/千克)	0.66	0.66	0.66
胆碱/(毫克/千克)	550	500	440
维生素 B_{12}/(毫克/千克)	0.011	0.011	0.011
锰/(毫克/千克)	55.00	55.00	55.00
锌/(毫克/千克)	55.00	55.00	55.00
铁/(毫克/千克)	44.00	44.00	44.00
铜/(毫克/千克)	5.50	5.50	5.50
碘/(毫克/千克)	0.44	0.44	0.44
硒/(毫克/千克)	0.099	0.099	0.099

3. 罗斯308肉鸡饲养标准

见表 4-9～表 4-12。

表 4-9　罗斯308肉鸡父母代营养标准（育雏二段制）

营 养 成 分	雏鸡(0～28日龄)		育成鸡(28日龄至产蛋率5%)		种鸡(产蛋率5%以后)	
代谢能/(兆焦/千克)	11.7		11.7		11.7	
粗蛋白/%	18		15		14.5～15.5	
亚油酸/%	1.0		1.0		1.2～1.5	
钙/%	1.0		0.9		3.0	
有效磷/%	0.45		0.42		0.35	
钠/%	0.16～0.23		0.16～0.23		0.16～0.23	
氯/%	0.16～0.23		0.16～0.23		0.16～0.23	
钾/%	0.4～0.9		0.4～0.9		0.6～0.9	
氨基酸	总量	可利用量	总量	可利用量	总量	可利用量
精氨酸/%	1.08	0.97	0.84	0.76	0.69	0.62
赖氨酸/%	1.01	0.90	0.74	0.66	0.65	0.58
蛋氨酸/%	0.39	0.35	0.30	0.27	0.30	0.28
蛋氨酸＋胱氨酸/%	0.79	0.70	0.62	0.55	0.64	0.52
色氨酸/%	0.17	0.14	0.17	0.15	0.15	0.13
缬氨酸/%	0.81	0.70	0.64	0.55	0.56	0.49
苏氨酸/%	0.71	0.62	0.56	0.49	0.48	0.42
异亮氨酸/%	0.70	0.61	0.56	0.50	0.53	0.46

续表

营 养 成 分	雏鸡(0～28 日龄)	育成鸡(28 日龄至产蛋率 5%)	种鸡(产蛋率5%以后)
锰/(毫克/千克)	120.00	120.00	120.00
锌/(毫克/千克)	100.00	100.00	100.00
铜/(毫克/千克)	16	16	100
铁/(毫克/千克)	40.00	40.00	50.00
碘/(毫克/千克)	1.25	1.25	2.00
硒/(毫克/千克)	0.3	0.3	0.3
维生素 A/(国际单位/千克)	10000	10000	11000
维生素 D_3/(国际单位/千克)	3500	3500	3500
维生素 E/(毫克/千克)	60.00	45.00	100.00
维生素 K_3/(毫克/千克)	3.00	2.00	5.00
维生素 B_1/(毫克/千克)	3.00	2.00	3.00
维生素 B_2/(毫克/千克)	6.00	5.00	12.00
烟酸/(毫克/千克)	35.00	30.00	55.00
泛酸/(毫克/千克)	15.00	15.00	15.00
氯化胆碱/(毫克/千克)	1400	1400	1000
叶酸/(毫克/千克)	1.50	1.00	2.00
维生素 B_6/(毫克/千克)	3.00	2.00	4.00
维生素 B_{12}/(毫克/千克)	0.02	0.02	0.03
生物素/(毫克/千克)	0.15	0.15	0.25
抗氧化剂/(毫克/千克)	＋	＋	＋

注：抗氧化剂按产品说明添加；预产期种鸡料饲料成分与种鸡料相同，但钙含量只有 2.0%。

表 4-10　罗斯 308 肉鸡父母代营养标准（育雏四段制）

营 养 成 分	雏鸡(0～20 日龄)	雏鸡(21～41 日龄)	育成鸡(42～104 日龄)	产蛋前期料(105 日龄至产蛋率 5%)	种鸡(产蛋率 5%以后)
代谢能/(兆焦/千克)	11.7	11.7	10.9	11.7	11.7
粗蛋白/%	20	18	14	14.5～15.5	14.5～15.5
亚油酸/%	1	1	0.85	1.2～1.5	1.2～1.5
钙/%	1.0	1.0	0.9	1.2	3.0

续表

营养成分	雏鸡(0～20日龄)		雏鸡(21～41日龄)		育成鸡(42～104日龄)		产蛋前期料(105日龄至产蛋率5%)		种鸡(产蛋率5%以后)	
有效磷/%	0.45		0.45		0.35		0.35		0.35	
钠/%	0.16～0.23		0.16～0.23		0.16～0.23		0.16～0.23		0.16～0.23	
氯/%	0.16～0.23		0.16～0.23		0.16～0.23		0.16～0.23		0.16～0.23	
钾/%	0.4～0.9		0.4～0.9		0.4～0.9		0.6～0.9		0.6～0.9	

氨基酸	总量	可利用量	总量	可利用量	总量	可利用量	总量	可利用量	总量	可利用量
精氨酸/%	1.14	1.03	0.93	0.84	0.70	0.63	0.71	0.54	0.69	0.62
赖氨酸/%	1.07	0.96	0.84	0.75	0.62	0.55	0.65	0.58	0.65	0.58
蛋氨酸/%	0.40	0.30	0.33	0.30	0.25	0.23	0.30	0.28	0.30	0.28
蛋氨酸＋胱氨酸/%	0.83	0.74	0.68	0.60	0.51	0.46	0.59	0.52	0.64	0.52
色氨酸/%	0.18	0.15	0.17	0.14	0.14	0.12	0.14	0.12	0.15	0.13
缬氨酸/%	0.85	0.74	0.70	0.61	0.53	0.46	0.56	0.49	0.56	0.48
苏氨酸/%	0.74	0.66	0.61	0.54	0.46	0.41	0.45	0.40	0.48	0.42
异亮氨酸/%	0.73	0.65	0.61	0.54	0.47	0.41	0.51	0.45	0.53	0.46

锰/(毫克/千克)	120		120		120		120		120	
锌/(毫克/千克)	100		100		100		100		100	
铜/(毫克/千克)	16		16		16		10		10	
铁/(毫克/千克)	40		40		40		50		50	
碘/(毫克/千克)	1.25		1.25		1.25		2.0		2.0	
硒/(毫克/千克)	0.3		0.3		0.3		0.3		0.3	
维生素A/(国际单位/千克)	10000		10000		10000		11000		11000	
维生素D_3/(国际单位/千克)	3500		3500		3500		3500		3500	
维生素E/(毫克/千克)	60.00		60.00		45.00		100.00		100.00	
维生素K_3/(毫克/千克)	3.00		3.00		2.00		5.00		5.00	
维生素B_1/(毫克/千克)	3.00		3.00		2.00		3.00		3.00	
维生素B_2/(毫克/千克)	6.00		6.00		5.00		12.00		12.00	

续表

营养成分	雏鸡(0～20日龄)	雏鸡(21～41日龄)	育成鸡(42～104日龄)	产蛋前期料(105日龄至产蛋率5%)	种鸡(产蛋率5%以后)
烟酸/(毫克/千克)	35.00	35.00	30.00	55.00	55.00
泛酸/(毫克/千克)	15.00	15.00	15.00	15.00	15.00
氯化胆碱/(毫克/千克)	1400	1400	1400	1000	1000
叶酸/(毫克/千克)	1.50	1.50	1.00	2.0	2.0
维生素 B_6/(毫克/千克)	3.00	3.00	2.00	4.00	4.00
维生素 B_{12}/(毫克/千克)	0.02	0.02	0.02	0.03	0.03
生物素/(毫克/千克)	0.15	0.15	0.15	0.25	0.25

表 4-11 罗斯 308 肉鸡商品代公母混养营养标准 （2.0～2.5 千克）

营养成分	雏鸡料(0～10日龄)		育成鸡料(11～24日龄)		成鸡料(25日龄至出栏)	
代谢能/(兆焦/千克)	12.65		13.2		13.4	
粗蛋白/%	22～25		21～23		18～23	
亚油酸/%	1.25		1.20		1.00	
钙/%	1.05		0.9		0.85	
有效磷/%	0.50		0.45		0.42	
镁/%	0.05～0.5		0.05～0.5		0.05～0.5	
钠/%	0.16～0.23		0.16～0.23		0.16～0.23	
氯/%	0.16～0.23		0.16～0.23		0.16～0.23	
钾/%	0.4～1.0		0.4～0.9		0.4～0.9	
氨基酸	总量	可利用量	总量	可利用量	总量	可利用量
精氨酸/%	1.45	1.31	1.27	1.14	1.13	1.02
赖氨酸/%	1.43	1.27	1.24	1.10	1.09	0.97
蛋氨酸/%	0.51	0.47	0.45	0.42	0.41	0.38
蛋氨酸+胱氨酸/%	1.07	0.94	0.95	0.84	0.86	0.76
色氨酸/%	0.24	0.20	0.20	0.18	0.18	0.16
缬氨酸/%	1.09	0.95	0.96	0.84	0.86	0.75
苏氨酸/%	0.94	0.83	0.83	0.73	0.74	0.66
异亮氨酸/%	0.97	0.85	0.96	0.84	0.86	0.76

续表

营养成分	雏鸡料(0~10日龄)	育成鸡料(11~24日龄)	成鸡料(25日龄至出栏)
锰/(毫克/千克)	120.00	120.00	120.00
锌/(毫克/千克)	100.00	100.00	100.00
铜/(毫克/千克)	16	16	10.0
铁/(毫克/千克)	40.00	40.00	50.00
碘/(毫克/千克)	1.25	1.25	2.00
硒/(毫克/千克)	0.3	0.3	0.3
维生素 A/(国际单位/千克)	11000	9000	9000
维生素 D_3/(国际单位/千克)	5000	5000	4000
维生素 E/(毫克/千克)	75.00	50.00	50.00
维生素 K_3/(毫克/千克)	3.00	3.00	2.00
维生素 B_1/(毫克/千克)	3.00	2.00	2.00
维生素 B_2/(毫克/千克)	8.00	6.00	5.00
烟酸/(毫克/千克)	60.00	60.00	40.00
泛酸/(毫克/千克)	13.00	15.00	15.00
氯化胆碱/(毫克/千克)	1600	1500	1000
叶酸/(毫克/千克)	2.0	1.75	1.50
维生素 B_6/(毫克/千克)	4.00	3.00	2.00
维生素 B_{12}/(毫克/千克)	0.016	0.016	0.01
生物素/(毫克/千克)	0.15	0.10	0.10

表 4-12 罗斯 308 肉鸡商品代公母混养营养标准（＞3.0 千克）

营养成分	雏鸡(0~20日龄)	雏鸡(21~41日龄)	育成鸡(42~104日龄)	产蛋前期料(105日龄至产蛋率5%)
代谢能/(兆焦/千克)	12.65	13.2	13.4	13.50
粗蛋白/%	22~25	21~23	19~22	17~21
亚油酸/%	1.25	1.20	1.00	1.0
钙/%	1.05	0.9	0.85	0.80
有效磷/%	0.50	0.45	0.42	0.40
镁/%	0.05~0.5	0.05~0.5	0.05~0.5	0.05~0.5
钠/%	0.16~0.23	0.16~0.23	0.16~0.23	0.16~0.23

续表

营养成分	雏鸡(0～20日龄)		雏鸡(21～41日龄)		育成鸡(42～104日龄)		产蛋前期料(105日龄至产蛋率5%)	
氯/%	0.16～0.23		0.16～0.23		0.16～0.23		0.16～0.23	
钾/%	0.4～1.0		0.4～0.9		0.4～0.9		0.4～0.8	
氨基酸	总量	可利用量	总量	可利用量	总量	可利用量	总量	可利用量
精氨酸/%	1.45	1.31	1.27	1.14	1.10	0.99	1.04	0.93
赖氨酸/%	1.43	1.27	1.24	1.10	1.06	0.94	1.0	0.89
蛋氨酸/%	0.51	0.47	0.45	0.42	0.40	0.37	0.38	0.35
蛋氨酸＋胱氨酸/%	1.07	0.94	0.95	0.84	0.83	0.73	0.79	0.69
色氨酸/%	0.24	0.20	0.20	0.18	0.17	0.15	0.17	0.14
缬氨酸/%	1.09	0.95	0.96	0.84	0.83	0.72	0.79	0.69
苏氨酸/%	0.94	0.83	0.83	0.73	0.72	0.63	0.68	0.60
异亮氨酸/%	0.97	0.85	0.96	0.84	0.74	0.65	0.70	0.61
锰/(毫克/千克)	120		120		120		120	
锌/(毫克/千克)	100		100		100		100	
铜/(毫克/千克)	16		16		16		10	
铁/(毫克/千克)	40		40		40		50	
碘/(毫克/千克)	1.25		1.25		1.25		2.0	
硒/(毫克/千克)	0.3		0.3		0.3		0.3	
维生素A/(国际单位/千克)	11000		9000		9000		9000	
维生素D_3/(国际单位/千克)	5000		5000		4000		4000	
维生素E/(毫克/千克)	75.00		50.00		50.00		50.00	
维生素K_3/(毫克/千克)	3.00		3.00		2.00		2.00	
维生素B_1/(毫克/千克)	3.00		2.00		2.00		2.00	
维生素B_2/(毫克/千克)	8.00		6.00		5.00		5.00	
烟酸/(毫克/千克)	60.00		60.00		40.00		40.00	
泛酸/(毫克/千克)	13.00		15.00		15.00		15.00	
氯化胆碱/(毫克/千克)	1600		1500		1000		1000	
叶酸/(毫克/千克)	2.0		1.75		1.50		1.50	
维生素B_6/(毫克/千克)	4.00		3.00		2.00		2.00	
维生素B_{12}/(毫克/千克)	0.016		0.016		0.01		0.01	
生物素/(毫克/千克)	0.15		0.10		0.10		0.10	

4. 黄羽肉鸡的营养标准

见表 4-13～表 4-16。

表 4-13　黄羽肉种鸡营养标准（优质地方品种）

项　目	后备鸡阶段			产蛋期
	0～5 周龄	6～14 周龄	15～19 周龄	20 周以上
代谢能/(兆焦/千克)	11.72	11.3	10.88	11.30
粗蛋白/%	20.00	15.00	14.00	15.50
蛋能比/(克/兆焦)	17.00	13.00	13.00	14.00
钙/%	0.90	0.60	0.60	3.25
总磷/%	0.65	0.50	0.50	0.60
有效磷/%	0.50	0.40	0.40	0.40
食盐/%	0.35	0.35	0.35	0.35

表 4-14　黄羽肉种鸡营养标准（中速、快速型鸡种）

项　目	后备鸡阶段			产蛋期
	0～5 周龄	6～14 周龄	15～22 周龄	23 周以上
代谢能/(兆焦/千克)	12.13	11.72	11.30	11.30
粗蛋白/%	20.00	16.00	15.00	17.00
蛋能比/(克/兆焦)	16.50	14.00	13.00	15.00
钙/%	0.90	0.75	0.60	3.25
总磷/%	0.75	0.60	0.50	0.70
有效磷/%	0.50	0.50	0.40	0.45
食盐/%	0.37	0.37	0.37	0.37

表 4-15　黄羽肉仔鸡饲养标准（优质地方品种）

项　目	0～5 周	6～10 周	11 周	11 周以后
代谢能/(兆焦/千克)	11.72	11.72	12.55	13.39～13.81
粗蛋白/%	20.00	18～17.00	16.00	16.00
蛋能比/(克/兆焦)	17.00	16.00	13.00	13.00
钙/%	0.90	0.80	0.80	0.70
总磷/%	0.65	0.60	0.60	0.55
有效磷/%	0.50	0.40	0.40	0.40
食盐/%	0.35	0.35	0.35	0.35

表 4-16　黄羽肉仔鸡饲养标准（中速、快速型鸡种）

项　目	0～1 周龄	2～5 周龄	6～9 周龄	10～13 周龄
代谢能/(兆焦/千克)	12.55	11.72～12.13	13.81	13.39
粗蛋白/%	20.00	18.00	16.00	23.00
蛋能比/(克/兆焦)	16.00	15.00	11.50	17.00
钙/%	0.90～1.10	0.90～1.10	0.75～0.90	0.90
总磷/%	0.75	0.65～0.70	0.60	0.70
有效磷/%	0.50～0.60	0.50	0.45	0.55
食盐/%	0.37	0.37	0.37	0.37

第二节　肉鸡的常用饲料

饲料原料又称单一饲料，是指以一种动物、植物、微生物或矿物质为来源的饲料。按饲料原料中营养物质的含量可分为：能量饲料、蛋白质饲料、矿物质饲料、维生素饲料、粗饲料、青绿饲料、青贮饲料和添加剂等。集约化肉鸡一般不使用粗饲料、青绿饲料、青贮饲料。单一饲料原料所含养分的数量及比例都不能满足肉鸡营养需要，必须充分利用多种饲料资源合理配合。

一、能量饲料

能量饲料是指干物质中粗纤维含量在 18% 以下，粗蛋白质在 20% 以下的饲料原料。这类饲料主要包括禾本科的谷实饲料和它们加工后的副产品，动植物油脂和糖蜜等，是肉鸡饲料的主要成分，占日粮的 50%～80%，其功能主要是供给肉鸡所需要的能量。

（一）谷实类

1. 玉米

玉米已成为能量饲料的主要来源，被称为能量之王。能量高（消化能含量为 16.386 兆焦/千克），粗纤维含量很低（1.3%），无氮浸出物高，主要是易消化的淀粉，其消化率高达 90%，适口性好，价格适中；但玉米蛋白质含量较低，一般为 8.6%，蛋白质中的几种必需氨基酸含量少，特别是赖氨酸和色氨酸；玉米中脂肪含量高

（3.5％～4.5％），是小麦、大麦的 2 倍，主要是不饱和脂肪酸，因此玉米粉碎后易酸败变质。玉米中含有较多的黄色或橙色色素，一般含大约 5 毫克/千克叶黄素和 0.5 毫克/千克胡萝卜素，有益于蛋黄和鸡的皮肤着色。

如果生长季节和贮藏的条件不适当，霉菌和霉菌毒素可能成为问题。在湿热地区生长并遭受昆虫损害的玉米经常有黄曲霉毒素污染，而且高水平霉菌毒素所造成的可怕后果是很难纠正的。有人证明，硅酸铝有部分地削减较高水平黄曲霉毒素的作用。如果怀疑有黄曲霉毒素问题，就应在搅拌和混合之前对玉米样本进行检查。玉米赤霉醇是玉米中时不时出现的另一种霉菌毒素。由于此毒素可与维生素相结合，因此可能引起骨骼和蛋壳质量问题。当此毒素中度污染时，通过饮水给家禽以水溶性维生素 D，已被证明是有效的。

经过运输的玉米，不论运输时间多长，霉菌生长都可能是严重问题。玉米运输中如果湿度≥16％、温度≥25℃，经常发生霉菌生长。一个解决办法是在装运时往玉米中加有机酸。但是必须记住的是，有机酸可以杀死霉菌并预防重新感染，但对已产生的霉菌毒素是没有作用的。

玉米品质受水分、杂质含量影响较大，易发霉、虫蛀，需检测黄曲霉毒素 B_1 含量，且含抗烟酸因子。玉米是鸡的主要能量饲料，在配制日粮时可根据需要不加限制，一般用量在 50％～70％。0～4 周龄用量为 60％，4～18 周龄 70％，成年蛋鸡最高用量 70％。使用时注意补充赖氨酸、色氨酸等必需氨基酸；培育的高蛋白质、高赖氨酸等饲用玉米，营养价值更高，饲喂效果更好。饲料要现配现用，可使用防霉剂。

2. 小麦

小麦含能量与玉米相近，粗蛋白质含量高（13％），且氨基酸比其他谷实类完全，氨基酸组成中较为突出的问题是赖氨酸和苏氨酸不足；B 族维生素丰富，不含胡萝卜素。用量过大，会引起消化障碍，影响鸡的生产性能，因为小麦内含有较多的非淀粉多糖。

虽然小麦的蛋白质含量比玉米要高得多，供应的能量只是略为少些，但是如果在日粮中的用量超过 30％就可能造成一些问题，特别是对于幼龄家禽。小麦含有 5％～8％的戊糖，后者可能引起消化物黏稠度问题，导致总体的日粮消化率下降和粪便湿度增大。主要的戊糖成分是阿拉伯木聚糖，它与其他的细胞壁成分相结合，能吸收比自身重量高达 10 倍的水分。但是，家禽不能产生足够数量的木糖酶，因此这些聚合物就能增加消化物的黏稠度。多数幼龄家禽（<10 日龄）中所观察到的小麦代谢能下降 10%～15%，这个现象很可能就与它们不能消化这些戊糖有关。随着小麦贮藏时间的延长，其对消化物黏稠度的负面影响似乎会下降。通过限制小麦用量（特别是对于幼龄家禽）和/或使用外源的木聚糖酶，可以在一定程度上控制消化物黏稠度问题。小麦还含有 α-淀粉酶抑制因子，制粒时应用的较高温度似乎可以破坏这些抑制因子。

肉鸡日粮中使用小麦可以改进颗粒的牢固性，在日粮中添加 25% 以上小麦可以起到在难制粒日粮中添加黏结剂的作用。小麦可以整粒饲喂 10～14 日龄以后的肉鸡。

一般在配合饲料中用量可占 10%～20%，添加 β-葡聚糖酶和木聚糖酶的情况下，可占 30%～40%。但小麦价格高。在小麦日粮中添加酶制剂时，要选用针对性较强的专一酶制剂可以发挥酶的最大潜力，使小麦型日粮的利用高效而经济。

当以小麦大幅度地代替黄玉米喂禽时要注意适当添加黄色素以维持禽体及蛋黄必要的颜色，因为黄玉米本身含有丰富的天然色素，而小麦则缺乏相应的色素。从营养成分来说，虽然小麦中生物素含量超过了玉米，但是它的利用率较低，当大量利用小麦日粮时如果不注意添加外源性的生物素，则会导致禽类脂肪肝综合征的大量发生。所以在实际生产过程中，当小麦占能量饲料的一半时，应考虑添加生物素的问题。

用小麦生产配合饲料时，应根据不同饲喂对象采取相应的加工处理方法，或破碎，或干压，或湿碾，或制粒，或膨化，不管如何加工都应以提高适口性和消化率为主要目的。在生产实践中发现，不论对于哪种动物来说，小麦粉碎过细都是不明智的，因为过细的小麦（粒、粉），不但可产生糊口现象，还可能在消化道粘连成团而影响其消化。

3. 高粱

高粱主要成分是淀粉，代谢能含量低于玉米；粗蛋白质含量与玉米相近，但质量较差；脂肪含量比玉米低；含钙少，含磷多，多为植酸磷；胡萝卜素及维生素 D 的含量较少，B 族维生素含量与玉米相似，烟酸含量高。高粱的营养价值约为玉米的 95%，所以在高粱价格低于玉米 5% 时就可使用高粱。

作为能量的供给源，高粱可代替部分玉米，若使用高单宁酸高粱时，可添加蛋氨酸、赖氨酸及胆碱等，以缓和单宁酸的不良影响。鸡饲料中高粱用量多时应注意维生素 A 的补充及氨基酸、热能的平衡，并考虑色素来源及必需脂肪酸是否足够。

高粱的种皮部分含有单宁，具有苦涩味，适口性差。单宁的含量因品种而异（0.2%～2%），颜色浅的单宁含量少，颜色深的含量高。高粱中含有较多的鞣酸，可使含铁制剂变性，注意增加铁的用量。在日粮中使用高粱过多时易引起便秘，所以一般雏鸡料中不使用，育成鸡和种鸡日粮中控制在 20% 以下。

4. 大麦

我国大麦的产量占世界首位。我国冬大麦主要产区分布在长江流域各省和河南省，春大麦主要分布在东北、内蒙古、青藏高原和山西及新疆北部。我国的大麦除一部分作人类粮食外，目前，有相当一部分用来酿啤酒，其余部分用作饲料。

大麦的粗蛋白质平均含量为 11%，国产裸大麦的粗蛋白质含量较高，可高达 20.0%，蛋白质中所含有的赖氨酸、色氨酸和异亮氨酸等高于玉米，有的品种含赖氨酸高达 0.6%，比玉米高一倍多；粗脂肪含量为 2% 左右，低于玉米，其脂肪酸中一半以上是亚油酸；在裸大麦中粗纤维含量小于 2%，与玉米相当，皮大麦的粗纤维含量高达 5.9%，二者的无氮浸出物含量均在 67% 以上，且主要成分为淀粉及其他糖类；在能量方面，裸大麦的有效能值高于皮大麦，仅次于玉米，B 族维生素含量丰富。但由于大麦籽实种皮的粗纤维含量较高（整粒大麦为 5.6%），所以一定程度上影响了大麦的营养价值。大麦一般不宜整粒饲喂动物，因为整粒饲喂会导致动物的消化率下降。通常将大麦发芽后，作为种畜或幼畜的维生素补充饲料。

抗营养因子方面主要是单宁和 β-葡聚糖，单宁可影响大麦的适口性和蛋白质的消化利用率，β-葡聚糖是影响大麦营养价值的主要因素，特别是对家禽的影响较大。

裸大麦和皮大麦在能量饲料中都是蛋白质含量高而品质较好的谷实类，并且从蛋白质的质量来看，作为配合饲料原料具有独特的饲喂效果，并且大麦中所含有的矿物质及微量元素在该类饲料中也属含量较高的品种。因其皮壳粗硬，需破碎或发芽后少量搭配饲喂；能值较低、饲喂过多易引起鸡的粪便黏稠。

5. 小米与碎米

含能量与玉米相近，粗蛋白质含量高于玉米（10％左右），核黄素（维生素 B_2）含量为 1.8 毫克/千克，且适口性好。碎米用于鸡料需添加色素。一般在配合饲料中用量占 15％～20％为宜。

6. 稻谷和糙大米

稻谷是谷实类中产量最高的一种，主产于我国南方。稻谷的化学组成与燕麦相似，种子外壳粗硬，粗纤维含量高，约为 10％。代谢能值与燕麦相似，粗蛋白含量低于燕麦，为 8.3％左右。稻谷的适口性较差，饲用价值不高，仅为玉米的 80％～85％，在蛋鸡日粮中不宜用量太大，一般应控制在 20％以内。同时要注意优质蛋白饲料的配合，补充蛋白质的不足。

稻谷去壳后为糙大米，其营养价值比稻谷高，与玉米相似。鸡的代谢能为 14.13 兆焦/千克，粗蛋白含量为 8.8％，氨基酸的组成也与玉米相仿，但色氨酸含量高于玉米（25％），亮氨酸含量低于玉米（40％）。糙大米在家禽日粮中可以完全替代玉米，但由于目前的价格问题，糙大米应用于鸡饲料较少。

7. 燕麦

燕麦在我国西北地区种植较多。燕麦在鸡饲料中应用很少，是反刍家畜牛、羊的上等饲料。燕麦和大麦一样，也有一个坚硬的外壳，外壳占整个籽实的 1/5～1/3，所以燕麦的粗纤维含量大约为 10％，可消化总养分比其他麦类低。燕麦的代谢能值比玉米低 26％，粗蛋白含量和大麦相似，约为 12％，氨基酸组成不理想，但优于玉米。饲用燕麦的主要成分为淀粉，粗脂肪含量为 6.6％左右。燕麦与其他谷物一样，钙少磷多，但含镁丰富，有助于防治鸡胫骨短粗症。维生素中胡萝卜素、维生素 D 含量很少，尤其缺乏烟酸，但富含胆碱和 B 族维生素。

燕麦喂鸡可以防止由于玉米用量过大造成排软粪及肛门周围羽毛

黏结现象，有利于雏鸡的生长发育。在家禽日粮中燕麦可占 10%～20%，一般用量不宜过高。

（二）糠麸类

1. 麦麸

麦麸包括小麦麸和大麦麸，麦麸的粗纤维含量高，为 8%～9%，所以能量价值较低；B 族维生素含量高，但缺乏维生素 A、维生素 D 等。维生素以硫胺素、烟酸和胆碱的含量丰富；麸皮含磷多，约为 1.09%。小麦麸容积大，含镁盐较多，有致泻作用。脂肪含量达 4%，易酸败、生虫。麦麸是良好的能量饲料原料。

肉仔鸡不超过日粮的 5%，种鸡不超过日粮的 10%。使用麸皮应注意：一是麸皮变质严重影响鸡的消化机能，造成拉稀等；二是因麦麸吸水性强，饲料中太多麸皮可限制鸡的采食量；三是麸皮为高磷低钙饲料，在治疗因缺钙引起的软骨病或佝偻病时，应提高钙用量。另外，磷过多影响铁吸收，治疗缺铁性贫血时应注意加大铁的补充量。

2. 次粉

次粉是面粉与麸皮间的部分，又称黑面、黄粉、下面或三等粉等，是以小麦籽实为原料磨制各种面粉后获得的副产品之一。粗纤维含量对次粉能值影响较大，需检测粗纤维含量。

3. 米糠

米糠也称为米皮糠、细米糠，它是精制糙米时由稻谷的皮糠层及部分胚芽构成的副产品，糠是由果皮、种皮、外胚乳和糊粉层等部分组成的，这四部分也是糙米的糠层，其中果皮和种皮称为外糠层；外胚乳和糊粉层称为内糠层。在碾米时，大多数情况下，糙米皮层及胚的部分被分离成为米糠。在初加工糙米时的副产品稻壳常称为砻糠，其产品主要成分为粗纤维，饲用价值不高，常作为动物养殖过程中的垫料。在实际生产中，常将稻壳与米糠混合，其混合物即大家常说的统糠，其营养价值随米糠的含量不同，变异较大。

米糠经过脱脂后成为脱脂米糠，其中经压榨法脱脂产物称为米糠饼；而经有机溶剂脱脂产物称为米糠粕。

米糠含有较高的蛋白质和赖氨酸、粗纤维、脂肪等，特别是脂肪的含量较高，以含有不饱和脂肪酸为主，其中的亚油酸和油酸含量占 79.2% 左右。米糠的有效能值较高，与玉米相当。含钙量低，含磷量以有机磷为主，利用率低，钙磷不平衡。微量元素以铁、锰含量较为丰富，而铜含量较低。米糠中富含 B 族维生素和维生素 E，但是缺少维生素 C 和维生素 D。在米糠中含有胰蛋白酶抑制剂、植酸、稻壳、NSP 等抗营养因子，可引起蛋白质消化障碍和雏鸡胰腺肥大，影响矿物质和其他养分的利用。

米糠不但是一种含有效能值较高的饲料，而且其适口性也较好，大多数动物都比较喜欢采食。但是米糠的用量不可过大，否则可以影响动物产品的质量，比如在猪的饲料中添加过多米糠时，可引起猪背膘变软、胴体品质下降，一般情况下其用量应控制在 15% 以下。

禽类对米糠的饲用效果不如猪，如果在禽类饲料中添加量过大，可引起禽类采食量下降，体重下降，骨质质量不佳。

总的来说，米糠是比较好的饲料原料，但是由于米糠中不但含有较高的不饱和脂肪酸，还含有较高的脂肪水解酶类，所以容易发生脂肪的氧化酸败和水解酸败，导致米糠的霉变，而引起动物严重的腹泻，甚至引起死亡，所以米糠一定要保存在阴凉干燥处，必要时可制成米糠饼、粕，再进行保存。

雏鸡料中一般不用米糠，因为雏鸡采食过多米糠会引起肝脏肥大。肉鸡料中也不宜使用。成鸡料中米糠用量一般限制在 25% 以内，颗粒料中可加到 35%。用量超过 30% 时，则饲用价值降低，并易产生软肉脂；喂米糠过多还会引起拉稀。

（三）块根块茎类

主要有马铃薯、甘薯、木薯、胡萝卜、南瓜等。种类不同，营养成分差异很大，其共同的饲用价值为：新鲜含水量高，多为 75%～90%，干物质相对较低，能值低，粗蛋白含量仅 1%～2%，且一半为非蛋白质含氮物，蛋白质品质较差。干物质中粗纤维含量低（2%～4%）。粗蛋白 7%～15%，粗脂肪低于 9%，无氮浸出物高达 67.5%～88.15%，且主要是易消化的淀粉和戊聚糖。经晾晒和烘干后能值高（代谢能 9.2～11.29 兆焦/千克），近似于谷物类子实饲料。有机物消化率高达 85%～90%。钙、磷含量少，钾、氯含量丰富。

由于含水量高，能值低，除少数散养鸡外，使用较少。在饲料中适量添加，有利于降低饲料成本，提高生产性能和维护鸡体健康。甘薯蛋白质含量低，生甘薯含生长抑制因子，通过加热可改善消化性，消除不良影响。

（四）油脂饲料

油脂饲料是指油脂和脂肪含量高的原料。其发热量为碳水化合物或蛋白质的 2.25 倍。包括动物油脂（牛油、家禽脂肪、鱼油）、植物油脂（植物油、椰仁油、棕榈油）、饭店油脂和脂肪含量高的原料，如膨化大豆、大豆磷脂等。脂肪饲料可作为脂溶性维生素的载体，还能提高日粮中的能量浓度，能减少料末飞扬和饲料浪费。添加大豆磷脂还能保护肝脏，提高肝脏的解毒功能，保护黏膜的完整性，提高鸡体免疫系统活力和抵抗力。

日粮中添加 3%～5% 的脂肪，可以提高雏鸡的日增重，保证肉鸡夏季能量的摄入量和减少体增热，降低饲料消耗。但添加脂肪同时要相应提高其他营养素的水平。要注意脂肪易氧化、酸败和变质。

二、蛋白质饲料

肉鸡的生长发育和繁殖以及维持生命都需要大量的蛋白质，可通过饲料而供给。蛋白质饲料是指饲料干物质中粗蛋白质含量在 20% 以上（含 20%），粗纤维含量在 18% 以下（不含 18%）。蛋白质饲料可分为植物性蛋白质饲料、动物性蛋白质饲料和单细胞蛋白质饲料三大类。一般在日粮中占 20%～40%。

（一）植物性蛋白质饲料

1. 豆科籽实

绝大多数豆科籽实（大豆、黑豆、豌豆、蚕豆）主要用作人类的食物，少量用作饲料。它们的共同营养特点是蛋白质含量丰富（20%～40%），而无氮浸出物含量较谷实类低（28%～62%）。

由于豆科籽实有机物中蛋白质含量较谷实类高，特别是大豆还含有很多油分，所以其能量值甚至超过谷实类中能量最高的玉米。豆科籽实中蛋白质品质优良，特别是赖氨酸的含量较高，但蛋氨酸的含量相对较少，这正是豆科籽实蛋白质品质不足之处。豆科籽实中的矿物质与维生素含量与谷实类大致相似，不过核黄素与硫胺素的含量较某些种类低。钙含量略高一些，但钙、磷比例仍不平衡，通常磷多于钙。

豆类饲料在生的状态下常含有一些抗营养因子和影响畜禽健康的不良成分，如抗胰蛋白酶、产生甲状腺肿大的物质、皂素与血凝集素等，均会对豆类饲料的适口性、消化率与动物的一些生理过程产生不良影响。这些不良因子在高温下可被破坏，如经110℃、3分钟的热处理后便失去作用。

目前，发达国家已广泛应用膨化全脂大豆粉作禽类饲料。因大豆粉中除蛋白质含量高达38%外，且含油脂多，能量高，可代替豆饼（粕）和油脂两种饲料原料。膨化全脂大豆粉应用于蛋鸡饲料，可减少为提高日粮能量浓度而添加油脂的生产环节，使生产成本降低，并能克服日粮添加油脂后的不稳定性。

2. 大豆粕（饼）

含粗蛋白质40%～45%，赖氨酸含量高，适口性好。大豆粕（饼）的蛋白质和氨基酸的利用率受到加工温度和加工工艺的影响，加热不足或加热过度都会影响利用率。生的大豆中含有抗胰蛋白酶、皂角素、尿素酶等有害物质，榨油过程中，加热不良的粕（饼）中会含有这些物质，影响蛋白质利用率。

适当加工的优质大豆饼、粕是动物的优质饲料，适口性好，营养价值高，优于其他各种饼、粕类饲料。而加热温度不足的饼、粕或生豆粕都可降低禽类的生产性能，导致雏禽脾脏肿大，即使添加蛋氨酸也不能得到改善；而经过158℃加热严重的大豆粕可使禽的增重和饲料转化率下降，如果此时补充赖氨酸为主的添加剂时，禽类的体重和饲料转化率均可得到改善，可以达到甚至超过正常豆粕组生长水平。

一般在配合饲料中用量可占15%～25%。由于豆粕（饼）的蛋氨酸含量低，故与其他饼粕类或鱼粉等配合使用效果更好。

3. 花生饼

粗蛋白质含量略高于豆饼，为42%～48%，精氨酸和组氨酸含量高，赖氨酸含量低，适口性好于豆饼。花生饼脂肪含量高，不耐贮藏，易染上黄曲霉而产生黄曲霉毒素。赖氨酸、蛋氨酸含量及利用率低，需配合菜粕及鱼粉使用。

花生粕热能值低，尤其是寒冷冬季，不适于幼鸡。一般在配合饲料中用量可占15%～20%。由于所含精氨酸含量较高，而赖氨酸含量较低，所以与豆饼配合使用效果较好。生长黄曲霉的花生饼不能使用。

4. 棉籽粕（饼）

带壳榨油的称棉籽饼，脱壳榨油的称棉仁饼，前者含粗蛋白质17%～28%，后者含粗蛋白质39%～40%。在棉籽内，含有棉酚和环丙烯脂肪酸，对家禽有害。

普通的棉籽仁中含有色素腺体，色素腺体内含有对动物有害的棉酚，在棉籽粕（饼）中残留的油分中含量为1%～2%环丙烯类脂肪酸，这种物质可以加重棉酚所引起的禽类蛋黄变稀、变硬，同时可以引起蛋白呈现出粉红色颜色。喂前应采用脱毒措施，未经脱毒的棉籽粕（饼）喂量不能超过配合饲料的3%～5%。棉酚含量低的棉籽粕可多量取代大豆粕用于肉鸡日粮，但需要加适量的赖氨酸，多种饲料并用优于单一饲料。

5. 菜籽粕（饼）

菜籽粕（饼）含粗蛋白质35%～40%，赖氨酸比豆粕低50%，含硫氨基酸高于豆粕14%，粗纤维含量为12%，有机质消化率为70%。可代替部分豆饼喂鸡。含芥子酸和葡萄糖苷，用量过大会引起棕壳蛋具鱼腥味，高戊聚糖使幼禽能值利用率低于成禽。

由于普通菜籽粕（饼）中含有致甲状腺肿素，因而应限量投喂。菜籽粕对幼鸡的使用价值较低，但对成长期的鸡使用价值较高。肉鸡后期可以添加10%，而低含硫配糖体的油菜籽粕可增加到15%，产蛋鸡日粮中配合8%时与大豆粕无异，但12%以上蛋重变小，孵化率降低。多量喂菜籽粕，褐壳蛋鸡的蛋有鱼臭味，长期多量饲喂，鸡会发生甲状腺肿大。与棉籽粕搭配使用效果较好。

6. 芝麻饼

芝麻饼含粗蛋白质40%左右，蛋氨酸含量高，适当与豆饼搭配喂鸡，能提高蛋白质的利用率。蛋氨酸、色氨酸、维生素 B_2、烟酸含量高，能值高于棉、菜粕，具有特殊香味。赖氨酸含量低，因含草酸、肌醇六磷酸抗营养因子，影响钙、磷吸收，会造成禽类脚软症，日粮中需添加植酸酶。

优质芝麻饼与豆饼有氨基酸互补作用，可在肉鸡日粮中提供蛋白质25%以下、蛋鸡日粮中提供粗蛋白质的20%以下。配合饲料中用量为5%～10%。但用量过高，有引起生长抑制和发生腿病的可能，故鸡饲料中用量宜低，幼雏不用。芝麻饼含脂肪多而不宜久贮，最好现粉碎现喂。

7. 亚麻饼（胡麻饼）

蛋白质含量为 $32\% \sim 37\%$。粗纤维含量为 $7\% \sim 11\%$。脂肪含量胡麻饼为 $3\% \sim 7\%$，胡麻粕为 $0.5\% \sim 1.5\%$。其蛋白质品质不如豆粕和棉粕，赖氨酸和蛋氨酸含量少，色氨酸含量高达 0.45%。

含抗吡哆醇因子和能产生氰氢酸的苷，家禽适口性差，具倾泻性，能值、维生素 K、赖氨酸、蛋氨酸较低，赖氨酸与精氨酸比例失调。6 周龄前日粮中不使用亚麻饼，育成鸡和母鸡日粮中可用 5%，同时将维生素 B_6 的用量加倍。

8. 葵花饼

优质的脱壳葵花饼含粗蛋白质 40% 以上、粗脂肪 5% 以下、粗纤维 10% 以下，B 族维生素含量比豆饼高。其成分的变化与含壳的高低相关，加热过度严重影响氨基酸品质，尤以赖氨酸影响最大。含壳少的葵花粕成分和价值与棉粕相似，含硫氨基酸高，B 族维生素特别是烟酸含量丰富。

必需氨基酸不足导致其营养价值较低。由于热能值较低，肉鸡饲料中使用量越多肥育效果越差。一般在配合饲料中用量可占 $10\% \sim 20\%$。带壳的葵花饼不宜饲喂蛋鸡。

9. 玉米蛋白粉

玉米蛋白粉与玉米麸皮不同，它是玉米脱胚芽、粉碎及水选制取淀粉后的脱水副产品，是有效能值较高的蛋白质类饲料原料，其氨基酸利用率可达到豆饼的水平。蛋白质含量高达 $50\% \sim 60\%$。高能、高蛋白，蛋氨酸、胱氨酸、亮氨酸含量丰富，叶黄素含量高，有利于禽蛋及皮肤着色。

玉米蛋白粉的赖氨酸、色氨酸含量低，氨基酸欠平衡，黄曲霉毒素含量高，蛋白质含量越高，叶黄素含量也高。

10. DDGS（酒糟蛋白饲料）

DDGS 是含有可溶性固形物的干酒糟。在以玉米为原料发酵制取乙醇过程中，其中的淀粉被转化成乙醇和二氧化碳，其他营养成分如蛋白质、脂肪、纤维等均留在酒糟中。同时由于微生物的作用，酒糟中的蛋白质、B 族维生素及氨基酸含量均比玉米有所增加，并含有发酵中生成的未知促生长因子。市场上的玉米酒糟蛋白饲料产品有两种：一种为 DDG（distillers dried grains），是将玉米酒糟作简单过滤，滤渣干燥，滤清液排放掉，只对滤渣单独干燥而获得的饲料；另一种为 DDGS（distillers dried grains with solubles），是将滤清液干燥浓缩后再与滤渣混合干燥而获得的饲料。后者的能量和营养物质总量均明显高于前者。蛋白质含量高（DDGS 的蛋白质含量在 26％以上），富含 B 族维生素、矿物质和未知生长因子，促使皮肤发红。

DDGS 是必需脂肪酸、亚油酸的优秀来源，与其他饲料配合，成为种鸡和产蛋鸡的饲料。DDGS 缺乏赖氨酸，但对于家禽第一限制性氨基酸是用于生长羽毛的蛋氨酸，所有的 DDGS 产品都是蛋氨酸的优秀来源。对肉鸡具有促进食欲和生长的效果，但因热能值不高，用量以 5％以下为宜。

DDGS 水分含量高，谷物已破损，霉菌容易生长，因此霉菌毒素含量很高，可能存在多种霉菌毒素，会引起家畜的霉菌毒素中毒症，导致免疫低下易发病，生产性能下降。所以必须用防霉剂和广谱霉菌毒素吸附剂；不饱和脂肪酸的比例高，容易发生氧化，对动物健康不利，能值下降，影响生产性能和产品质量如胴体品质、牛奶质量，所以要使用抗氧化剂；DDGS 米糠中的纤维含量高，单胃动物不能利用它，所以要使用酶制剂提高动物对纤维的利用率。另外，有些产品可能有植物凝集素、棉酚等，加工后活性应大幅度降低。

11. 啤酒糟（麦芽根）

啤酒糟（麦芽根）是啤酒工业的主要副产品，是以大麦为原料，经发酵提取籽实中可溶性碳水化合物后的残渣。啤酒糟干物质中含粗蛋白 25.13％、粗脂肪 7.13％、粗纤维 13.81％、灰分 3.64％、钙 0.4％、磷 0.57％；在氨基酸组成上，赖氨酸占 0.95％、蛋氨酸占 0.51％、胱氨酸占 0.30％、精氨酸占 1.52％、异亮氨酸占 1.40％、亮氨酸占 1.67％、苯丙氨酸占 1.31％、酪氨酸占 1.15％；还含有丰富的锰、铁、铜等微量元素。啤酒糟蛋白含量中等，亚油酸含量高。麦芽根含多种消化酶，少量使用有助于消化。

啤酒糟以戊聚糖为主，对幼畜营养价值低。麦芽根虽具芳香味，但含生物碱，适口性差。

12. 啤酒酵母

啤酒酵母为高级蛋白来源，富含 B 族维生素、氨基酸、矿物质、未知生长因子。因其来源少，价格贵，不宜大量使用。

13. 饲料酵母

饲料酵母是用作畜禽饲料的酵母菌体，包括所有用单细胞微生物生产的单细胞蛋白。呈浅黄色或褐色的粉末或颗粒，蛋白质的含量高，维生素丰富。含菌体蛋白 4%～6%，B 族维生素含量丰富，具有酵母香味，赖氨酸含量高。酵母的组成与菌种、培养条件有关。一般含蛋白质 40%～65%、脂肪 1%～8%、糖类 25%～40%、灰分 6%～9%，其中大约有 20 种氨基酸。在谷物中含量较少的赖氨酸、色氨酸，在酵母中比较丰富；特别是在添加蛋氨酸时，可利用氨约比大豆高 30%。酵母的发热量相当于牛肉，又由于含有丰富的 B 族维生素，通常作为蛋白质和维生素的添加饲料。用于饲养鸡，可以收到增强体质、减少疾病、增重快的效果。

酵母品质以反应底物不同而变异，可通过显微镜检测酵母细胞总数判断酵母质量。因饲料酵母缺乏蛋氨酸，饲喂鸡时需要与鱼粉搭配，由于价格较高，所以无法普遍使用。

（二）动物性蛋白质饲料

1. 鱼粉

鱼粉是最理想的动物性蛋白质饲料，其蛋白质含量高达 45%～60%，而且在氨基酸组成方面，赖氨酸、蛋氨酸、胱氨酸和色氨酸含量高。鱼粉中含丰富的维生素 A 和 B 族维生素，特别是维生素 B_{12}。另外，鱼粉中还含有钙、磷、铁等。用鱼粉来补充植物性饲料中限制性氨基酸不足，效果很好。

鱼粉易感染沙门杆菌，脂肪含量过高会造成氧化及自燃，加工、贮存不当会使鱼粉中的组胺与赖氨酸结合产生肌胃糜烂素，使肉鸡发生肌胃糜烂症。防治掺假，可通过化学测定和显微镜镜检鱼粉是否掺假。一般在配合饲料中用量可占 5%～15%。

一般进口鱼粉含盐量在 1%～2%，国产鱼粉含盐量变化较大，高的可达 30%，使用时应避免食盐中毒。

2. 饲料用血制品

饲料用血制品主要有血粉（全血粉）、血浆蛋白粉（血浆粉）与血细胞蛋白粉（血细胞粉）3 种。

（1）血粉（全血粉）　血粉是往屠宰动物的血中通入蒸汽后，凝结成块。排除水后，用蒸汽加热干燥，粉碎形成。根据工艺可分为喷雾干燥血粉、滚筒干燥血粉、蒸煮干燥血粉、发酵血粉和膨化血粉 5种。喷雾干燥血粉主要工序为：屠宰猪时收集血液＋血液储藏罐＋贮存斗搅拌除去纤维蛋白→压送至喷雾系统＋喷雾干燥＋包装＋低温储存。滚筒干燥血粉主要工序为：畜禽血液于热交换容器中通入 $60\sim$65.5℃水蒸气使血液凝固，通过压辊粉碎包装。蒸煮干燥血粉主要工序为：把新鲜血液倒入锅中，加入相当于血量 $1\%\sim1.5\%$ 的生石灰，煮熟使之形成松脆的团块。捞出团块，摊放在水泥地上晒干至呈棕褐色，再用粉碎机粉碎成粉末状。发酵血粉主要工序为：家畜屠宰血加入糠麸及菌种混合发酵后低温干燥粉碎。膨化血粉主要工序为：畜禽血液于热交换容器中通入 $60\sim65.5$℃水蒸气使血液凝固，膨化机膨化后通过压辊粉碎包装。血粉蛋白含量高，赖氨酸、亮氨酸含量高，缬氨酸、组氨酸、苯丙氨酸、色氨酸含量丰富，喷雾干燥血粉是良好的蛋白源，含粗蛋白 80% 以上，赖氨酸含量为 $6\%\sim7\%$，但蛋氨酸和异亮氨酸含量较少。血粉氨基酸组成不平衡，蛋氨酸、胱氨酸含量低，异亮氨酸严重缺乏，利用率低，适口性差。日粮用量过多，易引起腹泻，一般占日粮 2% 以下。

（2）血浆蛋白粉（血浆粉）　血浆蛋白粉是将健康动物新鲜血液的温度在 2 小时内降至 4℃，并保持 $4\sim6$℃，经抗凝处理，从中分离出的血浆经喷雾干燥后得到的粉末，故又称为喷雾干燥血清粉。血浆蛋白粉的种类按血液的来源主要有猪血浆蛋白粉（SDPP）、低灰分猪血浆蛋白粉（LAPP）、母猪血浆蛋白粉（SDSPP）和牛血浆蛋白粉（SDBP）等。一般情况下，喷雾干燥血浆蛋白粉主要是指猪血浆蛋白粉。建议增加赖氨酸、蛋氨酸和胃蛋白酶消化率指标。

（3）血细胞蛋白粉（血细胞粉）　血细胞蛋白粉是指动物屠宰后血液在低温处理条件下，经过一定工艺分离出血浆经喷雾干燥后得到的粉末。血细胞蛋白粉又称为喷雾干燥血细胞粉，建议增加赖氨酸、蛋氨酸和胃蛋白酶消化率指标。

3. 肉骨粉

赖氨酸、脯氨酸、甘氨酸含量高，维生素 B_{12}、烟酸、胆碱含量丰富，钙磷含量高且比例合适（2：1），是良好的钙磷供源。粗蛋白质含量达 40％以上，蛋白质消化率高达 80％；水分含量为 5％～10％，粗脂肪含量为 3％～10％。B 族维生素含量丰富。

氨基酸欠平衡，蛋氨酸、色氨酸含量低，品质差异较大，蛋白质主要是胶原蛋白，利用率较差，防止沙门杆菌和大肠杆菌污染。一般在配合饲料中用量在 5％左右。

4. 蚕蛹粉

蚕蛹中含有一半以上的粗蛋白质和 0.25％的粗脂肪，且粗脂肪中含有较高的不饱和脂肪酸，特别是亚油酸和亚麻酸。蚕蛹中还含有一定量的几丁质，它是构成虫体外壳的成分，矿物质中钙、磷比例为 1：（4～5），是较好的钙、磷源饲料，同时蚕蛹中富含各种必需氨基酸，如赖氨酸、含硫氨基酸及色氨酸含量都较高。全脂蚕蛹含有的能量较高，是一种高能、高蛋白质类饲料，脱脂后的蚕蛹粉蛋白质含量较高，易保存。

具有异臭味，使用时要注意添加量，以免影响全价料总体的适口性。脂肪含量高，易酸败，喂肉禽产生腥臭味，影响肉的品质。配合饲料中用量可占 5％～10％。

5. 水解羽毛粉

水解羽毛粉含粗蛋白质近 80％，蛋白质含量高，胱氨酸含量丰富，适量添加可补充胱氨酸不足。但蛋氨酸、赖氨酸、色氨酸和组氨酸含量低，使用时要注意氨基酸平衡问题，应该与其他动物性饲料配合使用。在蛋鸡饲料中添加羽毛粉可以预防和减少啄癖。

氨基酸组成极不平衡，赖氨酸、蛋氨酸、色氨酸含量低，羽毛粉为角蛋白，利用率低。肉鸡日粮中羽毛粉可取代部分豆粕，添加含硫氨基酸使饲料中氨基酸平衡后，可使用至 5％而不影响其生长。一般在配合饲料中用量为 2％～3％。

6. 皮革蛋白粉

皮革蛋白粉是鞣制皮革过程中形成的各种动物的皮革副产品制成的粉状饲料。其产品形式有两种：一种是水解鞣皮屑粉，它是"灰碱法"生产皮革时的副产品经过过滤、沉淀、蒸发及干燥后制得的皮革粉；另一种是皮革在鞣制过程中形成的下脚粉。

皮革粉中粗蛋白质含量约为 80％，除赖氨酸外其他氨基酸含量较少，利用率也较低。

三、草粉及树叶粉饲料

草粉和树叶粉饲料多是由豆科牧草和豆科树叶制成。它们都含有丰富的粗蛋白质和纤维素。可用作肉用种鸡饲料。

（一）草粉

这里仅介绍苜蓿草粉。苜蓿草粉是在紫花盛花期前，将其割下来，经晒干或其他方法干燥、粉碎而制成，其营养成分随生长时期的不同而不同（表4-17）。

苜蓿草粉，除含有丰富的B族维生素、维生素E、维生素C、维生素K外，每千克草粉还含有高达50~80毫克的胡萝卜素。用来饲喂肉鸡可维持其皮肤、脚、趾的黄色。

苜蓿草粉用作鸡饲料，其配比以控制在3%左右为宜，如果使用量超过5%以上就会抑制生长。

表 4-17　苜蓿干物质中成分变化

成分	现蕾前	现蕾期	盛花期
粗纤维/%	22.1	26.5	29.4
粗蛋白/%	25.3	21.5	18.2
灰分/%	12.1	9.5	9.8
可消化蛋白质/%	21.3	17	14.5

（二）叶粉

1. 刺槐叶粉（洋槐叶粉）

刺槐叶粉是采集5~6月份的刺槐叶，经干燥、粉碎制成。刺槐叶的营养成分随产地、季节、调制方式不同而不同。一般是鲜嫩叶营养价值最高，其次为青干叶粉，青落叶和枯黄叶的营养价值最差。鲜嫩刺槐叶及叶粉的营养价值见表4-18。

表 4-18　刺槐叶的营养成分

类别	干物质/%	粗蛋白/%	粗脂肪/%	粗纤维/%	灰分/%	钙/%	磷/%
鲜叶	23.7	5.3	0.6	4.1	1.8	0.23	0.04
叶粉	86.8	19.6	2.4	15.2	6.9	0.85	0.17

2. 松针粉

松针粉是将青绿色松树针叶收集起来，经干燥、粉碎而制成的粉状物。松针粉，除含有丰富的胡萝卜素、维生素 C、维生素 E、维生素 D、维生素 K 和维生素 B_{12} 外，尚含有铁、钴、锰等多种微量元素。

肉鸡饲喂松针粉，可明显改善喙、皮肤、腿和爪的颜色，使之更加鲜黄美观。

松针粉作为饲料时间尚短，有关营养成分的含量，动物营养学界还没有一个统一的说法。其用量一般应控制在 3% 左右为宜。

四、矿物质饲料

矿物质饲料是为了补充植物性和动物性饲料中某种矿物质元素的不足而利用的一类饲料。大部分饲料中都含有一定量矿物质，在散养和低产的情况下，看不出明显的矿物质缺乏症，但在舍饲、笼养、高产的情况下矿物质需要量增多，必须在饲料中补加。具体矿物质饲料种类及特性见表 4-19。

表 4-19　矿物质饲料种类及特性

种类	特性	使用说明
骨粉或磷酸氢钙	含有大量的钙和磷，而且比例合适，主要用于磷不足的饲料	在配合饲料中用量可占 1.5%～2.5%
贝壳粉、石粉、蛋壳粉	属于钙质饲料。贝壳粉是最好的钙质矿物质饲料，含钙量高，又容易吸收；石粉价格便宜，含钙量高，但鸡吸收能力差；蛋壳粉可以自制，将各种蛋壳经水洗、煮沸和晒干后粉碎即成，吸收率也较好	一般在鸡配合饲料中用量为育雏及育成阶段 1%～2%、产蛋阶段 6%～7%。使用蛋壳粉严防传播疾病
食盐	食盐主要用于补充鸡体内的钠和氯，保证鸡体正常新陈代谢，还可以增进鸡的食欲	用量可占日粮的 3%～3.5%
砂砾	有助于肌胃中饲料的研磨，起到"牙齿"的作用。砂砾要不溶于盐酸	舍饲鸡或笼养鸡要注意补给。据研究，鸡吃不到砂砾，饲料消化率要降低 20%～30%
沸石	是一种含水的硅酸盐矿物，在自然界中多达 40 多种。沸石中含有磷、铁、铜、钠、钾、镁、钙、银、钡等 20 多种矿物质元素，是一种质优价廉的矿物质饲料	在配合饲料中用量可占 1%～3%。可以降低鸡舍内有害气体含量，保持舍内干燥。前苏联称之为"卫生石"

五、维生素饲料

在鸡的日粮中主要提供各种维生素的饲料叫维生素饲料，包括青菜类、块茎类、青绿多汁饲料和草粉等。常用的有白菜、胡萝卜、野菜类和干草粉（苜蓿草粉、槐叶粉和松针粉）等。在规模化饲养条件下，使用维生素饲料不方便，多利用人工合成的维生素添加剂来代替。

六、饲料添加剂

为了满足鸡的营养需要，完善日粮的全价性，需要在饲料中添加原来含量不足或不含有的营养物质和非营养物质，以提高饲料利用率，促进鸡生长发育，防治某些疾病，减少饲料贮藏期间营养物质的损失或改进产品品质等，这类物质称为饲料添加剂。

饲料添加剂是指为强化基础日粮的营养价值，促进动物生长、保证动物健康，提高动物生产性能，而加入饲料的微量添加物质。它可分为营养性添加剂和非营养性添加剂两大类。

（一）营养性添加剂

营养性添加剂包括微量元素添加剂、工业合成的各种氨基酸添加剂、维生素添加剂等。

1. 微量元素添加剂

微量元素添加剂一般可分为无机微量元素添加剂、有机微量元素添加剂和生物微量元素添加剂三大类。无机微量元素添加剂一般有硫酸盐类、碳酸盐类、氧化物和氯化物等；有机微量元素添加剂一般为金属氨基酸络合物、金属氨基酸螯合物、金属多糖络合物和金属蛋白盐；生物微量元素添加剂有酵母铁、酵母锌、酵母铜、酵母硒、酵母铬和酵母锰等。目前，我国经常使用的微量元素添加剂主要是无机微量元素添加剂。最好使用硫酸盐作微量元素添加剂原料，因为硫酸盐可使蛋氨酸增效 10% 左右，而蛋氨酸价钱贵。微量元素添加剂的载体应选择不能和矿物质元素起化学作用，并且性质较稳定、不易变质的物质，如石粉（或碳酸钙）、白陶土等。

微量元素添加剂品质的优劣和成本的高低，不仅取决于添加剂的配方和加工工艺，还取决于能否使用安全、有害杂质多少和生物利用率的高低。作为饲用微量元素添加剂的原料，必须满足以下几项基本要求：一要具较高的生物效价，即能被动物消化、吸收和利用；二要含杂质少，所含有毒、有害物质在允许范围内，饲喂安全；三要物理和化学稳定性好，方便加工、贮藏和使用；四要货源稳定可靠，价格低，以保证生产、供应和降低成本。

2. 氨基酸添加剂

众所周知，蛋白质营养的核心是氨基酸，而氨基酸营养的核心是氨基酸的平衡。植物性蛋白质的氨基酸，几乎都不太平衡，即使是由不同配比天然饲料构成的全价日粮，是依据氨基酸平衡的原则设计配合，但它们的各种氨基酸含量、合格氨基酸之间的比例仍然是变化多端、各式各样的。因而，需要氨基酸添加剂来平衡或补充饲料中某些氨基酸的不足，使其他氨基酸得到充分吸收利用。

目前，人工合成的氨基酸有蛋氨酸、赖氨酸、色氨酸、苏氨酸和甘氨酸等，生产中最常用的是蛋氨酸和赖氨酸两种。

（1）蛋氨酸

① DL-蛋氨酸　蛋氨酸又称甲硫氨酸，分子式为 $C_5H_{11}NO_2S$。蛋氨酸是有旋光性的化合物，分 L-型和 D-型。L-型蛋氨酸容易被动物吸收；D-型蛋氨酸可经过酶的转化成为 L 型而被吸收利用，故两种类型的蛋氨酸具有相同的生物活性。市售的 DL-蛋氨酸，即为 D-型和 L-型的混合物。

市售日本生产的饲料用 DL-蛋氨酸，为白色至淡黄色的结晶粉末，具有蛋氨酸的特殊臭味，溶解状态时，呈无色或淡黄色溶液。蛋氨酸在饲料中的添加，一般是按配方计算后补差定量供应。一般情况下，按全价饲料计，鸡饲料约需外加 $0.05\%\sim0.1\%$。

② 羟基蛋氨酸钙（MHA-Ca）　羟基蛋氨酸钙分子式为 $(CH_3SCH_2CH_2C(NH_2)OHCOO)_2Ca$；相对分子质量为 149.16。羟基蛋氨酸钙盐虽然没有氨基，但它具有可以转化为蛋氨酸所需的碳架，故具有蛋氨酸的生物学活性。但是，它的生物学活性只相当于蛋氨酸的 $70\%\sim80\%$。

蛋氨酸的检验：一是感官检查，真蛋氨酸为纯白或微带黄色，为有光泽结晶，尝有甜味，假蛋氨酸为黄色或灰色，闪光结晶极少，有怪味、涩感；二是灼烧，取瓷质坩埚 1 个加入 1 克蛋氨酸，在电炉上炭化，然后在55℃茂福炉上灼烧1小时，真蛋氨酸残渣在1.5%以下，假蛋氨酸在98%以上；三是溶解，取1个250毫升烧杯，加入50毫升蒸馏水，再加入1克蛋氨酸，轻轻搅拌，假蛋氨酸不溶于水，而真蛋氨酸几乎全溶于水。

（2）L-赖氨酸盐酸盐　简称L-赖氨酸，分子式为$C_6H_{14}N_2O_2 \cdot HCl$，相对分子质量182.65。外观为白色粉末状，易溶于水。赖氨酸与蛋氨酸一样也有D型和L型两种，但只有L型有营养作用；D型赖氨酸在动物体内不能直接被利用，也不能转化为有营养作用的L型。因此，作为饲料添加剂只能使用L型赖氨酸。

饲料中添加赖氨酸，一般是以纯L-赖氨酸的重量来表示的。而常用的是L-赖氨酸盐酸盐，标明的含量为98.5%，扣除盐酸的重量后，L-赖氨酸的含量只有78.84%。因此，在使用时应进行计算。

例如：1000千克配合饲料中需添加L-赖氨酸1200克，那么添加纯度为98.5%的L-赖氨酸盐酸盐的数量应为：1200÷98.5%÷78.84%=1545.25克。

（3）色氨酸　色氨酸也是较为缺乏的限制性氨基酸，它是近些年才开始在饲料中使用的，作为饲料添加剂的色氨酸有化学合成的DL-色氨酸和发酵法生产的L-色氨酸。二者均为无色至微黄色晶体，有特异性气味。DL-色氨酸的生物学有效性对猪相当于L-色氨酸的80%～85%。玉米、肉粉、肉骨粉中色氨酸含量很低。

（4）苏氨酸　目前作为饲料添加剂的主要是发酵生产的L-苏氨酸。此外，部分来自由蛋白质水解物分离的L-苏氨酸。L-苏氨酸为无色至微黄色结晶性粉末，有极弱的特异性气味。

苏氨酸通常是第三、第四限制性氨基酸，在大麦、小麦为主的饲料中，苏氨酸经常缺乏，尤其是在低蛋白的大麦（或小麦)-豆饼型日粮中，苏氨酸常是第二限制性氨基酸，故在植物性低蛋白日粮中，添加苏氨酸效果显著，特别是补充了蛋氨酸、赖氨酸的日粮，同时再添加色氨酸、苏氨酸可得到最佳效果。

由于氨基酸添加剂在饲料中添加量较大，一般在日粮中以百分含量计。同时，氨基酸的添加量是以整个日粮内氨基酸平衡为基础的，而饲料原料中的氨基酸含量和利用率相差甚大，所以氨基酸一般不加入添加剂预混料中，而是直接加入配合饲料或浓缩蛋白饲料中。

3. 维生素添加剂

维生素又称维他命，它是维持动物生命活动，促进新陈代谢、生长发育和生产性能所必不可少的营养要素之一。在集约化饲养条件下若不注意，极易造成动物维生素的不足或缺乏。生产中，因严重缺乏某种维生素而引起特征性缺乏症是很少见的，经常遇到的则是因维生素不足引起的非特异性症候群，例如皮肤粗糙、生长缓慢，生产水平下降，抗病力减弱等。因此，在现代化畜牧业中，使用维生素不再是用来治疗某种维生素缺乏症，而是作为饲料添加剂成分，补充饲料中含量不足，来满足动物生长发育和生产性能的需要，增强抗病和抗各种应激的能力，提高产品质量和增加产品数量。

现在已经发现的维生素有 23 种，其中有 16 种为家禽所需要。目前，我国常用作饲料添加剂的有 13 种。维生素根据其溶解性，可分为脂溶性维生素（包括维生素 A、维生素 D、维生素 E、维生素 K）和水溶性维生素（包括 B 族维生素、维生素 C 和生物素等）两大类。

（二）非营养性添加剂

非营养性添加剂包括生长促进剂（如抗生素和合成抗菌药物、酶制剂等）、驱虫保健剂（如抗球虫药等）、饲料保存剂（如抗氧化剂）等。它们虽不是饲料中的固有营养成分，本身也没有营养价值，但具有抑菌、抗病、维持机体健康，提高适口性，促进生长，避免饲料变质和提高饲料报酬的作用。

1. 抗生素饲料添加剂

凡能抑制微生物生长或杀灭微生物，包括微生物代谢产物、动植物体内的代谢产物或用化学合成、半合成法制造的相同的或类似的物质，以及这些来源的驱虫物质都可称为抗生素。

饲用抗生素是在药用抗生素的基础上发展起来的。使用抗生素添加剂可以预防鸡的某些细菌性疾病，或可以消除逆境、环境卫生条件差等不良影响。如用金霉素、土霉素作饲料添加剂还可提高母鸡产蛋量。但饲用抗生素的应用也存在一些争议：首先是抗药问题。由于长期使用抗生素会使一些细菌产生抗药性，而这些细菌又可能会把抗药性传给病原微生物，进而可能会影响人畜疾病的防治。其次是抗生素在畜产品中的残留问题，残留有抗生素的肉类等畜产品，在食品烹调过程中不能完全使其"钝化"，可能影响人类健康。另外，有些抗生素有致突变、致畸和致癌作用。所以，许多国家禁止饲用抗生素。目前，人们正在筛选研制无残留、无毒副作用、无抗药性的专用饲用抗生素或其替代品。允许使用的抗生素饲料添加剂及使用规范见附表1-1、附表1-2。

【注意】最好选用动物专用的，能较好吸收和残留少的不产生抗药性的品种；严格控制使用剂量，保证使用效果，防止不良副作用；抗生素的作用期限要作具体规定；严格执行休药期。大多数抗生素消失时间需3～5天，故一般规定在屠宰前7天停止添加。

2. 中草药饲料添加剂

中草药作为饲料添加剂，毒副作用小，不易在产品中残留，且具有多种营养成分和生物活性物质，兼具有营养和防病的双重作用。其天然、多能、营养的特点，可起到增强免疫作用、激素样作用、维生素样作用、抗应激作用、抗微生物作用等，具有广阔的应用前景。

3. 抗球虫保健添加剂

这类添加剂种类很多，但一般毒性较大，只能在疾病暴发时短期内使用，使用时还要认真选择品种、用量和使用期限。常用的抗球虫保健添加剂有莫能菌素、盐霉素、拉沙洛西钠、地克珠利、二硝托胺、氯苯胍、常山酮磺胺喹沙啉、磺胺二甲嘧啶等。

主要有两类：一类是驱虫性抗生素；另一类是抗球虫剂。允许使用的抗球虫保健添加剂及使用规范见附表1-2、附表1-3。

4. 饲料酶添加剂

酶是动物、植物机体合成、具有特殊功能的蛋白质。酶是促进蛋白质、脂肪、碳水化合物消化的催化剂，并参与体内各种代谢过程的生化反应。在鸡饲料中添加酶制剂，可以提高营养物质的消化率。商品饲料酶添加剂出现于1975年，而较广泛的应用则是在1990年以后。饲料酶添加剂的优越性在于可最大限度地提高饲料原料的利用率，促进营养素的消化吸收，减少动物体内矿物质的排泄量，从而减轻对环境的污染。

常用的饲料酶添加剂有单一酶制剂和复合酶制剂。单一酶制剂，如α-淀粉酶、β-葡聚糖酶、脂肪酶、纤维素酶、蛋白酶和植酸酶等；复合酶制剂是由一种或几种单一酶制剂为主体，加上其他单一酶制剂混合而成，或者由一种或几种微生物发酵获得。复合酶制剂可以同时降解饲料中多种需要降解的底物（多种抗营养因子和多种养分），可最大限度地提高饲料的营养价值。国内外饲料酶制剂产品主要是复合酶制剂。如以蛋白酶、淀粉酶为主的饲用复合酶。

酶制剂主要用于补充动物内源酶的不足；以葡聚糖酶为主的饲用复合酶制剂主要用于以大麦、燕麦为主原料的饲料；以纤维素酶、果胶酶为主的饲用复合酶主要作用是破坏植物细胞壁，使细胞中的营养物质释放出来，易于被消化酶作用，促进消化吸收，并能消除饲料中的抗营养因子，降低胃肠道内容物的黏稠度，促进动物的消化吸收；以纤维素酶、蛋白酶、淀粉酶、糖化酶、葡聚糖酶、果胶酶为主的饲用复合酶可以综合以上各酶的共同作用，具有更强的助消化作用。

酶制剂的用量视酶活性的大小而定。所谓酶的活性，是指在一定条件下 1 分钟分解有关物质的能力。不同的酶制剂，其活性不同；并且补充酶制剂的效果还与动物的年龄有关。

由于现代化养殖业、饲料工业最缺乏的常量矿物质营养元素是磷，但豆粕、棉粕、菜粕和玉米、麸皮等作物籽实里的磷却有 70% 为植酸磷而不能被鸡利用，白白地随粪便排出体外。这不仅造成资源的浪费，污染环境，并且植酸在动物消化道内以抗营养因子存在而影响钙、镁、钾、铁等阳离子和蛋白质、淀粉、脂肪、维生素的吸收。植酸酶则能将植酸（六磷酸肌醇）水解，释放出可被吸收的有效磷，这不但消除了抗营养因子，增加了有效磷，而且还提高了被拮抗的其他营养素的吸收利用率。

5. 微生态制剂

微生态制剂也称有益菌制剂或益生素，是将动物体内的有益微生物经过人工筛选培育，再经过现代生物工程工厂化生产，专门用于动物营养保健的活菌制剂。其内含有十几种甚至几十种畜禽胃肠道有益菌，如加藤菌、EM、益生素等，也有单一菌制剂，如乳酸菌制剂。不过，在养殖业中除一些特殊的需要外，都用多种菌的复合制剂。它除了以饲料添加剂和饮水剂饲用外，还可以用来发酵秸秆、鸡粪制成生物发酵饲料，既提高粗饲料的消化吸收率，又变废为宝，减少污染。微生态制剂进入消化道后，首先建立并恢复其内的优势菌群和微生态平衡，并产生一些消化菌、类抗生素物质和生物活性物质，从而提高饲料的消化吸收率，降低饲料成本；抑制大肠杆菌等有害菌感染，增强机体的抗病力和免疫力，可少用或不用抗菌类药物；明显改善饲养环境，使鸡舍内的氨、硫化氢等臭味减少 70％以上。

6. 酸制（化）剂

酸制（化）剂用以增加胃酸，激活消化酶，促进营养物质吸收，降低肠道 pH，抑制有害菌感染。目前，国内外应用的酸化剂包括有机酸化剂、无机酸化剂和复合酸化剂三大类。

（1）有机酸化剂　在以往的生产实践中，人们往往偏好有机酸，这主要源于有机酸具有良好的风味，并可直接进入体内三羧酸循环。有机酸化剂主要有柠檬酸、延胡索酸、乳酸、丙酸、苹果酸、戊酮酸、山梨酸、甲酸（蚁酸）、乙酸（醋酸）。不同的有机酸各有其特点，但使用最广泛的而且效果较好的是柠檬酸、延胡索酸。

（2）无机酸化剂　无机酸包括强酸，如盐酸、硫酸，也包括弱酸，如磷酸。其中磷酸具有双重作用，既可作日粮酸化剂又可作为磷源。无机酸和有机酸相比，具有较强的酸性及较低的成本。

（3）复合酸化剂　复合酸化剂是利用几种特定的有机酸和无机酸复合而成，能迅速降低 pH，保持良好的生物性能及最佳添加成本。最优化的复合体系将是饲料酸化剂发展的一种趋势。

7. 寡聚糖（低聚糖）

寡聚糖是由 2～10 个单糖通过糖苷键连接成直链或支链的小聚合物的总称。其种类有很多，如异麦芽糖低聚糖、异麦芽酮糖、大豆低聚糖、低聚半乳糖、低聚果糖等。它们不仅具有低热、稳定、安全、无毒等良好的理化特性，而且由于其分子结构的特殊性，饲喂后不能被人和单胃动物消化道的酶消化利用，也不会被病原菌利用，而直接进入肠道被乳酸菌、双歧杆菌等有益菌分解成单糖，再按糖酵解的途径被利用，促进有益菌增殖和消化道的微生态平衡，对大肠杆菌、沙门菌等病原菌产生抑制作用。因此，亦被称为化学微生态制剂。但它与微生态制剂不同点在于，它主要是促进并维持动物体内已建立的正常微生态平衡；而微生态制剂则是外源性的有益菌群，在消化道可重建、恢复有益菌群并维持其微生态平衡。

8. 糖萜素

糖萜素是从油茶饼粕和菜籽饼粕中提取的，由 30％的糖类、30％的萜皂素和有机酸组成的天然生物活性物质。它可促进畜禽生长，提高日增重和饲料转化率，增强鸡体的抗病力和免疫力，并有抗氧化、抗应激作用，降低畜产品中锡、铅、汞、砷等有害元素的含量，改善并提高畜产品色泽和品质。

9. 大蒜素

大蒜是餐桌上常备之物，具有悠久的调味、刺激食欲和抗菌历史。用于饲料添加剂的有大蒜粉和大蒜素，具有诱食、杀菌、促生长、提高饲料利用率和畜产品品质的作用。

10. 饲料保存剂

饲料保存剂包括抗氧化剂和防霉剂两类。

（1）抗氧化剂 饲料中的某些成分，如鱼粉和肉粉中的脂肪及添加的脂溶性维生素 A、维生素 D、维生素 E 等，可因与空气中的氧、饲料中的过氧化物及不饱和脂肪酸等的接触而发生氧化变质或酸败。为了防止这种氧化作用，可加入一定量的抗氧化剂。常用的抗氧化剂见表 4-20。

表 4-20 常用的抗氧化剂

名称	特性	用量用法	注意事项
乙氧基喹啉（又称乙氧喹，商品名为山道喹）	是一种黏滞的黄褐色或褐色，稍有异味的液体。极易溶于丙酮、氯仿等有机溶剂，不溶于水。一旦接触空气或受光线照射便慢慢被氧化而着色，是目前饲料中应用最广泛、效果好而又经济的抗氧化剂	饲用油脂，夏季 500～700 克/吨，冬季 250～500 克/吨；动物副产品，夏季 750 克/吨，冬季 500 克/吨；鱼粉 750～1000 克/吨；苜蓿及其他干草 150～200 克/吨；各种动物配合饲料 62～125 克/吨；维生素预混料 0.25%～5.5%。乙氧基喹啉在最终配合日粮中的总量不得超过 150 克/吨	由于液体乙氧基喹啉黏滞性高，低浓度添加于粉中很难混匀，一般将其以蛭石、氢化黑云母粉等作为吸附剂制成含量为 10%～70% 的乙氧基喹啉干粉剂，可均匀地混入干粉料中，且使用方便
二丁基羟基甲苯（简称 BHT）	为白色结晶或结晶性粉末，无味或稍有特殊气味。不溶于水和甘油，易溶于酒精、丙酮和动植物油。对热稳定，与金属离子作用不会着色，是常用的油脂抗氧化剂。可用于长期保存的油脂和含油脂较高的食品及饲料中，以及维生素添加剂中	油脂为 100～200 克/吨，不得超过 200 克/吨；各种动物配合饲料为 150 克/吨	与丁基羟基茴香醚并用有相乘作用，二者总量不得超过油脂的 200 克/吨

续表

名称	特　性	用量用法	注意事项
丁基羟基茴香醚（简称 BHA）	为白色或微黄褐色结晶或结晶性粉末，有特异的酚类刺激性气味。不溶于水，易溶于丙二醇、丙酮、乙醇和猪油、植物油等，对热稳定，是目前广泛使用的油脂抗氧化剂。除抗氧化作用外，还有较强的抗菌力。250 毫克/千克 BHA 可以完全抑制黄曲霉毒素的产生，200 毫克/千克 BHA 可完全抑制饲料中青霉、黑曲霉等的孢子生长	BHA 可用作食用油脂、饲用油脂、黄油、人造黄油和维生素等的抗氧化剂。与 BHT、柠檬酸、维生素 C 等合用有相乘作用。其添加量，油脂为 100～200 克/吨，不得超过 200 克/吨；饲料添加剂为 250～500 克/吨	

注：由于各种抗氧化剂之间存在"增效作用"，当前的趋势是常将多种抗氧化剂混合使用，同时还要辅助地加入一些表面活性物质等，以提高其效果。

（2）防霉剂　饲料中常含有大量微生物，在高温、高湿条件下，微生物易于繁殖而使饲料发生霉变。这不但影响适口性，而且还可产生毒素（如黄曲霉毒素等）引起动物中毒。因此，在多雨季节，应向日粮中添加防霉剂。常用的防霉剂有丙酸钠、丙酸钙、山梨酸钾和苯甲酸等，见表 4-21。

表 4-21　常用的防霉剂

名称	特　性	用量用法
丙酸及其盐类	主要包括丙酸钠、丙酸钙。丙酸为具有强刺激性气味的无色透明液体，对皮肤有刺激性，对容器加工设备有腐蚀性。丙酸主要作为青贮饲料的防腐剂，因其有强烈的臭味，影响饲料的适口性，所以一般不用做配合饲料的防腐剂。丙酸钙、丙酸钠均为白色结晶或颗粒状或粉末，无臭或稍有特异气味，溶于水，流动性好，使用方便，对普通钢材没有腐蚀作用，对皮肤也无刺激性，因此逐渐代替丙酸而用于饲料	在饲料中的添加量以丙酸计，一般为 0.3% 左右。实际添加量往往视具体情况而定：①直接喷洒或混入饲料中；②液体的丙酸可以蛭石等为载体制成吸附型粉剂，再混入到饲料中去，这种制剂因丙酸的蒸发作用可由吸附剂缓慢释放，作用时间长，效果较前者好；③与其他防霉剂混合使用可扩大抗菌谱，增强作用效果

续表

名　称	特　性	用量用法
富马酸和富马酸二甲酯	富马酸又称延胡索酸，为无色结晶或粉末，水果酸香味。在饲料工业中，主要用作酸化剂，对仔猪有很好的促生长作用，同时对饲料也有防霉防腐作用；富马酸二甲酯（DMF）为白色结晶或粉末，对微生物有广泛、高效的抑菌和杀菌作用，其特点是抗菌作用不受 pH 的影响，并兼有杀虫活性。pH 适用范围为 3～8	在饲料中的添加量一般为 $0.025\%～0.08\%$。可先溶于有机溶剂，如异丙醇、乙醇，再加入少量水及乳化剂使其完全溶解，然后用水稀释，加热除去溶剂，恢复到应稀释的体积，混于饲料中或喷洒于饲料表面。也可用载体制成预混剂
"万保香"（霉敌粉剂）	为一种含有天然香味的饲料及谷物防霉剂。其主要成分有：丙酸、丙酸铵及其他丙酸盐（丙酸总量不少于 25.2%），其他还含有乙酸、苯甲酸、山梨酸、富马酸。因有香味，除防霉外，还可增加饲料香味，增进食欲	其添加量为 100～500 克/吨，特殊情况下可添加 1000～2000 克/吨

第三节　肉鸡的日粮配制

一、日粮配制的原则

（一）营养原则

1. 所设计的配方满足家禽对各种营养素的需要

根据饲养对象（是快大型肉仔鸡，还是优质黄羽肉鸡或乌鸡），选定适当的饲养标准。如果饲养蛋用型小公鸡，没有饲养标准，可比蛋用型雏鸡饲养标准略高些，或使用三黄鸡饲养标准。配方设计虽然说要根据饲养标准和饲料营养价值表的有关数据，但不能生搬硬套，要根据所饲养肉仔鸡品种、生长阶段、饲料原料实际的营养成分含量等条件，设计平衡而且预期生产效果好的配方。

2. 饲料的多样化

配合日粮时，应尽量注意饲料的多样化，多用几种饲料进行配合，这样有利于充分发挥各种饲料中营养的互补作用，提高日粮的消化率和营养物质的利用率。特别是蛋白质饲料，选用 2～3 种，通过合理的搭配以及氨基酸、矿物质、维生素的添加，可以减少鱼粉、豆粕等价格较高的饲料原料用量，既能满足鸡的全部营养需要，又能降低饲料价格。

3. 符合肉鸡的营养特点

设计饲料配方和配制饲料时必须充分考虑和利用肉鸡的营养特点，以最少的饲料消耗获得更多的增重。肉鸡的营养特点见表4-22。

表 4-22　肉鸡的营养特点

种类	营 养 特 点
能量	(1)相同条件下,能量水平对肉鸡饲料转化率起决定作用。代谢能水平高达13.39兆焦/千克左右,9周耗料增重比为(1.7～1.9)∶1;代谢能浓度在12.13兆焦/千克,耗料增重比将会超过2.2∶1;鸡采食高能日粮能量稍多,机体脂肪含量较高。鸡采食低能日粮能量可能不足,达不到正常生长速度,并且体组织内脂肪沉积低于正常量。7～8周龄一般给予高能低蛋白质日粮,有利于提高饲料转化率,并且使肉鸡上市体况较理想。(2)不论能量高低,自前期至后期的能量可逐渐提高或保持不变,应尽量避免渐减趋势,以充分利用肉仔鸡前期形成的对低能量浓度配合饲料的适应性和补偿生长作用。(3)肉鸡日粮中添加油脂后,能量和蛋白质的利用率提高,肉鸡生长速度明显加快。(4)当饲喂高能饲料,尤其是颗粒饲料时,肉鸡发生腹水症十分普遍,当喂给粉料时,几乎没有腹水病发生
蛋白质	(1)肉仔鸡对日粮蛋白质的消化能力随日龄增加而提高。4～7日龄仔鸡,氮的回肠表观消化率为78%～80%,21日龄达90%。日粮中蛋白质不足可降低甲状腺素分泌,导致生长强度降低。(2)日粮蛋白质水平与肉仔鸡蛋氨酸需要量呈线性相关,即蛋白质水平愈高,蛋氨酸需要量愈高。肉鸡日粮中添加蛋氨酸不仅可提高生产性能,而且能降低胴体脂肪含量。(3)肉鸡的补偿生长。限饲低蛋白质日粮会降低限饲本周的饲料采食量和体增重,但不影响试验全期的生长、饲料效率及净膛率
矿物质元素	矿物质元素添加要注意离子平衡。例如钠离子和氯离子,若仅靠使用食盐来满足营养需要,势必导致氯离子过量而钠离子不足,过量的氯离子不利于鸡体健康。如改为添加食盐0.2%～0.25%,另加小苏打0.05%～0.1%,满足鸡对钠离子的需要,可提高抗应激能力,降低死亡率
维生素	由于肉鸡生长快,对维生素及微量元素的需求量也大,肉鸡后期日粮中维生素A和维生素D应比原标准增加1/3,以提高抗逆能力并使骨骼健壮。前期每千克日粮中维生素B_{12}的量应比一般雏鸡多0.01毫克。也有报道,维生素A添加量对生产性能影响不显著。生产预混料时,注意各种维生素都需要超量添加,具体超量多少应根据经济效益情况确定

种类	营 养 特 点
微量元素	(1)证明高铜作为肉仔鸡饲料添加剂的作用效果不明显。周桂莲等(1996)推荐铜需要量分别为:1～2周龄 9毫克/千克,3～6周龄 9毫克/千克,7～8周龄 10毫克/千克。(2)高水平锌对肉鸡无增重效果。建议肉鸡后期日粮中加锌水平为 40毫克/千克;王安等(1989)推荐肉仔鸡日粮中锌的适宜水平应在 50～80毫克/千克。(3)锰与其他矿物质元素间关系。在配制肉仔鸡日粮时,要注意锰与其他矿物质元素间的相互作用,肉仔鸡日粮中钙、磷、锰、锌和维生素 D任一养分的添加水平过高都会影响其他 4种养分的吸收和利用。建议 0～4周龄肉仔鸡日粮中锰以 120毫克/千克为宜。(4)铁是家禽必需的微量元素,在动物体代谢酶的组成及激活等生理功能中起重要作用。各国规定肉仔鸡铁的需要量为 75～80毫克/千克,铁缺乏或过量都会导致肉仔鸡生长受阻。(5)生长鸡能耐受较宽范围的日粮碘水平变异。推荐肉仔鸡的玉米-豆粕型日粮中碘添加量以 0.70毫克/千克为宜。(6)由于很多饲料中硒含量及其利用率较低,故一般需要在肉仔鸡饲粮中补加硒。应当指出,动物对硒的需要量随摄入的食物形态、性质及食物中维生素 E含量而变化,B族维生素可减少硒需要量。各种动物对硒的最低需要推荐量很接近,即日粮中含硒量 0.1毫克/千克左右。肉仔鸡日粮中硒含量以 0.3毫克/千克为宜。(7)各种动物对钴的耐受力都高达 10毫克/千克。但钴过量时肉仔鸡生长减慢。它仅被视为维生素 B_{12} 的组成成分。钴的营养作用实质上是维生素 B_{12} 的作用。钴的吸收率不高,高锌不利于钴吸收;同时钴与磷、硫、锰、铜、碘有协同作用。(8)一般认为铬是葡萄糖耐受因子(GTF)的活性成分,协助或增殖胰岛素在体内的作用,它与糖代谢、脂代谢、氨基酸及核酸代谢密切相关。铬促进肉仔鸡生长、改善胴体品质、抗应激、加强免疫力。铬作为一种营养元素,其生理活性的发挥依赖于 GTF的转运,因此只有在动物机体缺乏铬时补铬,其促进作用才会明显,如在正常条件下补铬需要一段时间才能发挥其功效

(二) 生理原则

1. 配合日粮时,必须根据各类鸡的不同生理特点,选择适宜的饲料进行搭配

如雏鸡,生长发育快,消化能力弱,应当不用或少用不易消化吸收的杂粮和其他非常规饲料原料。鸡对粗纤维的消化能力很差,要注意控制日粮中粗纤维的含量,使之不超过 5%为宜。

2. 配制的日粮应有良好的适口性

即使营养价值再好的配合料,如果肉仔鸡不爱吃,就不会达到满意的生产成绩。所用的饲料应质地良好,保证日粮无毒、无害、不苦、不涩、不霉、不污染。一些适口性差的饲料往往价格较低，如果考虑在配合料中使用，应限制其用量，或用适口性好的原料与之搭配使用，或添加能掩盖不良气味的香味剂。细粉状的饲料会影响肉仔鸡的采食效率，如果能制成颗粒饲料，效果可大大改善。

3. 保持饲料原料的相对稳定

配合日粮所用的饲料种类力求保持相对稳定，如需改变饲料种类和配合比例，应逐渐变化，给鸡一个适应过程。如果频繁地变动，会使鸡消化不良，引起应激，影响正常的生产。

（三）经济原则

养鸡生产中，饲料费用占很大比例，一般要占养鸡成本的70%～80%。因此，不论是生产商品饲料还是自配料，必须考虑饲料的成本。配合日粮时，充分利用饲料的替代性，就地取材，选用营养丰富、价格低廉的饲料原料来配合日粮，以降低生产成本，提高经济效益。但有些原料虽然从营养价值与价格比较是合算的，但因其质量、毒素及其他原因，它在饲料中的用量可能会受到限制。

（四）卫生安全原则

饲料卫生质量是配合饲料的一项非常重要的标准。一旦某一项卫生指标达不到标准，就会严重影响肉仔鸡的生产性能。所以国家为饲料生产制定的卫生标准是饲料生产者必须执行的，而营养指标往往是一个参考标准，允许有一定的变化范围。饲料卫生质量控制关键在于选用原料，饲料中的一些有毒成分、微生物含量、黄曲霉毒素、游离棉酚、异硫氰酸酯、氟、霉菌总数及重金属等是饲料卫生质量需要注意的项目。

饲料安全还关系到食品安全和人民健康，所以，饲料中含有的物质、品种和数量必须控制在安全允许的范围内，禁用不允许使用的各种添加剂。

二、肉鸡饲料配方设计注意点

（一）选用优质饲料原料

肉用仔鸡消化道容积小，肠道短，消化机能较弱，但生长速度快，所以要求饲料营养浓度高，各种养分平衡、充足，而且易消化。

生产上应多用优质饲料原料如黄玉米、豆粕、优质鱼粉等，不用或少用劣质杂粕（如棉子饼、菜粕、蓖麻粕等）、粗纤维含量高的稻谷、糠麸以及非常规饲料原料（药渣、皮毛粉等）。如果原料价格太高，则少量使用其他谷物和植物蛋白饲料原料，例如次粉、杂粮等。肉用仔鸡日粮中大豆饼、粕用量可达到30％以上，玉米用量可达50％左右，油脂用量可达5％，鱼粉用量在3％就行了。在鸡配合饲料中使用小麦会增大粉尘，并且易塞满鸡的下喙，所以常常限制小麦在鸡日粮中的使用；实践中可采用粗磨或压扁等方法以应对这种缺点，并且可以加小麦专用酶。当优质鱼粉（含粗蛋白65％）的价格等于或略高于豆粕（含蛋白质48％）价格的1.5倍时，可把鱼粉的用量增加到上限。肉骨粉和鱼粉，单独或两者配合，但要注意磷过量问题。磷用量过大有害于幼龄肉鸡生长，并且有可能产生股骨短粗病。生长鸡可耐受的有效磷最高水平为0.75％，如果采用这个水平，应当增加钙的水平以保持钙磷比例为2∶1。利用其他的动物副产品饲料原料时也应考虑到有效磷问题。

（二）使用油脂

油脂饲料包括动物油和植物油。动物油如猪油、牛油、鱼油等的代谢能在33.5兆焦/千克以上，植物油如菜籽油、棉籽油、玉米油等的代谢能较低，也有29.3兆焦/千克。为了达到饲养标准规定的营养浓度，通常在肉鸡配合饲料中添加动、植物油脂，前期加0.5％、后期加5％～6％。动物油脂如牛羊脂的饱和脂肪酸含量高，雏鸡不能很好地消化吸收，如果同时使用1％的大豆油或5％全脂大豆粉作为替代物，则可有效提高脂肪的消化率。若不添加油脂，能量指标达不到饲养标准，就需降低饲养标准，以求营养平衡。否则，若只有能量与饲养标准相差很多，蛋白质等指标满足饲养标准，则不仅蛋白质做能源造成浪费，而且还会因尿酸盐产生过多，肾脏负担过重，造成肾肿和尿酸盐沉积。

（三）使用添加剂

肉鸡配合饲料中必须使用饲用添加剂才能达到较好效果。使用各种国家允许使用的添加剂都有很好效果，但要注意按照国家有关规定使用。如肉鸡日粮中添加酸化剂可提高生产性能。例如添加柠檬酸

0.5%，可使日增重提高 6.1%，使成活率提高 8.6%；添加延胡索酸 0.15%，可使日增重提高 5.35%，成活率提高 10%，饲料消耗降低 62%。

为了防止球虫病的发生，饲料中使用抗球虫药物。0～42 日龄肉鸡的日粮中一般都应当使用抗球虫药物，使用较多的抗球虫药物有马杜拉霉素、克球粉、氯苯胍、有机砷等。马杜拉霉素的用量：在有效含量为 $4 \times 10^{-6} \sim 7 \times 10^{-6}$ 的范围内都有效，而一般推荐量为 5×10^{-6}。需要强调的是，在有效浓度超过 9×10^{-6} 时就可引起中毒。实践表明，在此期间多种抗球虫药物交替使用比始终使用一种药物要好。使用药物要注意停药期。在上市前 5～7 天，饲料中应禁用药物添加剂，以免药物残留。

（四）注意酸碱平衡和胴体质量

通过饲料控制腹水症、猝死症、腿病等。通过饲料控制腹水症的关键技术在于日粮的离子平衡，主要是 Na、K、Cl，同时降低粗蛋白质浓度；添加维生素 C 可有效降低腹水症发生率。日粮对肉鸡胴体质量有重要影响，设计肉鸡饲料配方时必须要考虑。

三、肉鸡日粮配方设计方法

肉鸡日粮配方的设计方法有很多，如四角法、线性规划法、试差法、计算机法等。目前多采用试差法和计算机法。

（一）配方设计的步骤

第一步：弄清楚肉鸡的品种、年龄、生理状态和生产水平，选用相应的饲养标准。

第二步：根据当地饲料资源确定参配的饲料种类。查阅选择的饲料原料营养价值表，记录饲料原料中各种营养素的含量。

第三步：采用适当的方法初拟配方，计算能量、蛋白质的含量。

第四步：调整配方，使能量和蛋白质符合要求。

第五步：添加矿物质饲料、人工合成氨基酸、食盐以及需要的添加剂，并调整钙和磷使符合要求。

第六步：列出配方及营养价值表。

（二）配方设计的方法

1. 试差法

所谓试差法就是根据经验和饲料营养含量，先大致确定各类饲料在日粮中所占的比例，然后通过计算看看与饲养标准还差多少，再进行调整。这种方法简单易学，但计算量大，烦琐，不易筛选出最佳配方。现举例说明。

【例1】用玉米、豆粕、麸皮、棉籽饼、秘鲁鱼粉、油脂、食盐、蛋氨酸、赖氨酸、骨粉、石粉、维生素和微量元素添加剂设计 4～6 周龄艾维因肉鸡的饲料配方。

第一步：查表得知 4～6 周龄艾维因肉鸡的营养标准，见表 4-23。

表 4-23 4～6 周龄艾维因肉鸡的营养标准

营养素	代谢能/(兆焦/千克)	粗蛋白/%	钙/%	有效磷/%	蛋氨酸/%	赖氨酸/%	食盐/%
含量	13.35～14.27	18.00～20.00	0.80～1.00	0.38～0.50	0.25	0.53	0.3～0.5

第二步：根据饲料原料成分表查所用各种饲料的养分含量，见表 4-24。

表 4-24 各种饲料的养分含量

饲料	代谢能/(兆焦/千克)	粗蛋白/%	钙/%	有效磷/%	蛋氨酸/%	赖氨酸/%
玉米	13.56	8.7	0.02	0.12	0.18	0.24
豆粕	9.83	46.8	0.32	0.31	0.56	2.81
麸皮	6.82	15.7	0.11	0.24	0.13	0.58
鱼粉	11.67	62.8	7.0	3.50	1.84	4.9
棉籽饼	7.52	42.5	0.21	0.28	0.45	1.59
油脂	37.6					
骨粉			36.4	16.4		
石粉			35.0			

第三步：初拟配方。根据饲养经验，初步拟定一个配合比例，然

后计算能量蛋白质营养物质含量。肉鸡饲料中，能量饲料占 60%～70%，蛋白质饲料占 25%～35%，矿物质饲料占 2%～3%，添加剂饲料占 0～3%。根据各类饲料的占用比例和饲料价格，初拟的配方和计算结果见表 4-25。

表 4-25　初拟配方及配方中能量蛋白质含量

饲料原料/%	代谢能/(兆焦/千克)	粗蛋白/%
玉米 61	8.272	5.307
豆粕 20	1.966	9.36
棉籽饼 4	0.301	1.7
鱼粉 3	0.350	1.884
麸皮 4	0.273	0.628
油脂 6	2.256	
合计	13.42	18.88
标准	13.35～14.27	18.00～20.00

第四步：调整配方，使能量和蛋白质符合营养标准。由表 4-23可以看出，能量和蛋白质都在需要范围内。可直接计算矿物质和氨基酸的含量，见表 4-26。

表 4-26　矿物质和氨基酸含量

饲料原料/%	钙/%	有效磷/%	蛋氨酸/%	赖氨酸/%
玉米 61	0.0122	0.0732	0.1098	0.1464
豆粕 20	0.064	0.062	0.112	0.562
棉籽饼 4	0.0084	0.0112	0.018	0.0636
鱼粉 3	0.21	0.105	0.0552	0.147
麸皮 4	0.0044	0.0096	0.0052	0.0232
合计	0.299	0.261	0.30	0.942
标准	0.80～1.00	0.38～0.50	0.25	0.53

根据上述配方计算得知，饲粮中钙比标准低 0.6%，磷比标准低

0.15%，可用骨粉和石粉来补充。先用骨粉补充磷，骨粉用量为：(0.15÷16.4)×100%=0.91%。增加 0.91%骨粉可以增加钙 36.4×0.91%=0.33%，则钙仍缺少（0.6%－0.33%）0.27%，添加石粉(0.27÷35)×100%=0.77%。蛋氨酸和赖氨酸已满足需要，无需添加。食盐添加 0.37%，维生素和微量元素添加剂合计添加 0.5%，则合计 100.55%，超 0.55%，可以从玉米中减去。

第五步：列出配方和主要营养指标。

饲料配方：玉米 60.45%、油脂 6%、豆粕 20%、棉籽饼 4%、鱼粉 3%、麸皮 4%、石粉 0.77%、骨粉 0.91%、食盐 0.37%、维生素和微量元素添加剂 0.5%，合计 100%。

营养水平：代谢能 13.42 兆焦/千克、粗蛋白 18.88%、钙 0.9%、有效磷 0.41%、蛋氨酸 0.30%、赖氨酸 0.942%。

2. 计算机法

应用计算机设计饲料配方可以考虑多种原料和多个营养指标，且速度快，能调出最低成本的饲料配方。现在应用的计算机软件，多是应用线性规划法，就是在所给饲料种类和满足所求配方的各项营养指标的条件下，能使设计的配方成本最低。但计算机也只能是辅助设计，需要有经验的营养专家进行修订、限制原料，以及最终的检查确定。

3. 四角法

四角法又称对角线法，此法简单易学，适用于饲料品种少、指标单一的配方设计。特别适用于使用浓缩料加上能量饲料配制成全价饲料。举例：用含粗蛋白 28%的浓缩料和含粗蛋白 8.4%的玉米相配合，设计一个含粗蛋白 16.24%的饲料配方。

① 画一个正方形，在其中间写上所要配的饲料的粗蛋白百分含量，并与四角连线。

② 在正方形的左上角和左下角分别写上所用原料玉米、浓缩料的粗蛋白百分含量，即 8.4 和 28。

③ 沿两条对角线用大数减小数，把结果写在相应的右上角及右下角，所得结果便是玉米和浓缩料配合的份数。

④ 把两者份数相加之和作为配合后的总份数，以此作除数，分别求出两者的百分数，即为它们的配比率。

第四节 实用配方精选

一、快大型肉鸡配方

具体见表 4-27～表 4-31。

表 4-27 肉仔鸡二段制饲料配方（一）

原　料	0～4 周龄		5～8 周龄	
	玉米豆粕型	玉米豆粕鱼粉型	玉米豆粕型	玉米豆粕鱼粉型
玉米/%	61.5	63.0	66.0	67.0
大豆粕/%	34.0	30.0	29.0	26.0
鱼粉/%	0	3.0	0	2.0
动、植物油/%	0	0	1.0	1.0
骨粉/%	2.8	2.2	2.5	2.1
石粉/%	0.3	0.4	0.2	0.4
食盐/%	0.3	0.3	0.3	0.3
预混料/%	1.0	1.0	1.0	1.0
合计/%	100	100	100	100
每 10 千克预混料中氨基酸/克				
赖氨酸	300	0	0	0
蛋氨酸	1200	900	550	400
代谢能/(兆焦/千克)	12.14	12.30	12.55	12.55
粗蛋白/%	20.2	20.4	18.4	18.3
钙/%	1.04	1.00	0.90	0.9
有效磷/%	0.44	0.44	0.40	0.4
赖氨酸/%	1.08	1.09	0.94	0.95
蛋氨酸/%	0.45	0.45	0.36	0.36
蛋氨酸＋胱氨酸/%	0.80	0.78	0.62	0.63

表 4-28 肉仔鸡二段制饲料配方（二）

原　料	0～4 周龄			5～8 周龄		
	配方 1	配方 2	配方 3	配方 1	配方 2	配方 3
玉米/%	60.0	59.0	60.0	66.0	66.6	69.0
大豆粕/%	24.0	22.0	21.7	20.0	19.0	18.0

续表

原 料	0～4周龄			5～8周龄		
	配方1	配方2	配方3	配方1	配方2	配方3
棉粕/%	0	12.0	9.0	0	9.5	4.3
花生粕/%	10.8	0	0	9.2	0	0
肉骨粉/%	0	0	5.0	0	0	6.0
鱼粉/%	1.0	1.4	0	0.8	1.0	0
动、植物油/%	0	1.5	1.0	0	0	0
骨粉/%	2.7	2.6	1.6	2.4	2.3	1.2
石粉/%	0.2	0.2	0.4	0.3	0.3	0.2
食盐/%	0.3	0.3	0.3	0.3	0.3	0.3
预混料/%	1.0	1.0	1.0	1.0	1.0	1.0
合计/%	100	100	100	100	100	100
每10千克预混料中氨基酸/克						
赖氨酸	1100	1200	1000	800	400	500
蛋氨酸	1100	1200	1000	600	500	500
代谢能/(兆焦/千克)	12.2	12.2	12.2	12.4	12.7	13.0
粗蛋白/%	21	20.5	20.6	18.9	18.6	18.9
钙/%	1.00	1.00	1.00	0.92	0.91	0.90
有效磷/%	0.45	0.45	0.46	0.40	0.40	0.44
赖氨酸/%	1.09	1.09	1.09	0.94	0.91	0.89
蛋氨酸/%	0.45	0.45	0.45	0.37	0.36	0.36
蛋氨酸＋胱氨酸/%	0.79	0.82	0.80	0.69	0.64	0.62

表4-29 肉仔鸡二段制饲料配方（三）

原 料	0～4周龄	5～8周龄
玉米/%	61.17	66.22
大豆粕/%	30.0	28.0
鱼粉/%	6.0	2.0
98%的DL-蛋氨酸/%	0.19	0.27
98%的赖氨酸/%	0.05	0.27
骨粉/%	1.22	1.89
食盐/%	0.37	0.35

续表

原　料	0～4 周龄	5～8 周龄
微量元素、维生素预混料/%	1.00	1.00
代谢能/(兆焦/千克)	12.97	13.14
粗蛋白/%	20.5	19.1
钙/%	1.02	1.11
有效磷/%	0.45	0.44
赖氨酸/%	1.20	1.20
蛋氨酸/%	0.53	0.53
蛋氨酸＋胱氨酸/%	0.86	0.83

表 4-30　肉仔鸡三段制饲料配方（一）

原　料	0～21 日龄		22～37 日龄		38 日龄	
	配方 1	配方 2	配方 1	配方 2	配方 1	配方 2
玉米/%	59.8	56.7	65.5	63.8	68.2	66.9
大豆粕/%	32.0	38.0	28.0	31.0	25.5	27.0
鱼粉/%	4.0	0	2.0	0	1.0	0
动、植物油/%	0.5	1.0	0.6	1.0	1.4	2.0
骨粉/%	2.0	2.8	2.2	2.6	2.3	2.5
石粉/%	0.4	0.2	0.4	0.3	0.3	0.3
食盐/%	0.3	0.3	0.3	0.3	0.3	0.3
预混料/%	1.0	1.0	1.0	1.0	1.0	1.0
合计/%	100	100	100	100	100	100
每 10 千克预混料中氨基酸/克						
赖氨酸	0	0	0	0	0	0
蛋氨酸	700	900	850	1000	550	650
代谢能/(兆焦/千克)	12.3	12.2	12.5	12.5	12.8	12.8
粗蛋白/%	21.6	21.5	19.1	19.1	17.6	17.6
钙/%	1.00	1.00	0.95	0.96	0.90	0.92
有效磷/%	0.46	0.45	0.42	0.42	0.40	0.40
赖氨酸/%	1.18	1.15	1.00	0.98	0.90	0.88
蛋氨酸/%	0.45	0.44	0.42	0.42	0.36	0.36
蛋氨酸＋胱氨酸/%	0.80	0.82	0.74	0.75	0.66	0.67

表 4-31 肉仔鸡三段制饲料配方（二）

原料	0～3 周龄	4～6 周龄	7～8 周龄
玉米/%	56.7	67.24	70.23
大豆粕/%	25.29	14.80	15.30
鱼粉/%	12.00	12.0	8.00
植物油/%	3.00	3.00	3.00
DL-蛋氨酸/%	0.14	0.23	0.31
L-赖氨酸/%	0.20	0.20	0.21
石粉/%	0.95	1.03	1.08
磷酸氢钙/%	0.42	0.20	0.57
食盐/%	0.30	0.30	0.30
微量元素、维生素预混料/%	1.00	1.00	1.00
代谢能/(兆焦/千克)	12.97	13.39	13.39
粗蛋白/%	24	20.0	18.0
钙/%	1.00	0.95	0.90
有效磷/%	0.50	0.50	0.40
赖氨酸/%	1.42	1.26	1.16
蛋氨酸/%	0.60	0.59	0.51
蛋氨酸＋胱氨酸/%	0.95	0.86	0.80

二、黄羽肉鸡配方

具体见表 4-32。

表 4-32 黄羽肉鸡配方

原　料	0～5 周龄		6～12 周龄	
	配方 1	配方 2	配方 1	配方 2
玉米/%	63.7	62.0	69.0	68.0
大豆粕/%	22.0	18.0	16.7	15.0
棉粕/%	7.0	6.8	8.0	7.0
花生粕/%	0	8.0	0	6.0
肉骨粉/%	4.0	0	3.0	0
鱼粉/%	0	1.0	0	0
动、植物油/%	0	0	0	0

续表

原　料	0～5周龄		6～12周龄	
	配方1	配方2	配方1	配方2
骨粉/%	1.6	2.5	1.6	2.5
石粉/%	0.6	0.4	0.4	0.2
食盐/%	0.3	0.3	0.3	0.3
预混料/%	1.0	1.0	1.0	1.0
合计/%	100	100	100	100
每10千克预混料中氨基酸/克				
赖氨酸	0	500	0	500
蛋氨酸	150	200	0	0
代谢能/(兆焦/千克)	12.3	12.1	12.4	12.3
粗蛋白/%	20.1	20.1	18.1	17.9
钙/%	0.95	1.00	0.88	0.88
有效磷/%	0.42	0.43	0.38	0.39
赖氨酸/%	0.96	0.95	0.82	0.81
蛋氨酸/%	0.34	0.34	0.29	0.28
蛋氨酸+胱氨酸/%	0.68	0.68	0.61	0.61

<<<<

肉用种鸡的饲养管理

肉种鸡饲养过程一般分为三个时期，即育雏期（0~4周龄）、育成期（5~23周龄）、种鸡期（24~68周龄）。不同阶段的生物学特点不同，饲养管理要求就不同。育雏阶段提供适宜条件保证成活率；育成阶段合理饲养、科学管理培育出优质肉用新母鸡；种鸡阶段通过营养手段控制适宜的体重，减少应激，多生产合格种蛋。

第一节　育雏期饲养管理

一、接雏

引进种鸡时要求雏鸡来自相同日龄种鸡群，并要求种鸡群健康，不携带垂直传播的支原体、白痢、副伤寒、伤寒、白血病等疾病。引进的雏鸡群要有较高而均匀的母源抗体。出雏后6~12小时内将雏鸡放于鸡舍育雏伞下。冬季接雏时尽量缩短低温环境下的搬运时间。雏鸡进入育雏舍后，检点鸡数，随机抽两盒鸡称重，掌握1日龄时的平均体重。公雏出壳后在孵化厅还要进行剪冠、断趾处理，受到的应激较大。因此，运到鸡场后要细心护理。

二、育雏的适宜环境条件

（一）温度

温度是育雏成败的关键条件。开始育雏时保温伞边缘离地面5厘米处（鸡背高度）的温度以 32～35℃ 为宜。育雏温度每周大约降低 2～3℃，直至保持在 20～22℃ 为止。为防止雏鸡远离食槽和饮水器，可使用围栏。围栏应有 30 厘米高，与保温伞外缘的距离为 60～150 厘米。每天向外逐渐扩展围栏，当鸡群达到 7～10 日龄时可移走围栏。

　　过冷的环境会引起雏鸡腹泻及导致卵黄吸收不良；过热的环境会使雏鸡脱水。育雏温度应保持相对平稳，并随雏龄增长适时降温，这一点非常重要。细心观察雏鸡的行为表现（见图 5-1、图 5-2），可判断保温伞或鸡舍温度是否适宜。雏鸡应均匀地分布于适温区域，如果扎堆或拥挤，说明育雏温度不适合或者有贼风存在。育雏人员每天必须认真检查和记录育雏温度，根据季节和雏鸡表现灵活调整育雏条件和温度。

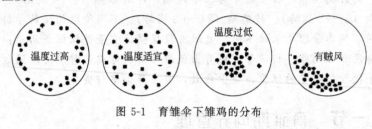

图 5-1　育雏伞下雏鸡的分布

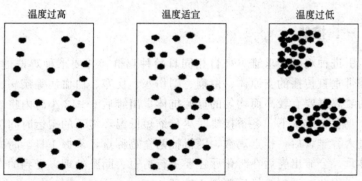

图 5-2　整舍育雏不同温度条件下雏鸡的分布

（二）湿度

　　湿度过高或过低都会给雏鸡带来不利影响。1～7 天保持 70％ 左右的相对湿度；8～20 天，相对湿度降到 65％ 左右；20 天以后，注意加强通风,更换潮湿的垫料和清理粪便,相对湿度在 50%～60% 为宜。

(三)通风

通风换气不仅提供鸡生长所需的氧气,调节鸡舍内温、湿度,更重要的是排除舍内的有害气体、羽毛屑、微生物、灰尘,改善舍内环境。育雏期通风不足造成较差的空气质量会破坏雏鸡的肺表层细胞,使雏鸡较易感染呼吸道疾病。通风换气量除了考虑雏鸡的日龄、体重外,还应随季节、温度的变化而调整。

(四)饲养密度

雏鸡入舍时,饲养密度大约为 20 只/平方米,以后,饲养面积应逐渐扩大,28 日龄(4 周龄)到 140 日龄,饲养密度为:母鸡 6～7 只/平方米,公鸡 3～4 只/平方米。同时保证充足的采食和饮水空间,见表 5-1、表 5-2。

表 5-1 肉种鸡的采食位置

日龄	种母鸡			种公鸡		
	雏鸡喂料盘 /(只/个)	槽式饲喂器 /(厘米/只)	盘式饲喂器 /(厘米/只)	雏鸡喂料盘 /(只/个)	槽式饲喂器 /(厘米/只)	盘式饲喂器 /(厘米/只)
0～10	80～100	5	5	80～100	5	5
11～49		5	5		5	5
50～70		10	10		10	10
>70		15	10		15	10
>140					18	18

表 5-2 饮水位置

饮水器类型	育雏育成期	产蛋期
自动循环和槽式饮水器/(厘米/只)	1.5	2.5
乳头饮水器/(只/个)	8～12	6～10
杯式饮水器/(只/个)	20～30	15～20

(五)光照

在育雏前 24～48 小时之间,连续照明。此后,光照时间和光照强度应加以控制。育雏初期，育雏区的光照强度至少达到 80～100 勒克斯/平方米。其他区域的光线可以较暗或昏暗。鸡舍给予光照的范围应根据鸡群扩栏的面积而相应改变。

三、育雏期饲喂

雏鸡入舍饮水后即可开食，尽快让雏鸡学会采食。每天应为雏鸡提供尽可能多的饲料，雏鸡料应放在雏鸡料盘内或撒在垫纸上。为确保雏鸡能够达到目标体重，前三周应为雏鸡提供破碎颗粒育雏料，颗粒大小适宜、均匀、适口性好。料盘里的饲料不宜过多，原则上少添勤添，并及时清除剩余废料。母鸡前两周自由采食，采食量越多越好，这样保证能达到体重标准。难以达到体重标准的鸡群较易发生均匀度的问题。这样的鸡群未来也很难达到体重标准而且均匀度趋于更差。使鸡群达到体重标准不仅需要良好的饲养管理，而且需要高质量的饲料，每日的采食量都应记录在案，从而确保自由采食向限制饲喂平稳过渡。第三周开始限量饲喂，要求第四周末体重达 420～450 克。公鸡前四周自由采食，采食量越多越好，让骨骼充分发育。对种公鸡来说，前四周的饲养相当关键，其好坏直接关系到公鸡成熟后的体型和繁殖性能。

入舍 24 小时后 80％以上雏鸡的嗉囊应充满饲料，入舍 48 小时后 95％以上雏鸡的嗉囊应充满饲料。良好的嗉囊充满度可以保持鸡群的体重均匀度并达到或超过 7 日龄的体重标准。如果达不到上述嗉囊充满度的水平，说明某些因素妨碍了雏鸡采食，应采取必要的措施。

如事实证明雏鸡难以达到体重标准，该日龄阶段的光照时间应有所延长。达不到体重标准的鸡群每周应称重两次，观察鸡群生长的效果。为保证雏鸡分布均匀，要确保光照强度均匀一致。

在公母分开的情况下把整栋鸡舍分成若干个小圈，每圈饲养 500～1000 只。此模式的优点是能够控制好育雏期体重和生长发育均匀度，便于管理和提高成活率。

四、育雏期饮水

雏鸡到育雏舍后先饮水 2～3 小时，然后再喂料。在饮水中加葡萄糖和一些多维、电解质以及预防量的抗生素。保证饮水用具的清洁卫生。

五、育雏期垫料管理

肉种鸡地面育雏要注意垫草管理。要选择吸水性能好、稀释粪便性能好、松软的垫料。如麦秸、稻壳、木刨花，其中软木刨花为优质垫料。麦秸、稻壳 1:3 比例垫料效果也不错。垫料可根据当地资源灵活选用。育雏期因为鸡舍温度较高，所以垫料比较干燥，可以适当喷水提高鸡舍湿度，有利于预防呼吸道疾病。

六、断喙

（一）断喙时间

建议断喙在种鸡 6～8 日龄时进行，因为这个时间断喙可以做得最为精确。理想的断喙就是要一步到位将鸡只上下喙部一次烧灼，尽可能去除较少量的喙部，减轻雏鸡当时以及未来的应激。第一次断喙后有少数不理想的，可在 10～12 周补充断喙。

（二）断喙标准

切除部位在上、下喙的 1/2 或自喙端至鼻孔 2/3 处，在切口与雏鸡的鼻孔之间至少留 0.2 厘米。一定要把上、下喙闭合齐整一起切断。上喙比下喙稍多切除些有助于防止啄癖，这可以在断喙时通过对鸡喉的轻轻阻塞动作而使舌尖和下喙后缩实现。断喙过少，喙会重新生长，而断喙过多，则造成无法弥补的终生残废，不能留作种用。断喙时有必要实施垂直断喙（见图 5-3），避免后期喙部生长不协调或产生畸形。

断喙器上的断喙孔径有 0.4 厘米及 0.44 厘米两种，一般以 0.44

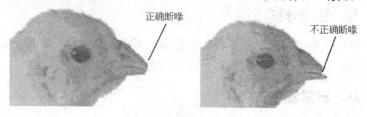

正确断喙　　不正确断喙

图 5-3　断喙的标准

厘米较适宜。具体要视日龄大小和个体大小而定。

（三）断喙操作

当刀片温度达到 600～800℃ 时（在光线柔和或避光情况下，刀片呈深红色，温度为 650～750℃；刀片呈亮红色，温度为 850～950℃；刀片呈黄红色时温度为 1050～1150℃），就可开始断喙。用手团握雏鸡，拇指放在雏鸡头顶部，食指放在下颌部，两指用力将雏鸡上下喙合拢，插入断喙孔内。保持鸡头直立，鸡头部与刀片垂直，切除时将鸡头略向刀片方向倾斜，使上喙比下喙稍多切除一些，但应注意下喙不能留得过长。刀片下切时，用食指轻压下颌咽喉，使舌头缩回，避免切掉舌头。切后烧烙时间严格控制在 3 秒以内（一般要求为 2 秒）。

（四）注意事项

1. 减少应激

断喙前 2 天在饮水和饲料中加入电解质和维生素。刚断喙头 2～3 天，鸡喙部疼痛不适，采食和饮水都发生困难，故应把料槽和水槽中的料和水的深度至少增加 1.5 厘米，大鸡增加 2 厘米。如果遇上其他方面的应激，如疾病、连续接种疫苗等，则不应进行断喙。

2. 公雏的断喙和母鸡的修喙

在实际生产中，只需切除公雏的喙尖，以防止其啄羽毛。若切得太多会影响以后的配种能力。此外，在 10～12 周龄对首次断喙不良的鸡离鼻孔 0.6 厘米处修整，下喙较上喙以伸出 0.3 厘米为宜。大鸡修喙时，必须用手指压住喉部使舌头后缩以免被烧伤，上、下喙分开来切。

3. 断喙器清洁卫生

断喙器使用前要进行熏蒸消毒，避免传播疫病。

七、强弱分群

要求饲养员每天观察鸡群，按强弱、大小分群饲养。对弱小雏加强护理，这对减少死亡和提高雏鸡均匀度大有好处。

八、日常管理

注意观察环境温度、湿度、通风、光照等条件是否适宜；观察鸡群的精神状态、采食饮水情况、粪便和行为表现，掌握鸡群的健康状况和有否异常；严格按照饲养管理程序进行饲喂、饮水和其他管理；搞好卫生管理，每天清理清扫鸡舍，保持鸡舍清洁卫生；按照消毒程序严格消毒；做好生产记录。

第二节　育成期的饲养管理

一、饲喂和饮水

安装饲喂器时要考虑种鸡的采食位置（见表 5-1），确保所有鸡只能够同时采食。要求饲喂系统能尽快将饲料传送到整个鸡舍（可用高速料线和辅助料斗），这样所有鸡可以同时得到等量的饲料，从而保证鸡群生长均匀。炎热季节时，应将开始喂料的时间改为每日清晨最凉爽的时间进行。

育成期要添喂砂砾，砂砾的规格以直径 2～3 毫米为宜。添喂砂砾的方法，可将砂砾拌入饲料饲喂，也可以单独放入砂槽内饲喂。砂砾要求清洁卫生，最好用清水冲洗干净，再用 0.1% 的高锰酸钾水溶液消毒后使用。

限制饲喂的鸡群要保证有足够的饮水面积，同时需适当控制供水时间以防垫料潮湿。在喂料日，喂料前和整个采食过程中，保证充足饮水，而后每隔 2～3 小时供水 20～30 分钟。在停料日，每 2～3 小时供水 20～30 分钟。限制饮水需谨慎进行。在高温炎热天气或鸡群处于应激情况下不可限水。限饲日供水时间不宜过长，防止垫料潮湿。天气炎热可适当延长供水时间。种鸡饮水量见表 5-3。

表 5-3　肉种鸡的参考饮水量

单位：毫升/（天·只）

周龄	1	2	3	4	5	6	7	8	9	10	11
饮水量	19	38	57	83	114	121	132	151	159	170	178
周龄	12	13	14	15	16	17	18	19	20	21 至产蛋结束	
饮水量	185	201	212	223	231	242	250	257	265	272	

二、限制饲养

限制饲养不仅能控制肉种鸡在最适宜的周龄有一个最适宜的体重而开产，而且可以使鸡体内腹部脂肪减少 20%～30%，节约饲料 10%～15%。

（一）限制饲养的方法

肉鸡的限饲方法有每日限饲、隔日限饲（两天的料量一天喂给，另一天不喂）、"五、二"限饲（即把 1 周的喂料量平均分为 5 份，除周三和周日不喂料外，其他时间每天喂 1 份）、"六、一"限饲（即把 1 周的喂料量平均分为 6 份，除周日不喂料外，其他时间每天喂 1 份）等。种鸡最理想的饲喂方法是每日饲喂。但肉用型种鸡必须对其饲料量进行适宜的限制，不能任其自由采食。因此有时每日的料量太少，难以由整个饲喂系统供应。但饲料必须均匀分配，尽可能减少鸡只彼此之间的竞争，维持体重和鸡群均匀度，只有选择合理的限饲程序，累积足够的饲料在"饲喂日"为种鸡提供均匀的料量。

限饲由 3 周龄开始，喂料量由每周实际抽测的体重与表中标准体重相比较确定。若鸡群超重不多，可暂时保持喂料量不变，使鸡群逐渐接近标准体重，相反鸡群体重稍轻，也不要过多增加喂料量，只要稍增点，即可使鸡群逐渐达到标准体重。母鸡体重和限饲程序见表 5-4。

表 5-4　母鸡体重和限饲程序（0～24 周龄）

周龄	停喂日体重/克		每周增重/克		建议料量/[克/(天·只)]
	封闭鸡舍	常规鸡舍	封闭鸡舍	常规鸡舍	
2	182～272	182～318	91		
3	273～363	295～431	91	113	40
4	364～464	431～567	91	136	44
5	455～545	567～703	91	136	48
6	546～636	658～794	91	91	52
7	637～727	749～885	91	91	56

周龄	停喂日体重/克		每周增重/克		建议料量 /[克/(天·只)]
	封闭鸡舍	常规鸡舍	封闭鸡舍	常规鸡舍	
8	728～818	840～976	91	91	59
9	819～909	931～1067	91	91	62
10	910～1000	1022～1158	91	91	65
11	1001～1091	1113～1240	91	91	68
12	1092～1182	1204～1340	91	91	71
13	1183～1273	1295～1431	91	91	74
14	1274～1364	1408～1544	91	91	77
15	1365～1455	1521～1657	91	91	81
16	1456～1546	1634～1770	91	113	85
17	1547～1637	1748～1884	91	113	90
18	1638～1728	1862～1998	91	114	95
19	1774～1864	1976～2112	136	114	100
20	1910～2000	2135～2271	136	114	105
21	2046～2136	2294～2430	136	159	110
22	2182～2272	2408～2544	136	159	115～126
23	2316～2408	2522～2658	136	114	120～131
24	2477～2567	2636～2772	136	114	125～136

注：1～2周龄喂雏鸡饲料（蛋白质为18%～19%），自由采食；3周龄喂雏鸡饲料，每日限食；4～21周龄喂生长饲料（蛋白质为15%～16%），采用5-2计划，把1周的喂料量平均分为5份，除周三和周日不喂料外，其他时间每天喂1份；22～24周龄喂产蛋前期料（蛋白质为15.5%～16.5%，钙2%），采用5-2计划。

（二）体重和均匀度的控制

采用限制饲喂方法让鸡群每周稳定而平衡生长，在实践中要注意以下几点。

1. 称重

肉种鸡育成期每周的喂料量是参考品系标准体重和实际体重的差异来决定的，所以掌握鸡群每周的实际体重非常重要。

在育成期每周称重一次，最好每周同天、同时、空腹称重；在使用"隔日限饲"方式时，应在"禁食日"称重。

2. 体重控制

如果鸡群平均体重与标准体重一致，按照正常饲养管理方法进行管理。如果体重相差 90 克以上，应重新抽样称重。如情况属实，应注意纠正（适用于种公鸡和种母鸡）。具体措施如下。

（1）6 周龄分群 对体重过轻的鸡，不要过分加料使其快速恢复标准体重，可画出 15 周龄前与标准曲线平行的修正曲线，15 周龄后逐渐回向 20 周龄的指标体重，之后按标准指标进行。

（2）15 周龄前体重低于标准 15 周龄前体重不足将会导致体重均匀度差，鸡只体型小，16～22 周龄饲料效率降低。纠正这一问题：一是延长育雏料的饲喂时间；二是立即开始原计划的增加料量，提前增加料直至体重逐渐恢复到体重标准为止。种鸡体重每低 50 克，在恢复到常加料水平之前，每只鸡每天需要额外 13 千卡的能量，才能在一周内恢复到标准体重。

（3）15 周龄前体重超过标准 15 周龄前鸡群体重超过标准将会导致均匀度差，鸡只体型大，产蛋期饲料效率降低。纠正这一问题：一是不可降低日前饲喂料量的水平；二是减少下一步所要增加的料量，或推延下一步增加料量的时间。

3. 体重均匀度

体重均匀度是衡量鸡群限饲的效果，预测开产整齐性、蛋重均匀程度和产蛋量的指标。1～8 周龄鸡群体重均匀度要求在 80％，最低 75％。9～15 周龄鸡群体重均匀度要求在 80％～85％。16～24 周龄鸡群体重均匀度要求在 85％以上。

肉用种鸡体重均匀度较难控制，管理上稍有差错，就会造成鸡之间采食量不均匀，导致鸡群体重均匀度差。因此，在管理上要保证足够的采食和饮水位置，饲养密度要合适，注意大小分群和强弱分群。另外，饲料混合均匀（中小鸡场自己配料时特别注意），注意预防疾病，尽量减少应激因素。

三、限制饲养时应注意的问题

限饲前应实行断喙，以防相互啄伤；要设置足够的饲槽，限饲时饲槽要充足，要摆布合理，保证每只鸡都有一定的采食位置，防止采食不均，发育不整齐；为了鸡群都能吃到饲料，一般每天一次投料，保证采食位置；对每群中弱小鸡，可挑出特殊饲喂，不能留种的作商品鸡饲养后上市；限饲应与控制光照相配合，这样效果更好。

四、垫料管理

良好的垫料是获得高成活率和高质量肉用新母鸡不可缺少的条件。要选择吸水性能好、柔软有弹性的优质垫料，还要保持垫料干燥，及时更换潮湿和污浊的垫料；垫料的厚度十分重要。

五、光照管理

12 周龄以后的光照时数对育成鸡性成熟的影响比较明显，10 周龄以前可保持较长光照时数，使鸡体采食较多饲料，获得充足的营养更好生长，12 周龄以后光照时数要恒定或渐减。

六、通风管理

育成阶段，鸡群密度大，采食量和排泄量也大，必须加强通风，减少舍内有害气体和水汽。最好安装机械通风系统，在炎热的夏季可以安装湿帘降低进入舍内的空气温度。

七、卫生管理

加强隔离、卫生和消毒工作，保持鸡舍和环境清洁；做好沙门菌和支原体的净化工作，维持鸡群洁净。

第三节　肉用种鸡产蛋期的饲养管理

一、饲养方式

饲养方式有地面平养（更换垫料和厚垫料平养）、网面-地面结合饲养（以舍内面积 1/3 左右为地面、2/3 左右为栅栏或平网，如图 5-4 所示。这种饲养方式较普遍）和笼养（多采用二层阶梯式笼，这样有利于人工授精）。

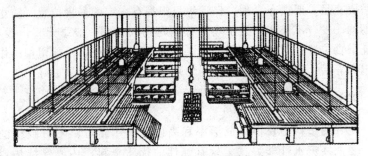

图 5-4　网面-地面结合饲养方式

二、环境要求

环境要求见表 5-5。

表 5-5　肉种鸡产蛋期环境条件

项目	温度/℃	湿度/%	光照强度/(瓦/平方米地面面积)	氨气/(毫克/升)	硫化氢/(毫克/升)	二氧化碳/%	饲养密度/(只/平方米)	
							地面平养	地面-网面平养
指标	10～25	60～65	2～3	20	10	0.15	3.6	4.8

三、开产前的饲养管理

(一) 鸡舍和设备的准备

按照饲养方式和要求准备好鸡舍,并准备好足够的食槽、水槽、产蛋箱等。对产蛋鸡舍和设备要进行严格的消毒。

(二) 种母鸡的选择

在 18～19 周龄对种母鸡要进行严格的选择,淘汰不合格的母鸡。可经过称重,将母鸡体重在规定标准上 15% 范围内予以选留,淘汰过肥的或发育不良、体重过轻、脸色苍白、羽毛松散的弱鸡;淘汰有病态表现的鸡;按规定进行鸡白痢、支原体病等检疫,淘汰呈阳性反应的公、母鸡。

(三) 转群

如果育成和产蛋在一个鸡舍内,应让鸡群在整个鸡舍内活动,并配备产蛋用的饲喂、饮水设备；如果育成和产蛋在不同鸡舍内，应在18～19周龄转入产蛋鸡舍。要在转群前3天，在饮水或饲料中加入0.04％土霉素（四环素、金霉素均可），适当增加多种维生素的给量，以提高抗病力，减少应激影响。转群最好在晚上进行。

（四）驱虫免疫

产蛋前应做好驱虫工作，并按时接种鸡新城疫Ⅰ系、传染性法氏囊病、减蛋综合征等疫苗。切不可在产蛋期进行驱虫和接种疫苗。

（五）产蛋箱设置

产蛋箱的规格大约为30厘米宽、35厘米深、25厘米高，要注意种母鸡和产蛋窝的比例，每个产蛋窝最多容纳5.5只母鸡。产蛋箱不能放置太高、太亮、太暗、太冷的地方。

（六）开产前的饲养

在22周龄前，育成鸡转群移入产蛋舍，23周龄更换成种鸡料。种鸡料一般含粗蛋白质16％，代谢能11.51兆焦/千克。为了满足母鸡的产蛋需要，饲料中含钙量应达3％，磷、钙比例为1:6，并适当增添多种维生素与微量元素。饲喂方式由每日或隔日1次改为每日喂料，饲喂两次。

四、产蛋期的饲养管理

（一）饲养

肉用种鸡在产蛋期也必须限量饲喂，如果在整个产蛋期采用自由采食，则造成母鸡增重过快，体内脂肪大量积聚，不但增加了饲养成本，还会影响产蛋率、成活率和种蛋的利用率。产蛋期也需要每周称重，并进行详细记录以完善饲喂程序。母鸡体重和限饲程序见表5-6。

表5-6 母鸡体重和限饲程序（25～66周龄）

周龄	日产蛋率/％	停喂日体重/克		每周增重/克		建议喂料量/［克/（天·只）］
		封闭鸡舍	常规鸡舍	封闭鸡舍	常规鸡舍	
25	5	2558～2748	2727～2863	181	91	130～140
26	25	2839～2929	2818～2954	181	91	141～160
27	48	3020～3110	2909～3045	181	91	161～180

续表

周龄	日产蛋率/%	停喂日体重/克		每周增重/克		建议喂料量/[克/(天·只)]
		封闭鸡舍	常规鸡舍	封闭鸡舍	常规鸡舍	
28	70	3088～3178	3000～3136	68	91	161～180
29	82	3115～3205	3091～3227	27	91	161～180
30	86	3142～3232	3182～3318	27	91	161～180
31	85	3169～3259	3250～3386	27	68	161～180
32	85	3196～3286	3277～3413	27	27	161～180
33	84	3214～3304	3304～3440	18	27	161～180
34	83	3232～3322	3331～3467	68	27	161～180
35	82	3250～3340	3358～3494	18	27	161～180
37	81	3268～3358	3376～3512	18	18	161～180
39	80	3286～3376	3394～3530	18	18	161～180
41	78	3304～3394	3412～3548	18	18	161～180
43	76	3322～3412	3430～3566	18	18	151～170
45	74	3340～3430	3448～3584	18	18	151～170
47	73	3358～3448	3466～3602	18	18	151～170
49	71	3376～3466	3484～3620	18	18	151～170
51	69	3394～3484	3502～3538	18	18	151～170
53	67	3412～3502	3520～3656	18	18	151～170
55	65	3430～3520	3538～3674	18	18	151～170
57	64	3448～3538	3556～3592	18	18	141～160
59	62	3460～3556	3574～3710	18	18	141～160
61	60	3484～3574	3592～3728	18	18	141～160
63	59	3502～3592	3610～3746	16	18	141～160
65	57	3538～3628	3628～3764	16	18	136～150
66	55	3547～3637	3632～3768	9	4	141～160

注：25周龄喂产蛋前期料（蛋白质为15.5%～16.5%，钙2%）；饲喂计划是1周喂5天，周三和周日不喂（即把7天的料分为5份，喂料日每天1份）；26～66周龄喂种鸡饲料（蛋白质为15.5%～16.5%，钙3%），每日限制饲喂。

产蛋高峰前，种鸡体重和产蛋量都增加，需要较多的营养，如果营养不足，会影响产蛋；产蛋高峰后，种鸡增重速度下降，同时产蛋量也减少，供给的营养应减少，否则母鸡过肥从而导致产蛋量、种蛋受精率和孵化率下降。准确调节喂料量，可采用探索性增料技术和减料技术。

1. 探索性增料

如鸡群产蛋率达 80％ 以上，观察鸡群有饥饿感，则可增加饲料量，产蛋率已有 3～5 天停止上升，试增加 5 克饲料量；如 5 天内产蛋率仍不见上升，重新减去增加的 5 克饲料量；若增加了产蛋率，则保持增加后的饲料量，这样直至增加到基本处于母鸡自由采食或产蛋率不再上升为止。母鸡产蛋高峰期喂料量应保持不变。

2. 探索性减料

产蛋高峰后（38～40 周龄）减料。例如，鸡群喂料量为 170 克/（天·只），减料后第一周喂料量应为 168～169 克/（天·只），第二周则为 167～168 克/（天·只）。任何时间进行减料后 3～4 天内必须认真关注鸡群产蛋率，如产蛋率下降幅度正常（一般每周 1％ 左右），则第二周可以再一次减料。如果产蛋下降幅度大于正常值，同时又无其他方面的影响（气候、缺水等）时，则需恢复原来的料量，并且一周内不要再尝试减料。如果母鸡产蛋率下降正常时，60～66 周龄只均每日喂料量应保持在 150～155 克之间。

（二）种蛋管理

1. 减少破蛋率和脏蛋率

母鸡开产前 1～2 周，在产蛋箱内放入 0.5 厘米长的麦秸和稻草，勤补充，并每月更换一次。制作假蛋（将孵化后的死精蛋用注射器刺个洞，把空气注进蛋内，迫出内容物，再抽干净，将完整蛋壳浸泡在消毒液中，消毒干燥后装入砂子，用胶布将洞口封好）放入蛋箱内，让鸡熟悉产蛋环境，到大部分鸡已开产后，把假蛋拣出。有产蛋现象的鸡可抱入产蛋箱内。鸡开产后，每天拣蛋不少于 5 次，夏天不少于 6 次。对产在地面的蛋要及时拣起，不让其他鸡效仿也产地面蛋；采集和搬运种蛋动作要轻，减少人为破损。

2. 种蛋的消毒

种鸡场设立种蛋消毒室或种鸡舍设立种蛋消毒柜，收集后立即熏蒸消毒：每立方米空间用 14 毫升福尔马林、7 克高锰酸钾熏蒸 15 分钟。

（三）日常管理

建立日常管理制度，认真执行各项生产技术，是保证鸡群高产、稳产的关键。

1. 稳定饲养管理程序

按照饲养管理程序搞好光照、饲喂、饮水、清粪、卫生等工作。

2. 细心观察

注意细心观察鸡群状态，及时发现异常。

3. 保持垫料干燥、疏松、无污染

垫料影响舍内环境、种鸡群健康和生产性能发挥。管理上要求通风良好，饮水器必须安置适当（自动饮水器底部宜高于鸡背 2～3 厘米，饮水器内水位以鸡能喝到为宜），要经常清除鸡粪，并及时清除潮湿或结块的垫草，并维持适宜的垫料厚度（最低限度为 7.5 厘米）。

4. 做好生产记录

要做好连续的生产记录，并对记录进行分析，以便能及时发现问题。记录内容为：每天记录鸡群变化，包括鸡群死亡数、淘汰数、出售数和实际存栏数；每天记录实际喂料数量，每周一小结，每月一大结，每批鸡一总结，核算生产成本；按规定定期抽样 5% 个体称重，以了解鸡群体态状况，以便于调整饲喂程序；做好鸡群产蛋记录，如产蛋日龄、产蛋数量以及产蛋质量等；记录环境条件及变化情况；记录鸡群发病日龄、数量及诊断、用药、康复情况；记录生产支出与收入，搞好盈亏核算。

（四）减少应激

实行操作程序化。饲养员实行定时饲喂、清粪、拣蛋、光照、给水等日常管理工作。饲养员操作要轻缓，保持程序稳定，避免灯泡晃动，以防鸡群的骚动或惊群；分群、预防接种疫苗等，应尽可能在夜间进行，动作要轻，以防损伤鸡只。场内外严禁各种噪声及各种车辆的进出，防止各种不利因素。

（五）做好季节管理

主要做好夏季防暑降温和冬季防寒保暖工作，避免温度过高和过低。

第四节 种公鸡的饲养管理

一、种公鸡的培育要点

（一）公母分开饲养

为了使公雏发育良好均匀，育雏期间公雏与母雏分开，以350～400只公雏为一组置于一个保姆伞下饲养。

（二）及时开食

公雏的开食愈早愈好，为了使它们充分发育，应占有足够的饲养面积和食槽、水槽位置。公鸡需要铺设12厘米厚的清洁而湿性较强的垫料。

（三）断趾断喙

出壳时采用电烙铁断掉种用公雏的胫部内侧的两个趾。脚趾的剪短部分不能再行生长，故交配时不会伤害母鸡。种用公雏的断喙最好比母雏晚些，可安排在10～15日龄进行。公雏喙断去部分应比母雏短些，以便于种公鸡啄食和配种。

二、种公鸡的饲养

（一）饲养

种公鸡0～4周龄为自由采食，5～6周龄每日限量饲喂，要求6周龄末体重达到900～1000克，如果达不到，则继续饲喂雏鸡料，达标后饲喂育成饲料。育成阶段采用周四、周三限饲或周五、周二限饲，使其腿部肌腱发育良好，同时要使体重与标准体重吻合。18周龄开始由育成料换成预产料，预产料的粗蛋白和代谢能与母鸡产蛋料相同，钙为1%。产蛋期要饲喂专门的公鸡料，实行公母分开饲养。饲料中维生素和微量元素充足。体重和饲喂程序见表5-7。

（二）饮水

在种公鸡群中，垫料潮湿和结块是一个普遍的问题，这对公鸡的脚垫和腿部极其不利。限制公鸡饮水是防止垫料潮湿的有效办法，公

表 5-7　公鸡体重与限饲程序

周龄	平均体重/克	每周增重/克	饲喂计划	建议料量/[克/(天·只)]
1～3			自由采食	
4	680		每日限饲	60
5	810	130	隔日限饲	69
6	940	130	隔日限饲	78
7	1070	130	隔日限饲	83
8	1200	130	隔日限饲	88
9	1310	110	隔日限饲	93
10	1420	110	隔日限饲	96
11	1530	110	隔日限饲	99
12	1640	110	隔日限饲	102
13	1750	110	5-2 计划①	105
14	1860	110	5-2 计划	108
15	1970	110	5-2 计划	112
16	2080	110	5-2 计划	115
17	2190	110	5-2 计划	118
18	2300	110	5-2 计划	121
19	2410	110	5-2 计划	124
20	2770	360	每日限饲	127
21	2950	180	每日限饲	130
22	3130	180	每日限饲	133
23	3310	180	每日限饲	136
24	3490	180	每日限饲	139
25	3630	140	每日限饲	138
26	3720	90	每日限饲	136
27	3765	45	每日限饲	136
28	3810	45	每日限饲	136
68	4265	45	每日限饲	136

　　① 5-2 计划，即把 1 周的喂料量平均分为 5 份，除周三和周日不喂料外，其他时间每天喂 1 份。

　　注：8～9 日龄断喙；5～6 周龄末进行选种，把体重小、畸形、鉴别错误的鸡只淘汰；公母鸡在 20 周龄时混养，公鸡提前 4～5 天先移入产蛋舍，然后再放入母鸡。混群前后由于更换饲喂设备、混群、加光等应激，公鸡易出现周增重不理想，影响种公鸡的生产性能发挥。可在混群前后加料时有意识地多加 3～5 克料；每周两次抽测体重，密切监测体重变化；加强公鸡料桶管理，防止公母互偷饲料；混群后，注意观察采食行为，确保公母分饲正确有效实施。4 周以后适当限水。

鸡群可从 29 日龄开始限水。一般在禁食日，冬季每天给水两次，每次 1 小时，夏季每天给水两次，每次 2.5 小时；喂食时，吃光饲料后 3 小时断水，夏季可适当增加饮水次数。

三、种公鸡的选择

第一次选择：6 周龄进行第一次选择，选留数量为每百只母鸡配 15 只公鸡。要选留体重符合标准、体型结构好、灵活机敏的公鸡。

第二次选择：在 18～22 周龄时，按每百只母鸡配 11～12 只公鸡的比例进行选择。要选留眼睛敏锐有神、冠色鲜红、羽毛鲜艳有光、胸骨笔直、体型结构良好、脚部结构好而无病、脚趾直而有力的公鸡。选留的体重应符合规定标准，剔除发育较差、体重过小的公鸡。对体重大但有脚病的公鸡坚决淘汰，在称重时注意腿部的健康和防止腿部损伤。

公鸡与母鸡采取同样的限饲计划，以减少鸡群应激，如果使用饲料桶，在"无饲料日"时，可将谷粒放在更高的饲槽里，让公鸡跳起来方能采食。这样减少公鸡在"饲喂日"的啄羽和打斗。在公、母鸡分开饲养时，应根据公鸡生长发育的特点，采取适宜的饲养标准和限饲计划。

四、保持腿部健壮

公鸡的腿部健壮情况直接影响它的配种。由于公鸡生长过于迅速，腿部疾病容易发生，饲养管理过程中应注意：不要把公鸡养在间隙木条的地面上；转群、搬动公鸡时动作轻柔，放置在笼内避免过度拥挤及蹲伏太久，否则会严重扭伤腿部的肌肉及筋腱；要给胆小的公鸡设躲避的地方如栖架等，并在那里放置饲料和饮水；采取适当的饲养措施，如增加维生素和微量元素的用量；注意选择公鸡。

五、不同配种方式种公鸡管理要点

（一）自然交配

1. 提前放入公鸡

如公鸡一贯与母鸡分群饲养，则需要先将公鸡群提前 4～5 天放在鸡舍内，使它们熟悉新的环境，然后再放入母鸡群；如公、母鸡一贯合群饲养,则某一区域的公、母鸡应于同日放入同一间种鸡舍中饲养。

2. 垫料卫生管理

小心处理垫草,经常保持清洁、干燥,以减少公鸡的葡萄球菌感染和胸部囊肿等疾患。

3. 做好检疫

做鸡白痢及副伤寒凝集反应时,应戴上脚圈。

(二) 人工授精

1. 使用专用笼

以特制的公鸡笼,单笼饲养。

2. 保持适宜环境

(1) 光照 公鸡的光照时间每天恒定 16 小时,光照强度为 3 瓦/平方米。

(2) 温度和湿度 舍内适宜温度为 15~20℃,高于 30℃或低于 10℃时对精液品质有不良影响。舍内适宜湿度为 55%~60%。

(3) 卫生 注意通风换气,保持舍内空气新鲜;每 3~4 天清粪一次;及时清理舍内的污物和垃圾。

3. 喂料和饮水

要求少给勤添,每天饲喂 4 次,每隔 3.5~4 小时喂一次。要求饮水清洁卫生。

4. 观察鸡群

主要观察公鸡的采食量、粪便、鸡冠的颜色及精神状态,若发现异常应及时采取措施。

第六章

<<<<

商品肉鸡的饲养管理

> **核心提示**
>
> 　　根据不同类型肉鸡特点，选择适当的饲养方式，提供适宜温度、湿度、光照、新鲜空气等条件以及保持环境安静，供给充足的营养，加强隔离卫生和疾病防控，保证肉鸡最快生长和健康。

第一节　快大型肉仔鸡的饲养管理

一、选择适宜的饲养方式

肉仔鸡的饲养方式主要有平面饲养、立体笼养和放牧饲养三种。

（一）平面饲养

平面饲养又分为更换垫料饲养、厚垫料平养和网上平养。

1. 更换垫料饲养

一般把鸡养在铺有垫料的地面上，垫料厚3～5厘米，经常更换。育雏前期可在垫料上铺上黄纸，有利于饲喂和雏鸡活动。换上料槽后可去掉黄纸，根据垫料的潮湿程度更换或部分更换，垫料可重复利用。如果发生传染病，垫料要进行焚烧处理。

可作为垫料的原料有多种，对垫料的基本要求是质地良好、干燥清洁、吸湿性好、无毒无刺激、粗糙疏松，易干燥、柔软有弹性，廉价，适于作肥料；凡发霉、腐烂、冰冻、潮湿的垫料都不能用。常用的垫料有松木刨花、木屑、玉米芯、秸秆、谷壳、花生壳、甘蔗渣、干树叶、干杂草、稿秆碎段、碎玉米芯或粉粒等，这些原料可以单独使用，也可以按一定比例混合使用。有资料指出，木屑不宜作为垫料用，因为当鸡只吃啄垫料时，木屑容易阻塞鸡的鼻孔或刺激鼻道和咽喉，当搅动木屑时，除会危害呼吸道外，尚会刺激眼睛，引起呼吸道或眼睛不适。但在实际应用上，由于木屑吸湿性好，有利于保证育雏室的清洁干燥，防止鸡球虫病的蔓延，尤其是在高温多雨季节更为合适，因此木屑在生产上还是用得比较多。

更换垫料饲养的优点是简单易行，设备条件要求低，鸡在垫料上活动舒适，但缺点也较突出，鸡经常与粪便接触，容易感染疾病，饲养密度小，占地面积大，管理不够方便，劳动强度大。

2. 厚垫料平养

厚垫料饲养是指先在地面上铺上 5～8 厘米厚的垫料，肉鸡生活在垫料上，以后经常用新鲜的垫料覆盖于原有潮湿污浊的垫料上，当垫料厚度达到 15～20 厘米时不再添加垫料，肉鸡上市后一次清理垫料和废弃物。

厚垫料饲养的优点：一是适用于各种类型鸡。由于厚垫料本身能产生热量，鸡腹部受热良好，生活环境舒适，可以提高生长发育水平。饲养肉用仔鸡，可以减少胸囊肿和腿病的发生。二是经济实惠。不需运动场或草地，因此建场投资少，所用的垫料来源广泛，价格便宜，比笼养、网上平养等方法投资少得多。不需经常清除垫料和粪便，每天只需添加少量垫料，在较长时间后才清理一次，因此大大减少了清粪次数，也就减少了劳动量。三是提供某些维生素营养。厚垫料中微生物的活动可产生维生素 B_{12}，这有利于增进鸡的食欲，促进新陈代谢，提高蛋白质的利用效率。四是传染病少。有资料指出，厚垫料法能降低病原体的密度，这是因为，虽然垫料和粪便是一个适宜病原体增殖和活动的环境，但这种活动所产生的热量和氨气均对病原体有抑制作用，因而反过来控制了病原体本身，成为一种自然的控制方法。在良好的管理条件下，厚垫料中病原体分布稀少，其上的鸡只不易产生某些具有临诊症状水平的传染病，并且能在鸡体内产生自然免疫性。厚垫料饲养的缺点：一是易暴发球虫病和恶癖。因为湿度较高的垫料和粪便有利于球虫卵囊的存活，在管理不善的情况下就较易暴发球虫病，尤其是南方地区高温多湿，更易发生该种疾病。此外，由于饲养密度较高，鸡只互相接触的机会多，易发生冲突和产生恶癖；一遇生人、噪声或老鼠骚扰时，便神动不定，易发生应激。二是管理不便。不易观察鸡群，不易挑选鸡只。三是机械化程度低。目前世界上最广泛采用的厚垫草上平养商品肉鸡每平方米养 20～25 只，单位面积年产量为 412 千克/米^2。虽然这是一个很大的进展，但设备和饲养方式同传统平养方式非常相似。从目前情况来看，不改变这一饲养方式，大幅度地提高生产效率已是极其困难的了。

3. 网上平养

网上平养就是将鸡养在离地面 80～100 厘米高的网上。网面的构成材料种类较多，有钢制的（钢板网、钢编网）、木制的和竹制的，现在常用的是竹制的，是将多个竹片串起来，制成竹片间距为 1.2～1.5 厘米竹排，将多个竹排组合形成网面，再在上面铺上塑料网，可以避免别断鸡的脚趾，鸡感到舒适。也可选用直径 2 厘米的圆竹竿平排钉在木条上，竹竿间距 2 厘米制成竹竿网，再用支架架起离地 50～60 厘米左右。

网上平养的优点：一是卫生。网上平养的粪便直接落入网下，鸡不与粪便接触，减少了病原感染的机会，尤其是减少了球虫病暴发的危险。二是饲养密度高。网上平养提高了饲养密度，减少 25%～30% 的鸡舍建筑面积，可减少投资。三是便于管理。网上平养便于饲养管理和观察鸡群。但网上平养对日粮营养要求高。网上平养由于鸡群不与地面、垫料接触，要求配制的日粮营养必须全面、平衡，否则容易发生营养缺乏症。

（二）立体饲养

立体饲养也是笼养，就是把鸡养在多层笼内。蛋鸡饲养普遍采用笼养工艺，从 20 世纪 50 年代末到 60 年代中期，许多国家把蛋鸡笼养试用于肉鸡生产，但都以失败告终。因为肉鸡休息时不同于蛋鸡的蹲伏姿势，以胸部直接躺在地面。由于生长速度快，体重比较大，皮肤、肌肉和骨骼组织颇为柔嫩，很容易发生胸部囊肿和腿病，而且饲养期越长，重量越大，发生率就越高，直接影响肉鸡的商品率。随着科技发展，得以从育种、笼具和饲料等多方面采取一系列改革，使肉鸡笼养越来越普遍。

笼养的优点：一是饲养密度大。可以大幅度提高单位建筑面积的饲养密度。饲养密度达 25 只/米² 的情况下，鸡舍平面密度可达 120 只/米²，在一个 12 米×100 米的传统规格肉鸡舍里，厚垫草平养每栋养 20000～25000 只，笼养每批饲养量可达 70000～100000 只，年产量可从厚垫草平养的 246 吨活重提高到 1571 吨，即在同样建筑面积内产量提高 5 倍以上。二是饲料消耗少。由于鸡限制在笼内，活动量、采食量、竞食者均较少，所以个体比较均匀。由于笼饲限制了肉鸡的活动，降低了能量消耗，相应降低了饲料消耗。达到同样体重的肉鸡生长周期缩短 12%，饲料消耗降低 13%，降低总成本 3%～7%。三是提高了劳动效率。笼养可以大量地采用机械代替人力，从入舍、日常饲养管理和转群上市等都可以机械操作，极大地减少了劳动量，从而使劳动生产率大幅度上升。机械化程度较高的肉鸡场一个人可以管理几万只，甚至几十万只。四是有利于采用新技术。可以采用群体免疫、免疫监测、正压过滤空气通风等新技术来预防疾病。五是不需使用垫料。大多数地区垫料费用高，有些地方短缺。舍内粉尘较少。笼养的缺点：一是投资大；二是胸部囊肿、猝死症等发病率提高。

　　不同的饲养方式有不同的特点，鸡场根据实际情况选择。不同饲养方式的饲养密度（饲养密度是指每平方米面积容纳的鸡只数。饲养密度直接影响肉鸡的生长发育）要求不同。肉用仔鸡适宜的饲养密度见表 6-1。

表 6-1　肉用仔鸡不同饲养方式的饲养密度

方式 周龄	地面平养/(只/平方米)			网上平养/(只/平方米)			立体笼养/(只/平方米)		
	夏季	冬季	春季	夏季	冬季	春季	夏季	冬季	春季
1～2	30	30	30	40	40	40	55	55	55
3～4	20	20	20	25	25	25	30	30	30
5～6	14	16	15	15	17	16	20	22	21
7～8	8	12	10	11	13	12	13	15	14

二、做好准备工作

（一）育雏舍的清洁卫生

　　每批鸡出售后，立即清除鸡粪、垫料等污物，并堆在鸡场外下风处发酵。用水洗刷鸡舍墙壁、用具上的残存粪块，然后以动力喷雾器用水冲洗干净，如有残留物则大大降低消毒药物的效果，同时清理排污水沟。然后用两种不同的消毒药物分期进行喷洒消毒。每次喷洒药物等干燥后再做下次消毒处理，否则影响药物效力。最后把所有用具及备用物品全都封闭在鸡舍或饲料间内用福尔马林、高锰酸钾作熏蒸消毒，按每立方米用 42 毫升福尔马林、21 克高锰酸钾加热蒸发，熏蒸消毒。这样可杀灭细菌、病毒等，密封一天后打开门窗换气。

（二）准备好各种设备用具、药物和饲料

育雏前，准备好各种设备用具，如加热器、饮水器、饲喂器、时钟、电扇、灯泡及消毒、防疫等各种用具和一些记录表格；准备好消毒药物、防疫药物、疾病防治药物和一些添加剂，如维生素、营养剂等；保证垫料、育雏护围、饮水器、食槽及其他设施等各就各位，如进雏前 2～3 小时，饮水器先装好 5％～8％的糖水，并在饮水器周围放上育雏纸，作雏鸡开食之用；准备好玉米碎粒料、破碎料或其他相应的开食饲料。

（三）升温

确保保姆伞和其他供热设备运转正常，在雏鸡到来前先开动，进行试温，看是否达到预期温度。雏鸡进入前一天，将育雏舍、保姆伞调至所推荐的温度。

三、肉鸡的饲养

（一）饮水

水在鸡的消化和代谢中起着重要作用，如体温的调节、呼吸、散热等都离不开水。适时饮水可补充雏鸡生理上所需水分，有助于促进雏鸡的食欲，帮助饲料消化与吸收，促进粪的排出。

1. 开食前饮水

一般应在出壳 24～48 小时内让肉仔鸡饮到水。肉仔鸡入舍后先饮水，为保证肉仔鸡入舍后就能饮到水，在肉仔鸡入舍前 1～3 小时将灌有水的饮水器放入舍内。在水中加入 5％～8％的糖（白糖、红糖或葡萄糖等），或 2％～3％的奶粉，或多维电解质营养液，并加入维生素 C 或其他抗应激剂，有利于肉仔鸡生长。要人工诱导或驱赶使

雏鸡饮到水。肉仔鸡的饮水和采食位置见表6-2。

表 6-2　肉仔鸡的饮水和采食位置

项　目	母鸡	公鸡
水槽/(厘米/只)(最少)	1.5	1.5
乳头饮水器/(只/个)	9～12	9～12
壶式饮水器/(只/个)	80～100	80
链式饲喂器/(厘米/只)	5.0	5.0
圆形料桶/(只/个)	20～30	20～30
盘式喂料器/(只/个)(最多)	30	30

2. 肉仔鸡的饮水量及饮用的水

0～3日龄雏鸡饮用温开水，水温为16～20℃，以后可饮洁净的自来水或深井水，水质要符合饮用水标准。肉仔鸡的饮水量见表6-3。

表 6-3　雏鸡的正常饮水量　　单位：毫升/(天·只)

周龄	1	2	3	4	5	6	7
饮水量	30～40	80～90	130～170	200～220	230～250	270～310	320～360

（二）开食和饲喂

1. 开食

原则上大约有1/3的雏鸡有觅食行为时即可开食。每个规格为40厘米×60厘米的开食盘可容纳100只雏鸡采食。有的鸡场在地面或网面上铺上厚实、粗糙并有高度吸湿性的黄纸，将料撒在上面让雏鸡采食。

2. 饲喂

开食后，第一天喂料要少撒勤添，每1～2小时添料一次，添料的过程也是诱导雏鸡采食的一种措施。2小时后将料桶或料槽放在料盘附近以引导雏鸡在槽内吃料，5～7天后，饲喂用具可采用饲槽、料桶、链条式喂料机械、管式喂料机械等，槽位要充足。

肉鸡推荐日喂次数：1～3天，喂8～10次；4～7天，喂6～8次；8～14天，喂4～6次；15天后，喂3～4次。饲喂间隔均等，要加强夜间饲喂工作。饲养肉用仔鸡，宜实行自由采食，不加以任何限量，保证肉鸡在任何时候都能吃到饲料。不同周龄肉用仔鸡的饲料消耗量见表6-4。

表 6-4 不同周龄肉用仔鸡的饲料消耗量

周龄	不同能量水平每 1000 只肉仔鸡每周的饲料消耗量/克		
	12.1 兆焦/千克	12.6 兆焦/千克	13.0 兆焦/千克
1	135	129	122
2	299	286	273
3	474	454	435
4	661	637	614
5	787	760	736
6	940	917	888
7	1096	1068	1040

开食后的前一周采用细小全价饲料或粉料，以后逐渐过渡到小雏料、中雏料、育肥料和屠宰前料。饲养肉用仔鸡，最好采用颗粒料，颗粒料具有适口性好、营养成分稳定、饲料转化率高等优点。

（三）两项关键技术

1. 加强早期饲喂

对新生雏鸡及早喂料具有激活其生长动力的重要作用。从出壳到采食的这段时间是激活新生雏鸡正常生长动力的关键时期。多篇报告声称，新生雏鸡利用体内的残余卵黄来维持其生命，而利用外源性能量供其机体生长之用。通过提供早期营养就可促进新生雏鸡的生长。生产中，使出壳的雏鸡尽早入舍，早饮水，早开食，保持适宜的温度、充足的饲喂用具和明亮均匀的光线，并正确地饮水开食。

2. 保证采食量

采食量的多少影响到肉鸡营养摄取量。采食量不足也会影响肉鸡的增重。

（1）影响采食量的因素 舍内温度过高（5周以后超过25℃，每升高1℃，每只鸡总采食量减少50克）；饲料的物理形状；饲料的适口性（如饲料霉变酸败，饲料原料劣质）；饲料的突然更换以及疾病等。

（2）保证采食量的措施　采食位置必须充足，每只鸡保证8～10厘米的采食位置；采食时间充足，前期光照20小时以上，后期在15小时以上；高温季节注意降温，在凉爽的时间，如夜间用凉水拌料饲喂；饲料品质优良，适口性好。避免饲料霉变、酸败；饲料的更换要有过渡期；使用颗粒饲料；饲料中加入香味剂。

（四）使用添加剂

饲料或饮水中使用添加剂可以极大地促进肉鸡的生长，提高饲料转化率。除了按照饲养标准要求添加的氨基酸、维生素和微量元素等营养性添加剂外，还可充分利用各种非营养性添加剂，如酶制剂、活菌制剂、酸制剂以及天然植物饲料添加剂等。

1. 酶制剂

广泛应用于家禽生产的饲用酶有纤维素酶、半纤维素酶、木聚糖酶、果酸酶、植酸酶以及复合酶等。国外的商品酶制剂"八宝威"、"爱维生"和中国台湾的"保力胺"使用效果较好。添加不同外源酶对肉鸡生产性能的影响见表6-5。

表 6-5　添加不同外源酶对肉鸡生产性能的影响

鸡龄		对照	0.04%淀粉酶	0.015%蛋白酶
0～3周龄	3周龄末体重/（千克/只）	0.71±0.02	0.74±0.01	0.58±0.07
	增重/（千克/只）	0.67±0.02	0.70±0.02	0.54±0.06
	耗料/增重	1.49±0.05	1.41±0.02	1.51±0.04
4～6周龄	6周龄末体重/（千克/只）	2.13±0.05	2.20±0.06	2.08±0.10
	增重/（千克/只）	1.42±0.06	1.46±0.06	1.50±0.06
	耗料/增重	1.97±0.01	1.95±0.02	1.85±0.18

2. 活菌制剂

活菌制剂（含芽孢杆菌、嗜酸乳酸杆菌、保加利亚杆菌、双歧菌和嗜热链球菌组成，含活菌数 15×10^8 个/克）可提高肉鸡生产性能。实验表明，0～49日龄添加0.2%活菌制剂或0～21日龄添加金霉素（35毫克/千克）、22～49日龄添加0.2%活菌制剂，结果增重、饲料报酬、死亡率和利润都有较大改善。

3. 酸制剂

肉鸡饲料和饮水中加入复合酸化剂，肉鸡出栏体重增加10.2%，饲料转化率提高8.5%；死亡率比对照组低2.5%。复合有机酸制剂可通过降低胃肠道pH值，改变有害微生物的适宜生存环境，同时促进乳酸菌的发酵活动。这种双重作用既减少了微生物的有害作用和对养分的浪费，又大大减少了消化道疾病，从而提高了肉鸡生产性能。

4. 天然植物饲料添加剂

在肉鸡饲料中添加天然植物饲料添加剂，可以健胃增食，促进增重，增强免疫抵抗力，减少饲料消耗和粪尿污染。

(1) 肉鸡增重的天然植物添加剂经验参考方

① 紫穗槐叶粉过80目，按5%添料，可以减少维生素用量，提高增重。

② 艾叶粉过60目，在肉鸡饲料中添加2%～2.5%，可提高增重，节省饲料；艾叶中含有蛋白质、脂肪、多种必需氨基酸、矿物质及丰富的叶绿素和未知的促生长物质，能促进生长，提高饲料利用率，增强家禽的防病和抵抗能力。

③ 大蒜去皮捣烂（现捣现用），按0.2%添料；或大蒜粉，按0.05%添料。大蒜中富含蛋白质、糖类、磷脂及维生素A等营养成分，其含有的大蒜素具有健胃、杀虫、止痢、止咳、驱虫等多种功能，可提高雏鸡成活率，促进增重；可治疗球虫病和蛲虫病。患雏鸡白痢的病鸡，用生蒜泥灌服，连服5天，病鸡可痊愈。

④ 黄芪50克，艾叶100克，肉桂100克，五加皮100克，小茴香50克，钩吻100克，共粉碎过60目，按每只每日1～1.5克添加，10日龄始喂，连用20天。

⑤ 陈皮、黄精、麦芽、党参、白术、黄芪、山楂各1份，共粉碎过60目，按0.3%添料，20～40日龄连用；陈皮、神曲、茴香、干姜各1份，共粉碎过60目，按0.3%添料。

⑥ 桂皮1克、小茴香1克、羌活0.5克、胡椒0.3克、甘草0.2克，共粉碎过60目，按0.2%添料。

⑦ 松针粉具有丰富的营养成分，含有17种氨基酸、多种维生素、微量元素、促生长激素、植物杀菌素等。鸡日粮中添加5%松针粉可节省一半禽用维生素，肉鸡可提高成活率7%，缩短生长期，减

少耗料量，降低饲料成本。

⑧ 麦芽，含有淀粉酶、转化糖酶、维生素 B_1、卵磷脂等成分，性味甘温，能提高饲料适口性，促进家禽唾液、胃液和肠液分泌，可作为消食健胃添加剂。一般日粮中可添加 2%～5%麦芽粉。

⑨ 苍术味辛、苦，性温，含丰富的维生素 A、B 族维生素，其维生素 A 含量比鱼肝油多 10 倍，还含有具有镇静作用的挥发油。苍术有燥湿健脾，发汗祛风，利尿明目等作用。鸡饲料中加入 2%～5%苍术干粉，并加入适量钙粉，有开胃健脾，预防夜盲症、骨软症、鸡传染性支气管炎、喉气管炎等功效，还能加深蛋黄颜色。

（2）TF 系列产品　TF 系列产品是由北京天福莱生物科技有限公司和国家饲料工程技术研究中心共同研制的天然植物饲料添加剂产品。从数百种天然药用植物中筛选出黄芪、党参、金银花、桑叶、玄参、杜仲、迷迭香等数十种目标药用植物，根据这些药用植物中生物活性物质的分子结构特性，利用水提、醇提、酯提等方法定向提取出促生长因子、抗病因子和降胆固醇因子三大类生物活性物质，其有效成分主要为多糖、寡多糖、绿原酸、类黄酮。这些有效成分进入动物机体后，吸收快，利用率高，解决了传统中草药产品吸收慢的问题。植物提取物 TF98 完全可以替代常规的抗生素。

5. 抗生素类添加剂

抗生素类添加剂可以刺激生长，提高饲料转化率，保障动物健康。但使用时应遵守《药物添加剂使用准则》，避免滥用药物。

6. 其他

（1）香蕉皮　香蕉皮可用做肉鸡饲料的添加剂。将香蕉皮切碎，在阳光下晒干，再碾成粉末，按 10%的比例添加到肉鸡饲料中，能提高饲料的转化率，加快肉鸡的生长，降低养鸡成本，提高经济效益。

（2）改善鸡肉味道的添加剂

① 添加大蒜　肉鸡饲料中大多含有鱼粉成分，鸡肉吃起来有鱼腥味。可在鸡日粮中添加 1%～2%的鲜大蒜或 0.2%的大蒜粉，这样，鸡肉中的鱼腥味便会自然消失，鸡肉吃起来更加有香味。

② 拌食调味香料　其配方为：干酵母 7 份，大蒜、大葱各 10份，姜粉、五香粉、辣椒粉各 3 份，味精、食盐各 0.5 份，添加量按

鸡日粮的 0.2%～0.5% 添加，于鸡屠宰前 20 天饲喂，每日早晚各一次。而某些香料，如丁香、胡椒、甜辣椒和生姜等具有防腐和药物的效果，所以能改善肉质，延长保鲜期。

③ 喂食腐叶土　腐叶土就是菜园或果园地表土壤的腐叶，可以给鸡喂食。其配方组成为：鸡饲料 70%～80%，青绿饲料 10%～20%，腐叶土 10%，混匀后喂鸡，其肉质和口感与农家鸡一样，且所产蛋蛋黄也呈鲜黄色或橘黄色。

④ 添加微生物　日本一公司利用从天然植物中提取的一种微生物，掺入饲料和饮水中喂鸡，完全不使用抗生素和抗菌剂，结果能改善肉鸡品质，鸡肉的蛋白质含量高于普通鸡，热量低，胆固醇也降低 10% 左右，而且鸡舍的臭味大大减少。

四、肉仔鸡的管理

(一) 观察鸡群

观察鸡群可以及时发现问题和隐患，并将其消灭在萌芽状态，最大限度降低损失。观察的时间是早晨、晚上和喂饲的时候，这时鸡群健康与病态均表现明显。观察时，主要从鸡的精神状态、饮水、食欲、行为表现、粪便形态等方面进行，特别是在育雏第一周这种观察更为重要。如鸡舍温度是否适宜，食欲如何，鸡的行为有无异常。发现呆立、牵拉翅膀、闭目昏睡或呼吸异常的鸡，要隔离观察查找原因，对症治疗。

要注意观察鸡冠大小、形状、色泽，若鸡冠呈紫色表明机体缺氧，多数是患急性传染病，如新城疫等；若鸡冠苍白、萎缩，提示鸡只患慢性传染病且病程较长，如贫血、球虫、伤寒等。同时还要观察喙、腿、趾和翅膀等部位，看其是否正常。

要经常检查粪便形态是否正常，有无拉稀、绿便或便中带血等异常现象。正常的粪便应该是软硬适中的堆状或条状物，上面覆有少量的白色尿酸盐沉淀物。一般来说，稀便大多是饮水过量所致，常见于炎热季节；下痢是由细菌、霉菌感染或肠炎所致；血便多见于球虫病；绿色稀便多见于急性传染病，如鸡霍乱、鸡新城疫等。要在夜间仔细听鸡的呼吸音，健康鸡呼吸平稳无杂音，若有啰音、咳嗽、呼吸困难、打喷嚏等症状，提示鸡只已患病，应及早诊治。

（二）卫生管理

1. 清粪

必须定期清除鸡舍内的粪便（厚垫料平养除外）。笼养和网上平养每周清粪3～4次，清理不及时，舍内会产生大量的有害气体如氨气、硫化氢等，同时会使舍内滋生蚊蝇，从而影响肉仔鸡的增重，甚至诱发一些疾病。

2. 卫生

每天要清理清扫鸡舍、操作间、值班室和鸡舍周围的环境，保持环境清洁卫生；垃圾和污染物及时放到指定地点；饲养管理人员搞好个人卫生。

3. 消毒

日常用具定期消毒、定期带鸡消毒（带鸡消毒是指给鸡舍消毒时，连同鸡只同时消毒的过程）。鸡舍前应设消毒池，并定期更换消毒药液，出入人员脚踏消毒液进行消毒。消毒剂应选择两种或两种以上交替使用，不定期更换最新类消毒药，防止因长期使用一种消毒药而使细菌产生耐药性。

（三）环境管理

只有根据肉鸡生长发育特点，为其提供适宜的环境，才能获得良好的生长速度和饲养效果。环境主要是指空气环境，其构成因素主要有温度、湿度、光照、通风、密度和卫生。

1. 温度

温度若超过一定的允许范围或者发生剧烈变化，都会影响鸡的正常代谢和生长，甚至危害健康。育肥期温度过高采食减少而影响生长，温度过低采食量过大，饲料转化率降低，所以要保持适宜的温度。不同日龄肉仔鸡的适宜温度见表6-6。

表6-6　不同日龄肉仔鸡的适宜温度

日龄/天	1～3	4～7	8～14	15～21	22～28	29～35	36以上
温度/℃	34～33	33～31	31～28	28～25	25～20	25～18	23～18

温度适宜时，鸡群表现为：鸡舍内鸡分布得非常均匀，羽毛光

亮、非常活泼、对外界的刺激（光、声音、人的走动、喂食等）非常
敏感，人走动时会跟着脚跟跑；觅食和饮水都很自然，很少或不存在
扎堆的现象。这样可以提高 7 日龄成活率、健雏率，增大 7 日龄平均
体重，减少因环境因素而诱发胚胎病的发生率。

2. 湿度

湿度是指空气中含水量的多少，相对湿度是指空气实际含水量与
饱和含水量的比值。用百分比来表示。

（1）适宜的湿度　饲养肉用仔鸡，最适宜的湿度为：0～7 日龄
70％～75％；8～21 日龄 60％～70％，以后降至 50％～60％。测量
湿度一般用干湿温度计即可，根据干球温度与湿球温度之差，查相对
湿度表得出。

湿度过高或过低对肉仔鸡的生长发育都有不良影响。在高温高湿
时，肉用仔鸡羽毛的散热量减少，鸡体散热主要通过加快呼吸来排
除，但这时呼出的热量扩散很慢，并且呼出的气体也不易被外界潮湿
的空气所吸收，因而这时鸡不爱采食，影响生长。低温高湿时，鸡体
本身产生的热量大部分被环境潮气吸收，舍内温度下降速度快，因而
肉用仔鸡维持本身生理需要的能量增多，耗料增加，饲料转化率低。
另外，湿度过高还会诱发肉用仔鸡的多种疾病，如球虫病、脚病等；
湿度过低时，肉用仔鸡羽毛蓬乱，空气中尘埃量增加，患呼吸道系统
疾病增多，影响增重。

（2）舍内湿度的控制　由于饲养方法不同、季节不同、鸡龄不
同，舍内湿度差异较大。为满足肉用仔鸡的生理需要，时常要对舍内
湿度进行调节。

① 舍内湿度低时　在舍内地面洒水或用喷雾器在地面和墙壁上
喷水，水的蒸发可以提高舍内湿度。如是育雏前期的鸡舍或舍内温度
过低时可以喷洒热水；提高舍内湿度，还可以在加温的火炉上放置水
壶或水锅，使水蒸发提高舍内湿度，可以避免喷洒凉水引起的舍内温
度降低或雏鸡受凉感冒。

② 舍内湿度高时　提高舍内温度，增加通风量；加强平养的垫
料管理，保持垫料干燥；冬季房舍保温性能要好，房顶加厚，如在房
顶加盖一层稻草等；加强饮水器的管理，减少饮水器内的水外溢；适
当限制饮水。

3. 通风换气

加强鸡舍通风，适当排除舍内污浊气体，换进外界的新鲜空气，并借此调节舍内的温度和湿度。

肉鸡生长发育快，对空气要求条件高，如果空气污浊，危害更加严重，所以舍内空气新鲜和适当流通是养好肉用仔鸡的重要条件，洁净新鲜的空气可使肉用仔鸡维持正常的新陈代谢，保持健康，发挥出最佳生产性能。如通风换气不足，舍内有害气体含量多，易导致肉用仔鸡生长发育受阻，严重影响肉鸡健康和成活率。当舍内氨气含量超过 20mg/L 时，对肉用仔鸡的健康有很大影响，氨气会直接刺激肉用仔鸡的呼吸系统，刺激黏膜和角膜，使肉用仔鸡咳嗽、流泪；当氨气含量长时间在 50mg/L 以上时，会使肉用仔鸡双目失明，头部抽动，表现出极不舒服的姿势。如果氧气不足，容易引起肉鸡的腹水症和猝死症。

（1）肉用仔鸡舍内有害气体的允许浓度　肉鸡舍内二氧化碳 1500mg/L、氨气 20mg/L、硫化氢 26mg/L，当超过此允许浓度时，就应进行通风换气，如果没有测量仪器，则以人在鸡舍内不感到刺眼流泪、不呛鼻、没有过分的酸臭味、空气不浑浊为宜。

（2）肉用仔鸡鸡舍的通风换气量　肉用仔鸡在不同的外界温度、周龄与体重时所需要的通风换气量见表 6-7。

表 6-7　肉用仔鸡鸡舍的通风换气量

单位：立方米/（只·分钟）

外界温度 /℃	2 周龄	3 周龄	4 周龄	5 周龄	6 周龄	7 周龄	8 周龄
	体重/千克						
	0.35	0.70	1.10	1.50	2.00	2.45	2.90
15	0.012	0.035	0.05	0.07	0.09	0.11	0.15
20	0.014	0.040	0.06	0.08	0.10	0.12	0.17
25	0.016	0.045	0.07	0.09	0.12	0.14	0.20
30	0.02	0.05	0.08	0.10	0.14	0.16	0.21
35	0.06	0.06	0.09	0.12	0.15	0.18	0.22

【注意】通风时，保持鸡舍内适宜的温度，不致发生剧烈的温度变化；保持鸡舍内气流稳定，使整个鸡舍内均匀，无死角；进行通风

换气时，要避免贼风，可根据不同的地理位置、不同的鸡舍结构、不同的季节、不同的鸡龄、不同的体重，选择不同的空气流速。

4. 光照

光照是鸡舍内小气候的因素之一，影响肉仔鸡的采食和生长。合理的光照有利于肉用仔鸡增重，便于饲养管理人员的工作，并能降低生产成本。

（1）光照的类型 光照分自然光照和人工光照两种。自然光照就是依靠太阳直射或散射光通过鸡舍的开露部位如门窗等射进鸡舍；人工光照就是根据需要，以电灯作光源进行人工照明。目前生产上多是两种方法结合，即自然光照加上人工补充照明，以充分利用自然资源节约能源。

（2）肉鸡的光照方案

① 连续光照 目前饲养肉用仔鸡大多实行 24 小时全程连续光照，或实行 23 小时连续光照、1 小时黑暗。黑暗 1 小时的目的是为了防止停电，使肉用仔鸡能够适应和习惯黑暗的环境，不会因停电而造成鸡群拥挤窒息。有窗鸡舍，可以白天借助于太阳光的自然光照，夜间施行人工补光。另外还有一种连续光照，见表 6-8。对生长肉鸡来说，12 小时的光照已足以保证其采食以满足它们的食欲，但随光照时间从 6 小时增加到 16 小时，饲料转化率提高。当肉鸡在 14～21 日龄期间采用每天 16 小时光照，然后将光照时间变为每天 23 小时并维持到上市为止，对鸡的福利和生产性能皆有益处。

表 6-8 肉鸡的连续光照方案

日龄/天	光照时间/小时	光照强度/勒克斯
0～3	22～24	20
4～7	18	20
8～14	14	5
15～21	16～18	5
22～28	18	5
29 至上市	23	5

② 间歇光照 指光照和黑暗交替进行，即全天进行 1 小时光照、

3 小时黑暗或 1 小时光照、2 小时黑暗交替。大量的试验研究表明，施行间歇光照的饲养效果好于连续光照。但采用间歇光照方式，鸡群必须具备足够的吃料和饮水槽位，保证肉用仔鸡足够的采食和饮水时间。同时，鸡舍必须能够完全保持黑暗。国外或我国一些大型的密闭鸡舍采用。

③ 混合光照 将连续光照和间歇光照混合应用，如白天依靠自然光连续光照，夜间施行间歇光照。要注意白天光照过强时需对门窗进行遮挡，尽量使舍内光线变暗些。

（3）光照强度 在生产中，若灯头高度在 2 米左右，1～7 日龄为 4～5 瓦/平方米、8～21 日龄为 2～3 瓦/平方米、22 日龄以后为 1 瓦/平方米左右。

【注意】光照时，要保持舍内光照均匀。采光窗要均匀布置，安装人工光源时，光源数量适当增加，功率降低，并布置均匀，有利于舍内光线均匀；光源要安装碟形灯罩；经常检查更换灯泡，经常用干抹布把灯泡或灯管擦干净，以保持清洁，提高照明效率。

5. 饲养密度

饲养密度是指每平方米面积容纳的鸡只数。饲养密度直接影响肉鸡的生长发育。影响肉用仔鸡饲养密度的因素主要有品种、周龄与体重、饲养方式、房舍结构及地理位置等。一般来说，房舍的结构合理，通风良好，饲养密度可适当大些，笼养密度大于网上平养，而网上平养又大于地面厚垫料平养。体重大的饲养密度小，体重小时饲养密度可大些。

如果饲养密度过大，舍内的氨气、二氧化碳、硫化氢等有害气体增加，相对湿度增大，厚垫料平养的垫料易潮湿，肉用仔鸡的活动受到限制，生长发育受阻，鸡群生长不齐，残次品增多，增重受到影响，易发生胸囊肿、足垫炎、瘫痪等疾病，发病率和死亡率偏高。若饲养密度过小，虽然肉用仔鸡的增重效果较好，但房舍利用率降低，饲养成本增加。肉用仔鸡适宜的饲养密度见表 6-9。

6. 卫生

雏鸡体小质弱，对环境的适应力和抗病力都很差，容易发病，特别是传染病。所以要加强入舍前的消毒，加强环境和出入人员、用具设备消毒，经常带鸡消毒，并封闭育雏，做好隔离。

表 6-9 肉用仔鸡不同饲养方式的饲养密度

鸡龄	地面平养/(只/平方米)			网上平养/(只/平方米)			立体笼养/(只/平方米)		
	夏季	冬季	春季	夏季	冬季	春季	夏季	冬季	春季
1～2 周	30	30	30	40	40	40	55	55	55
3～4 周	20	20	20	25	25	25	30	30	30
5～6 周	14	16	15	15	17	16	20	22	21
7～8 周	8	12	10	11	13	12	13	15	14

（四）减少应激

【注意】 肉仔鸡胆小易惊，对环境变化非常敏感，容易发生应激反应而影响生长和健康。保持稳定安静的环境至关重要。

1. 工作程序稳定

饲养管理过程中的一些工作（如光照、喂饲、饮水等）程序一旦确定，要严格执行，不能有太大的随意性，以保持程序稳定；饲养人员也要固定，每次进入鸡舍工作都要穿上统一的工作服；饲养人员在鸡舍操作，动作要轻，脚步要稳，尽量减少出入鸡舍的次数，开窗关门要轻，尽量减少对鸡只的应激。

2. 避免噪声

避免在肉鸡舍周围鸣笛、按喇叭、放鞭炮等，避免在舍内大声喧哗；选择各种设备时，在同等功率和价格的前提下，尽量选用噪声小的。

3. 环境适宜

定时检查温度、湿度、空气、垫料等情况，保持适宜的环境条件。

4. 使用维生素

在天气变化、免疫前后、转群、断水等应激因素出现时，可在饲料中补加多种维生素或速补-14 等，以最大限度地减少应激。平时每周可在饮水中添加维生素 C（5 克/100 千克水）饮水 2～3 天。

（五）建立全进全出的饲养制度

全进全出指的是同一栋鸡舍同一时间只饲养同一日龄的雏鸡，鸡的日龄相同，出栏日期一致。这是目前肉仔鸡生产中普遍采用的行之有效的饲养制度。这种制度不但便于管理，有利于机械化作业，提高劳动效率，而且便于集中清扫和消毒，有利于控制疾病。

（六）公母分群管理

肉用仔鸡公、母鸡分群饲养，可以减少饲料消耗，提高增重。管理措施有：

1. 按性别调整日粮营养水平

在饲养前期，公雏日粮的蛋白质含量可提高到24％～25％；母雏可降到21％。在优质饲料不足的情况下或为降低饲养成本时，应尽量使用质量较好的饲料来饲喂公鸡。

2. 按性别提供适宜的环境

公雏羽毛生长速度较慢，保温能力差，育雏温度宜高些。由于公鸡体重大，为防止胸部囊肿的发生，应提供比较松软的垫料，增加垫料厚度，加强垫料管理。

3. 按经济效益分期出栏

一般肉用仔鸡在7周龄以后，母鸡增重速度相对下降，饲料消耗急剧增加。这时如已达到上市体重即可提前出栏。公鸡9周龄以后生长速度才下降，饲料消耗增加，因而可养到9周龄时上市。

（七）弱小鸡的管理

由于多种原因，肉鸡群中会出现一些弱小鸡，加强对弱小鸡的管理，可以提高成活率和肉鸡的均匀度。在饲养管理过程中，要及时挑出弱小鸡，隔离饲养，给以较高的温度和营养，必要时在饲料或饮水中使用一些添加剂，如抗生素、酶制剂、酸制剂或营养剂等，以促进健康和生长。

（八）病死鸡处理

在饲养管理和巡视鸡群过程中，发现病死鸡要及时检出来，对病鸡进行隔离饲养和淘汰，对死鸡进行焚烧或深埋，不能把死鸡放在舍内、饲料间和鸡舍周围。处理死鸡后，工作人员要用消毒液洗手。

（九）生产记录

为了提高管理水平、生产成绩以及不断稳定地发展生产，把饲养情况详细记录下来是非常重要的。长期认真地做好记录，就可以根据肉仔鸡生长情况的变化来采取适当的有效措施，最后无论成功与失败，都可以从中分析原因，总结出经验与教训。

为了充分发挥记录数据的作用，要尽可能多地把原始数字都记录下来，数据要精确，其分析才能建立在科学的基础上，作出正确的判断，得出结论后提出处理方案。

各种日常管理的记录表格，必须按要求来设计和填写。

第二节　优质黄羽肉鸡的饲养管理

优质黄羽肉仔鸡的饲养过程一般分为三个阶段：0～6 周龄为育雏期；7～11 周龄为生长期；12 周龄至上市为育肥期。

一、育雏期的饲养管理

优质黄羽肉仔鸡育雏期的饲养管理与肉用仔鸡的饲养管理技术基本相同，可参照本章第一节的相关内容。

二、生长期和育肥期的饲养管理

生长期和育肥期的黄羽肉鸡体重增加，羽毛逐渐丰满，鸡只已能适应外界环境的温度变化，采食量不断增加，进入生长发育高峰期。在此时期内，鸡只的骨骼、肌肉和内脏器官迅速发育。为保障鸡的机体得到充分发育，羽毛丰满，体质健康，须加强饲养、卫生和疫病控制等各方面的管理。在生产中应着重做好以下几个方面的工作。

（一）调整饲料营养

优质黄羽鸡生长期和育肥期的代谢能、粗蛋白和氨基酸等各种营养需要比育雏期大约低 10%。日粮配方应根据鸡的品种和鸡苗供应商提供的营养需要标准进行设计，给鸡群提供全价优质日粮。切忌使用单一原粮作为生长鸡和育肥鸡的日粮，以免造成某些营养素的不足或过剩，导致生长发育受阻。

（二）自由采食

优质黄羽肉鸡生长期的采食量增加很快，应保证饲料的充足供应。通常是每天早、中、晚各喂料一次。或者是将一天的饲料一次投给，让鸡自由采食。但要控制当天的料当天吃完，不剩料，第二天再添加新料。优质黄羽肉鸡耗料量可参见表 6-10。

表 6-10　优质黄羽肉鸡周增重和日耗料量

周龄	周增重/(克/只)		日耗料量/(克/只)	
	公鸡	母鸡	公鸡	母鸡
7	136	125	56	53
8	144	125	63	58
9	150	125	70	61
10	147	120	74	64
11	148	110	80	67
12	135	100	84	71
13	114	95	89	74
14	106	93	93	76
15	110	92	97	79
16	113	85	103	82

（三）供给充足饮水

优质黄羽肉鸡生长期的采食量增加很快，如果得不到充足的饮水，就会发生消化不良，食欲下降，造成增重减慢。优质黄羽肉鸡的饮水量为采食量的 2 倍，全天自由饮水。饮水器的数量要充足，并且分布均匀，使鸡只在 1～2 米的活动范围内便能饮到水。

饮水应洁净、无异味、无污染，通常以使用自来水或井水为好。饮水器在每天加水前应进行彻底清洗和消毒。应注意，在鸡群进行饮水免疫的前后 3 天内，饮水器只清洗不消毒，饮水中不能添加消毒剂。

（四）防止产生恶癖

绝大多数优质黄羽肉鸡品种对饲料、环境的应激反应比白羽肉鸡强烈，如饲养密度过大，光照过强，饲料营养不平衡等，都会造成啄羽、啄趾、啄肛等恶癖。因此，平时应加强各方面的管理，消除各种应激因素，避免恶癖的发生。如果发现啄羽、啄趾、啄肛等现象，应及时查找原因，对症下药，给予解决。

（五）饲喂叶黄素

优质黄羽肉鸡为黄鸡。黄鸡的黄色几乎完全来自饲料中的叶黄素类物质，为了保持黄鸡的固有特征，饲料中供给的叶黄素必须达到或超过鸡体丧失的量。含有叶黄素物质的饲料有苜蓿草粉、黄玉米、金盏花草粉、万寿菊草粉等，其中黄玉米是饲料中叶黄素的主要来源。因此，在饲养优质黄羽肉仔鸡的黄鸡品种时，饲料中最好不使用白玉米和碎大米，而要使用黄玉米。黄玉米中的叶黄素使鸡皮肤产生理想黄色的时间大约需要三周，鸡龄越大，叶黄素从饲料中转移到皮肤的比率也越高，但叶黄素在体内的氧化也越多。因此，优质黄羽肉鸡进入生长期和育肥期后，饲料中必须含有足够量的叶黄素，以保证鸡皮肤的理想黄色。

优质黄羽肉仔鸡养殖户（场），应严格禁止在饲料中添加人工合成色素和化学性的非营养添加剂，以免造成产品污染，被市场所拒绝。

（六）调整饲料原料

为了增加鸡肉的鲜嫩度，保持鸡肉风味，防止饲料原料对鸡肉风味品质的影响，在育肥期的饲料中，应禁止大量使用鱼粉、棉籽粕、菜籽粕等蛋白质饲料，而使用大豆粕和花生粕等蛋白质饲料，同时增加黄玉米等能量饲料的比例，也可在饲料中添加 3%～5% 的优质植物油或动物油，以提高饲料的能量浓度。

（七）无公害化饲养

目前优质黄羽肉鸡都采用公、母分饲制度，公、母鸡分开上市。公鸡一般在 90～100 日龄出栏，母鸡一般在 110～120 日龄出栏。临近出栏的一二周，饲料中不得投放药物，以防药物残留，确保无公害化。在出栏时，应集中一天将同一鸡舍内的成鸡一次出空，切不可零星出售。

三、优质黄羽肉仔鸡的季节性管理

（一）炎热季节的饲养管理

炎热气候条件下，优质黄羽肉鸡的采食量将随着温度的上升而下降，生长发育和饲料转化率降低。为保证鸡群的健康和正常的生长发育，在饲养管理方面应采取一些相应的技术措施。

1. 满足蛋白质和氨基酸的需要

由于炎热高温，鸡的采食量下降，鸡只从饲料中获得的蛋白质和氨基酸难以满足生长发育的需要。因此,在高温季节应调整饲料配方,适当提高蛋白质和氨基酸的含量,以满足鸡只生长发育的需要。

2. 降低饲养密度

在舍饲情况下,饲养密度过大,不仅会使采食、饮水不均,还会因散热量大,而使舍温升高。因此,在炎热季节饲养中华土著肉仔鸡,一定要严格控制饲养密度,不得使密度过大。

3. 加强通风降温

通风可降低鸡舍温度,增加鸡体散热,同时改善鸡舍空气环境。所有鸡舍,特别是较大的鸡舍必须安装排气扇。在炎热季节加强通风管理。

4. 添加水溶性维生素

炎热季节鸡的排泄量大幅度增加,使水溶性维生素的消耗加大,很容易引起生长发育迟缓,抗热应激能力降低。因此,应在饮水中添加水溶性维生素或在饲料中增大水溶性维生素的添加量。

5. 饲料中添加碳酸氢钠

炎热高温可使鸡只呼吸加快,血液中碱储减少,引发酸中毒。在日粮中添加 0.1% 的碳酸氢钠,可有效地提高血液中碱储,缓解酸中毒的发生。

(二) 梅雨季节的饲养管理

梅雨季节影响优质黄羽肉鸡生长发育的主要因素是高温高湿。鸡舍内湿度过大,垫料潮湿易于霉烂发臭,氨气浓度升高。可能会导致球虫病、大肠杆菌病和呼吸道疾病的暴发。为此,应做好以下管理工作。

1. 及时更换垫料

进入梅雨季节后,要增加对垫料的检查次数,发现垫料潮湿发霉现象应及时更换,以降低舍内氨气浓度,恶化球虫卵囊发育环境。

2. 防止饲料霉变

进入梅雨季节后,为防止饲料受潮霉变,每次购入饲料的数量不得太多,一般以可饲喂 3 天为宜。鸡舍内的饲料应放在离开地面的平台上,以防吸潮、结块。

3. 消灭蚊、蝇

蚊、蝇是某些寄生虫、细菌和病毒性疾病的传播媒介。因此,鸡舍内应定期进行喷洒药物杀灭蚊、蝇，但所使用药物应对鸡群无害，不会引起鸡群中毒。

4. 加强鸡舍通风

加强鸡舍通风不但可以有效降低鸡舍温度，而且可以排除舍内潮气，降低舍内湿度，使鸡群感到舒适。

5. 投喂抗球虫药

高温高湿有利于球虫卵囊的发育，从而导致球虫病的暴发。尤其是地面平养鸡群接触球虫卵囊的机会更多，因此在梅雨季节，饲料中应定期投放抗球虫药物，以防暴发球虫病。

（三）寒冷季节的饲养管理

寒冷季节鸡群用于维持体温所消耗的能量会大幅度增加，使增重减慢。因此，进入冬季后要切实做好鸡舍的防寒保暖工作。

1. 修缮门窗

进入冬季前应全面检查一下鸡舍的门窗，发现有漏风的地方应进行修缮，使其密闭无缝，防止漏风。

2. 减少通风

通风可降低鸡舍温度，因此进入凉爽季节后要逐渐减少通风次数，以维持鸡舍的适宜温度。为了保持鸡舍内空气环境，即使在寒冷季节的中午前后亦应对鸡舍进行定时通风。

3. 鸡舍升温

在北方的冬季，空闲鸡舍的温度往往在 0℃ 以下。育雏结束后，鸡群在转入生长、育肥鸡舍前，一定要将鸡舍预先升温，必要时还需连续供温，以保障鸡只的正常生长发育，否则将会造成重大经济损失。

第七章

<<<<<

肉鸡的疾病防控

核心提示

　　疾病直接关系到肉鸡养殖的成败。必须树立"预防为主"、"养防并重"的观念，采取提高抵抗力、卫生消毒、防疫等综合措施，避免疾病，特别是疫病的发生。

第一节　肉鸡场疾病综合防治

一、严格隔离

（一）具有良好的隔离条件

　　鸡场要远离市区、村庄和居民点，远离屠宰场、畜产品加工厂等污染源。鸡场周围有隔离物。养鸡场大门、生产区入口要建同门口一样宽、长是汽车轮一周半以上的消毒池。各鸡舍门口要建与门口同宽、长1.5米的消毒池。生产区门口还要建更衣消毒室和淋浴室。

（二）进入鸡场和鸡舍的人员和用具要消毒

　　车辆进入鸡场前应彻底消毒，以防带入疾病；鸡场谢绝参观，不可避免时，应严格按防疫要求消毒后方可进入；农家养鸡场应禁止其他养殖户、肉鸡收购商和死鸡贩子进入鸡场，病鸡和死鸡经疾病诊断后应深埋，并做好消毒工作，严禁销售和随处乱丢。

（三）生产区内各排鸡舍要保持一定间距

　　不同日龄的鸡分别养在不同的区域，并相互隔离。如有条件，不同日龄的鸡分场饲养效果更好。生产区内各排鸡舍要保持一定间距。

（四）采用全进全出的饲养制度

"全进全出"的饲养制度是有效防止疾病传播的措施之一。"全进全出"使得鸡场能够做到净场和充分的消毒，切断了疾病传播的途径，从而避免患病鸡只或病原携带者将病原传染给日龄较小的鸡群。

（五）到洁净的种鸡场订购雏鸡

种鸡场污染严重，引种时也会带来病原微生物，特别是如种鸡场过多过滥，管理不善，净化不严，更应高度重视。到有种禽种蛋经营许可证、管理严格、净化彻底、信誉度高的种鸡场订购雏鸡，避免引种带来污染。

二、注意卫生

（一）环境洁净

不在鸡舍周围和道路上堆放废弃物和垃圾。定期清扫鸡舍周围和道路，保持场区和道路清洁；定期清理消毒池中的沉淀物，减少消毒池内杂物和有机物，提高消毒液的消毒效果。

（二）饲料卫生

选择使用符合质量要求的饲料原料，配制的饲料不要存放过久，避免霉变和变质。

保持饲料原料的洁净卫生，配好的饲料不霉变，不被病原污染，饲喂用具勤清洁消毒。

（三）饮水卫生

饮水用具要清洁，饮水系统要定期消毒。建场后还要注意对水源的防护和检验，必要时做好饮用水的净化，避免饮水污染。

1. 水源的防护

不同地区的鸡场有不同类型的水源，其卫生防护要求不同。

（1）地面水　主要有河水、湖水和池塘水等作为水源，使用时应注意：一是取水点附近及上游不能有任何污染源；二是在取水处可设置汲水踏板或建汲水码头伸入河、湖、池塘中，以便能汲取远离岸边的清洁水；三是可以在岸边建自然渗滤井或沙滤井，以改善地面水的水质。

(2) 地下水 通过水井取水，注意：一是选择合适的水井位置，水井设在管理区内地势高燥处，防止雨水、污水倒流引起污染，远离厕所、粪坑、垃圾堆、废渣堆等污染源；二是水井结构良好，井台要高出地面，使地面水不能从四周流入井内。井壁使用水泥、石块等材料，以防地面水漏入。井底用沙、石、多孔水泥板作材料，以防搅动底部泥沙。

2. 水的净化与消毒

定期检测水的质量，根据情况对饮用水进行净化（沉淀、过滤）和消毒处理，改善水质的物理性状和杀灭水中的病原体。一般地，浑浊的地面水需要沉淀、过滤和消毒，较清洁的地下水，只需消毒处理即可。

(1) 沉淀 包括自然沉淀和混凝沉淀。

① 自然沉淀 地面水中常含有泥沙等悬浮物和胶体物质，因而使水的浑浊度较大，水中较大的悬浮物质可因重力作用而逐渐下沉，从而使水得到初步澄清，称为自然沉淀。

② 混凝沉淀 悬浮在水中的微小胶体粒子多带有负电荷，胶体粒子彼此之间互相排斥，不能凝集成较大的颗粒，故可长期悬浮而不沉淀。这种水在加入一定的混凝剂后能使水中的悬浮颗粒凝集而形成较大的絮状物而沉淀，称之为混凝沉淀。这种絮状物表面积和吸附力均较大，可吸附一些不带电荷的悬浮微粒及病原体而共同沉降，因而使水的物理性状得到较大的改善，同时减少病原微生物 90％左右。常用的混凝剂有硫酸铝、碱式氯化铝、明矾、硫酸亚铁等。

(2) 过滤 过滤是使水通过滤料而得到净化。过滤净化水的原理：一是隔滤作用，水中悬浮物粒子大于滤料的孔隙者，不能通过滤层而被阻留；二是沉淀和吸附作用，水中比沙粒间的空隙还小的微小物质如细菌、胶体粒子等，不能被滤层隔滤，但当通过滤层时，即沉淀在滤料表面上。滤料表面因胶体物质和细菌的沉淀而形成胶质的、具有较强吸附力的生物滤膜，它可吸附水中的微小粒子和病原体。通过过滤可除去 80％～90％以上的细菌及 99％左右的悬浮物，也可除去臭、味、色度及寄生虫等。常用的滤料有沙、无毒的矿渣、煤渣、碎石等，甚至瓶盖。要求滤料必须无毒。

（3）消毒　鸡场常用的消毒方法还是化学消毒法。即在水中加入消毒剂（氯或含有效氯的化合物，如漂白粉、漂白粉精、液态氯、二氧化氯等比较常用）杀死水中的病原微生物。

（四）废弃物要定点存放

粪便堆放要远离鸡舍，最好设置专门储粪场，对粪便进行无害化处理，如堆积发酵、生产沼气或烘干等处理。病死鸡不要乱扔乱放或随意出售，防止传播疾病。

（五）废弃物处理利用

肉鸡场的废弃物，主要有粪便、病死肉鸡和污水等，如果处理不善就会污染环境和危害鸡群安全。

1. 粪便处理

粪便既是污染物质，又是很好的资源。鸡粪的处理应该注重无害化、资源化。其处理有如下方法。

（1）生产肥料　鸡粪是优质的有机肥，经过堆积腐熟或高温、发酵干燥处理后，体积变小、松软、无臭味，不带病原微生物，常用于果林、蔬菜、瓜类和花卉等经济作物，也用于无土栽培和生产绿色食品。

① 堆粪法　这是一种简单实用的处理方法，在距鸡场 $100\sim200$ 米或以外的地方设一个堆粪场，在地面挖一浅沟，深约 20 厘米，宽 $1.5\sim2$ 米，长度不限，随粪便多少确定。先将非传染性的粪便或垫草等堆至厚 25 厘米，其上堆放欲消毒的粪便、垫草等，高达 $1.5\sim2$ 米，然后在粪堆外再铺上厚 10 厘米的非传染性的粪便或垫草，并覆盖厚 10 厘米的沙子或土，如此堆放 3 周至 3 个月，即可用以肥田，如图 7-1 所示。当粪便较稀时，应加些杂草，太干时倒入稀粪或加水，使其不稀不干，以促进迅速发酵。

② 干燥　新鲜鸡粪主要成分是水，通过脱水干燥，可使其含水量达到 15% 以下。这样，一方面减少了鸡粪的体积和重量，便于包装、运输和应用；另一方面也可有效地抑制鸡粪中微生物的生长繁殖，从而减少营养成分特别是蛋白质的损失。常用的干燥方法有：

a. 高温快速干燥　采用以回转圆筒炉为代表的高温快速干燥设备，可在短时间内（10 分钟左右）将含水量 70% 的湿鸡粪迅速干燥

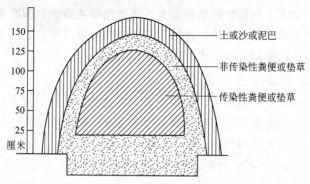

150
125
100
75
50
25
厘米

土或沙或泥巴

非传染性粪便或垫草

传染性粪便或垫草

图 7-1 粪便生物热消毒的堆粪法

成含水量仅为 10％～15％的鸡粪加工品。烘干温度适宜的范围在 300～900℃之间。这种处理方法的优点是：不受季节、天气的限制，可连续生产，设备占地面积比较小；烘干的鸡粪营养损失量小于 6％，并能达到消毒、灭菌、除臭的目的，可直接变成产品以及作为生产配合饲料和有机无机复合肥的原料。但该法在整个加工过程中耗能较高，尾气和烘干后的鸡粪均存在不同程度的二次污染问题，对含水量大于 75％的湿鸡粪，烘干成本较高，而且一次性投资较大。

b. 太阳能自然干燥　这种处理方法是采用塑料大棚中形成的"温室效应"，充分利用太阳能来对鸡粪进行干燥处理。专用的塑料大棚长度可达 60～90 米，内有混凝土槽，两侧为导轨，在导轨上安装有搅拌装置。湿鸡粪装入混凝土槽，搅拌装置沿着导轨在大棚内反复进行，并通过搅拌板的正反向转动来捣碎、翻动和推动鸡粪。利用大棚内积蓄的太阳能量可使鸡粪中的水分蒸发，并通过强制通风散发湿气，从而达到干燥鸡粪的目的。在夏季，只需一周左右的时间即可使鸡粪水分降到 10％左右。此法可以充分利用太阳辐射热，辅之以机械通风，降水效果较好，而且节省能源，设备投资少，处理成本低。但该法在一定程度上受气候影响，一年四季不易实现均衡生产，而且灭菌和熟化均不彻底。

c. 鸡舍内干燥　在国外最新推出的新型笼养设备中都配置了笼内鸡粪干燥装置，适用于多层重叠式笼具。在这种饲养方式中，每层笼下均有一条传送带承接鸡粪，通过定时开动传送带来刮取和收集鸡粪，这种处理的关键是直接将气流引向传送带上的鸡粪，从而使鸡粪产出后得到迅速干燥。这种方法操作简便，基本上做到了自动化，且成本低；同时由于减少了氨气散发，从而改善了鸡舍内环境。但鸡粪干燥不彻底，仍有 40%～45% 水分存在，不利于长期储存和运输。

d. 自然干燥法　将新鲜鸡粪收集起来，摊在水泥地面或塑料布上，阳光下曝晒，随时翻动以使其晒干或自然风干，干燥后过筛去除杂质，装袋内或堆放于干燥处备用，作饲料时可按比例添加。该法投资小，成本低，操作方法简单，但易受天气和气候状况影响且不能彻底杀死病原体，从而易于导致疾病的发生和流行，只适合于无疾病发生的小型鸡场鸡粪的处理。

（2）生产饲料　鸡粪含有丰富的营养成分，开发利用鸡粪饲料具有非常广阔的应用前景。国内外试验结果均表明，鸡粪不仅是反刍动物良好的蛋白质补充料，也是单胃动物及鱼类良好的饲料蛋白来源。鸡粪饲料资源化的处理方法有直接饲喂、干燥处理（自然干燥、微波干燥和其他机械干燥）、发酵处理、青贮及膨化制粒等。

① 干燥处理　利用自然干燥或机械干燥设备将新鲜鸡粪干燥处理。

② 发酵处理　利用各种微生物的活动来分解鸡粪中的有机成分，从而可以有效地提高有机物质的利用率；在发酵过程中形成的特殊理化环境可以抑制和杀灭鸡粪中的病原体，同时还可以提高粗蛋白含量并起到除臭的效果。

a. 自然厌氧发酵　发酵前应先将鸡粪适当干燥，使其水分保持在 32%～38%，然后装入用混凝土筑成的圆筒或方形水泥池内，装满压实后用塑料膜封好，留一小透气孔，以便让发酵产生的废气逸出。发酵的时间长短不一，随季节而定，春秋季一般为 3 个月、冬季4 个月、夏季 1 个月左右即可。由于细菌活动产热，刚开始温度逐渐上升，内部温度达到 83℃ 左右时即开始下降，当其内部温度与外界温度相等时，说明发酵停止，即可取出鸡粪按适当比例直接混入其他饲料内喂食。

b. 充氧动态发酵　鸡粪中含有大量微生物，如酵母菌、乳酸菌等，在适宜的温度（10℃左右）与湿度（含水分 45% 左右）及氧气充足的条件下，好氧菌迅速繁殖，将鸡粪中的有机物质大量分解成易被消化吸收的物质，同时释放出硫化氢、氨气等。鸡粪在 45～55℃下处理 12 小时左右，即可获得除臭、灭菌的优质有机肥料和再生饲料。此法的优点是：发酵效率高，速度快，鸡粪中营养损失少，杀虫灭菌彻底且利用率高。缺点是：须先经过预处理，且产品中水分含量较高，不宜长期贮存。

c. 青贮发酵　将含水量60％～70％的鸡粪与一定比例铡碎的玉米秸秆（或利用垫草）、青草等混合，再加入10％～15％糠麸或草粉、0.5％食盐，混匀后装入青贮池或窖内，踏实封严，经30～50天后即可使用。青贮发酵后的鸡粪粗蛋白可达18％，且具有清香气味，适口性增强，是牛羊的理想饲料，可直接饲喂反刍动物。

d. 酒糟发酵　在鲜鸡粪中加入适量的糠麸，再加入10％的酒糟和10％的水，搅拌混匀后，装入发酵池或缸中发酵10～12小时，再经100℃蒸汽灭菌后即可利用。发酵后的鸡粪适口性提高，具有酒香味，而且发酵时间短，处理成本低，但处理后的鸡粪不利于长期贮存，应现用现配。

③ 膨化处理　将含水量小于25％的鸡粪与精饲料混合后加入膨化机，经机内螺杆粉碎、压缩与摩擦，物料迅速升温呈糊状，经机头的模孔射出。由于机腔内、外压力相差很大，物料迅速膨胀，水分蒸发，密度变小，冷却后含水量可降至13％～14％。膨化后的鸡粪膨松适口，具有芳香气味，有机质消化率提高10％左右，并可消灭病原菌，杀死虫卵，而且有利于长期贮存和运输。但入料的含水量要求小于25％，故需要配备专门干燥设备才能保证连续生产，且耗电较高，生产率低，一般适合于小型养鸡场。

④ 糖化处理　在经过去杂、干燥、粉碎后的鸡粪中，加入清水，搅拌均匀（加入水量以手握鸡粪呈团状不滴水为宜），与洗净切碎的青菜或青草充分混合，装缸压紧后，撒上3厘米左右厚的麦麸或米糠，缸口用塑料薄膜覆盖扎紧，用泥封严。夏季放在阴凉处，冬季放在室内，10天后就可糖化。处理后的鸡粪养分含量提高，无异味而且适口性增强。

（3）生产动物蛋白　利用粪便生产蝇蛆、蚯蚓等优质高蛋白物质，既减少了污染，又提高了鸡粪的使用价值，但缺点是劳动力投入大，操作不便。近年来，美国科学家已成功地在可溶性粪肥营养成分中培养出单细胞蛋白。家禽粪便中含有矿物质营养，啤酒糟中含有一定的碳水化合物，而部分微生物能够以这些营养物质为食。俄罗斯研究人员发现一种拟内孢霉属的细菌和一种假丝酵母菌能吃下上述物质产生细菌蛋白，这些蛋白可用于制造动物饲料。

（4）生产沼气　鸡粪是沼气发酵的优质原料之一，尤其是高水分的鸡粪。鸡粪和草或秸秆以 2：1～3：1 的比例，在碳氮比 13：1～30：1、pH 为 6.8～7.4 条件下，利用微生物进行厌氧发酵，产生可燃性气体。每千克鸡粪产生 0.08～0.09 立方米的可燃性气体，发热值为 4187～4605 兆焦/立方米。发酵后的沼渣可用于养鱼、养殖蚯蚓、栽培食用菌、生产优质的有机肥和土壤改良剂。

（5）消毒处理　畜禽粪便中含有一些病原微生物和寄生虫卵，尤其是患有传染病的畜禽，病原微生物数量更多。如果不进行消毒处理，容易造成污染和传播疾病。因此，畜禽粪便应该进行严格的消毒处理。

① 焚烧法　此种方法是消灭一切病原微生物最有效的办法，故用于消毒一些危险的传染病病畜的粪便（如炭疽、禽流感等）。焚烧的方法是在地上挖一个壕，深 75 厘米、宽 75～100 厘米，在距壕底 40～50 厘米处加一层铁梁（要较密些，否则粪便容易落下），在铁梁下面放置木材等燃料，在铁梁上放置欲消毒的粪便，如果粪便太湿，可混合一些干草，以便迅速烧毁（图 7-2）。此种方法能损失有用的肥料，并且需要用很多燃料，故很少应用。

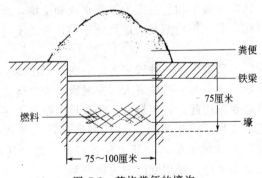

图 7-2　焚烧粪便的壕沟

② 化学药物消毒法　消毒粪便用的化学药品有含 2%～5% 有效氯的漂白粉溶液、20% 的石灰乳，但是此种方法既麻烦，又难达到消毒的目的，故实践中不常用。

③ 掩埋法　将污染的粪便与漂白粉或新鲜的生石灰混合，然后

深埋于地下，埋的深度应达 2 米左右。此种方法简便易行，在目前条件下实用。但病原微生物经地下水散布以及损失肥料是其缺点。

2. 污水处理

鸡场必须专设排水设施，以便及时排除雨、雪水及生产污水。全场排水网分主干和支干，主干主要是配合道路网设置的路旁排水沟，将全场地面径流或污水汇集到几条主干道内排出；支干主要是各运动场的排水沟，设于运动场边缘，利用场地倾斜度，使水流入沟中排走。排水沟的宽度和深度可根据地势和排水量而定，沟底、沟壁应夯实，暗沟可用水管或砖砌，如暗沟过长（超过 200 米），应增设沉淀井，以免污物淤塞，影响排水。但应注意，沉淀井距供水水源应在 200 米以上，以免造成污染。污水经过消毒后排放。被病原体污染的污水，可用沉淀法、过滤法、化学药品处理法等进行消毒。比较实用的是化学药品消毒法。方法是先将污水处理池的出水管用一木闸门关闭，将污水引入污水池后，加入化学药品（如漂白粉或生石灰）进行消毒。消毒药的用量视污水量而定（一般 1 升污水用 2～5 克漂白粉）。消毒后，将闸门打开，使污水流出。

3. 尸体处理

鸡的尸体能很快分解腐败，散发恶臭，污染环境。特别是传染病病鸡的尸体，其病原微生物会污染大气、水源和土壤，造成疾病的传播与蔓延。因此，必须正确而及时地处理死鸡，坚决不能图一己私利而出售。

（1）焚烧法　焚烧也是一种较完善的方法，但不能利用产品，且成本高，故不常用。但对一些危害人、畜健康极为严重的传染病病畜的尸体，仍有必要采用此法。焚烧时，先在地上挖一十字形沟（沟长约 2.6 米，宽 0.6 米，深 0.5 米），在沟的底部放木柴和干草作引火用，于十字沟交叉处铺上横木，其上放置畜尸，畜尸四周用木柴围上，然后洒上煤油焚烧。或用专门的焚烧炉焚烧。

（2）高温处理法　此法是将死鸡放入特设的高温锅（150℃）内熬煮，达到彻底消毒的目的。鸡场也可用普通大锅，经 100℃ 以上的高温熬煮处理。此法可保留一部分有价值的产品，但要注意熬煮的温度和时间，必须达到消毒的要求。

（3）土埋法　是利用土壤的自净作用使其无害化。此法虽简单但不理想，因其无害化过程缓慢，某些病原微生物能长期生存，从而污染土壤和地下水，并会造成二次污染。采用土埋法，必须遵守卫生要求，即埋尸坑应远离畜舍、放牧地、居民点和水源，地势高燥，死鸡掩埋深度不小于2米，死鸡四周应洒上消毒药剂，埋尸坑四周最好设栅栏并作标记。

在处理畜尸时，不论采用哪种方法，都必须将病畜的排泄物、各种废弃物等一并进行处理，以免造成环境污染。

4. 垫料处理

有的鸡场采用地面平养（特别是育雏育成期）多使用垫料，使用垫料对改善环境条件具有重要的意义。垫料具有保暖、吸潮和吸收害气体等作用，可以降低舍内湿度和有害气体浓度，保证一个舒适、温暖的小气候环境。选择的垫料应具有导热性低、吸水性强、柔软、无毒、对皮肤无刺激性等特性，并要求来源广、成本低、适于作肥料和便于无害化处理。常用的垫料有稻草、麦秸、稻壳、树叶、野干草、植物藤蔓、刨花、锯末、泥炭和干土等。近年来，还采用橡胶、塑料等制成的厩垫以取代天然垫料。

（六）灭鼠防虫

昆虫是疫病传播的媒介，老鼠不仅可以传播疫病，而且可以污染和消耗大量的饲料，危害极大，必须注意灭鼠防虫。

1. 灭鼠

（1）肉鸡场建筑物的处理　墙基最好用水泥制成，碎石和砖砌的墙基，应用灰浆抹缝。墙面应平直光滑，防鼠沿粗糙墙面攀登。砌缝不严的空心墙体，易使鼠隐匿营巢，要填补抹平。为防止鼠类爬上屋顶，可将墙角处做成圆弧形。墙体上部与天棚衔接处应砌实，不留空隙。瓦顶房屋应缩小瓦缝和瓦、椽间的空隙并填实。用砖、石铺设的地面，应衔接紧密并用水泥灰浆填缝。各种管道周围要用水泥填平。通气孔、地脚窗、排水沟（粪尿沟）出口均应安装孔径小于1厘米的铁丝网，以防鼠窜入。

（2）灭鼠器灭鼠　灭鼠器械种类繁多，主要有夹、关、压、卡、翻、扣、淹、粘、电等。近年来还研究和采用电灭鼠和超声波灭鼠等方法。灭鼠器灭鼠简单易行，效果可靠，对人、畜无害。

（3）化学药物灭鼠　许多化学药物，如灭鼠剂、熏蒸剂、烟剂、化学绝育剂等都可以杀灭老鼠（常用的灭鼠药物见表 7-1）。化学灭鼠效率高、使用方便、成本低、见效快，缺点是能引起人、畜中毒，有些鼠对药物有选择性、拒食性和耐药性。所以，使用时须选好药剂和注意使用方法，以保安全有效：一是饲料库可用熏蒸剂毒杀；二是笼养鸡舍防止鼠药进入饲料；三是采用全进全出制的生产程序时，可结合舍内消毒时一并进行，鼠尸应及时清理，以防被人、畜误食而发生二次中毒；四是选用鼠吃惯了的食物作饵料，突然投放，饵料充足，分布广泛，以保证灭鼠效果。

表 7-1　常用的灭鼠药物

名称	特性	作用特点	用　法	注意事项
敌鼠钠盐	为黄色粉末，无臭，无味，溶于沸水、乙醇、丙酮，性质稳定	作用较慢，能阻碍凝血酶原在鼠体内的合成，使凝血时间延长，而且其能损坏毛细血管，增加血管的通透性，引起内脏和皮下出血，最后死于内脏大量出血。一般在投药1~2天出现死鼠，第五至第八天死鼠量达到高峰，死鼠可延续10多天	①敌鼠钠盐毒饵。取敌鼠钠盐5克，加沸水2升搅匀，再加10千克杂粮，浸泡至毒水全部吸收后，加入适量植物油拌匀，晾干备用 ②混合毒饵。将敌鼠钠盐加入面粉或滑石粉中制成1%毒粉，再取毒粉1份，倒入19份切碎的鲜菜中拌匀即成 ③毒水。用1%敌鼠钠盐1份，加水20份即可	对人、畜、禽毒性较低，但对猫、犬、兔、猪毒性较强，可引起二次中毒。在使用过程中要加强管理，以防家畜误食中毒或发生二次中毒。如发现中毒，可使用维生素K解救
氯敌鼠 名氯鼠酮	黄色结晶性粉末，无臭，无味，溶于油脂等有机溶剂，不溶于水，性质稳定	是敌鼠钠盐的同类化合物，但对鼠的毒性作用比敌鼠钠盐强，为广谱灭鼠剂，而且适口性好，不易产生拒食性。主要用于毒杀家鼠和野栖鼠，尤其是可制成蜡块剂，用于毒杀下水道鼠类。灭鼠时将毒饵投在鼠洞或鼠活动的地区即可	有90%原药粉、0.25%母粉、0.5%油剂3种剂型。使用时可配制成如下毒饵：①0.005%水质毒饵。取90%原药粉3克，溶于适量热水中，待凉后，拌于50千克饵料，晒干后使用。②0.005%油质毒饵。取90%原药粉3克，溶于1千克热食油中，冷却至常温，洒于50千克饵料中拌匀即可。③0.005%粉剂毒饵。取0.25%母粉1千克，加入50千克饵料中，加少许植物油，充分混合拌匀即成	

续表

名称	特性	作用特点	用 法	注意事项
杀鼠灵（华法林）	白色粉末，无味，难溶于水，其钠盐溶于水，性质稳定	属香豆素类抗凝血灭鼠剂，一次投药的灭鼠效果较差，少量多次投放灭鼠效果好。鼠类对其毒饵接受性好，甚至出现中毒症状时仍采食	毒饵配制方法如下：①0.025%毒米。取2.5%母粉1份，植物油2份，米渣97份，混合均匀即成。②0.025%面丸。取2.5%母粉1份，与99份面粉拌匀，再加适量水和少许植物油，制成每粒1克重的面丸。以上毒饵使用时，将毒饵投放在鼠类活动的地方，每堆约39克，连投3～4天	对人、畜和家禽毒性很小，中毒时维生素 K_1 为有效解毒剂
杀鼠迷	黄色结晶粉末，无臭，无味，不溶于水，溶于有机溶剂	属香豆素类抗凝血杀鼠剂，适口性好，毒杀力强，二次中毒极少，是当前较为理想的杀鼠药物之一，主要用于杀灭家鼠和野栖鼠类	市售有0.75%的母粉和3.75%的水剂。使用时，将10千克饵料煮至半熟，加适量植物油，取0.75%杀鼠迷母粉0.5千克，撒于饵料中拌匀即可。毒饵一般分2次投放，每堆10～20克。水剂可配制成0.0375%饵剂使用	
杀它仗	白灰色结晶粉末，微溶于乙醇，几乎不溶于水	对各种鼠类都有很好的毒杀作用。适口性好，急性毒力大，1个致死剂量被吸收后3～10天就发生死亡，一次投药即可	用0.005%杀它仗稻谷毒饵，杀黄毛鼠有效率可达98%，杀室内褐家鼠有效率可达93.4%，一般一次投饵即可	适用于杀灭室内和农田的各种鼠类。对其他动物毒性较低，但犬很敏感

2. 杀虫

（1）环境卫生 搞好鸡场环境卫生，保持环境清洁、干燥，是杀灭蚊蝇的基本措施。蚊虫需在水中产卵、孵化和发育，蝇蛆也需在潮湿的环境及粪便等废弃物中生长。因此，填平无用的污水池、土坑、水沟和洼地，保持排水系统畅通，对阴沟、沟渠等定期疏通，勿使污水储积。对贮水池等容器加盖，以防蚊蝇飞入产卵。对不能清除或加盖的防火贮水器，在蚊蝇滋生季节，应定期换水。永久性水体（如鱼塘、池塘等），蚊虫多滋生在水浅而有植被的边缘区域，修整边岸、加大坡度和填充浅湾，能有效地防止蚊虫滋生。鸡舍内的粪便应定时清除，并及时处理，贮粪池应加盖并保持四周环境的清洁。

（2）物理杀灭　利用机械方法以及光、声、电等物理方法，捕杀、诱杀或驱逐蚊蝇。我国生产的多种紫外线光或其他光诱器，特别是四周装有电栅，通有将220伏变为5500伏的10毫安电流的蚊蝇光诱器，效果良好。此外，还有可以发出声波或超声波并能将蚊蝇驱逐的电子驱蚊器等，都具有防除效果。

（3）生物杀灭　利用天敌杀灭害虫，如池塘养鱼即可达到鱼类治蚊的目的。此外，应用细菌制剂——内菌素杀灭吸血蚊的幼虫，效果良好。

（4）化学杀灭　化学杀灭是使用天然或合成的毒物，以不同的剂型（粉剂、乳剂、油剂、水悬剂、颗粒剂、缓释剂等），通过不同途径（胃毒、触杀、熏杀、内吸等），毒杀或驱逐蚊蝇。化学杀虫法具有使用方便、见效快等优点，是当前杀灭蚊蝇的较好方法。常用的药物见表7-2。

表 7-2　常用的杀虫剂及使用方法

名称	性　状	使用方法
敌百虫	白色块状或粉末，有芳香味；低毒、易分解、污染小；杀灭蚊（幼）、蝇、蚤、蟑螂及家畜体表寄生虫	25%粉剂撒布；1%喷雾；0.1%畜体涂抹，0.02 克/千克体重口服驱除畜禽体内寄生虫
敌敌畏	黄色、油状液体，微芳香；易被皮肤吸收而中毒，对人、畜有较大毒害，畜舍内使用时应注意安全。杀灭蚊（幼）、蝇、蚤、蟑螂、螨、蜱	0.1%～0.5%喷雾，表面喷洒；10%熏蒸
马拉硫磷	棕色、油状液体，强烈臭味；其杀虫作用强而快，具有胃毒、触毒作用，也可作熏杀，杀虫范围广。对人、畜毒害小，适于畜舍内使用。世界卫生组织推荐的室内滞留喷洒杀虫剂；杀灭蚊（幼）、蝇、蚤、蟑螂、螨	0.2%～0.5%乳油喷雾，灭蚊、蚤；3%粉剂喷洒灭螨、蜱
倍硫磷	棕色、油状液体，蒜臭味；毒性中等，比较安全；杀灭蚊（幼）、蝇、蚤、臭虫、螨、蜱	0.1%的乳剂喷洒，2%的粉剂、颗粒剂喷洒、撒布
二溴磷	黄色、油状液体，微辛辣；毒性较强，杀灭蚊（幼）、蝇、蚤、蟑螂、螨、蜱	50%的油乳剂。0.05%～0.1%用于室内外蚊、蝇、臭虫等，野外用5%浓度

名称	性　状	使用方法
杀螟松	红棕色、油状液体，蒜臭味；低毒、无残留；杀灭蚊(幼)、蝇、蚤、臭虫、螨、蜱	40%的湿性粉剂灭蚊蝇及臭虫；2毫克/升灭蚊
地亚农	棕色、油状液体，略带香味；中等毒性；水中易分解；杀灭蚊(幼)、蝇、蚤、臭虫、蟑螂及体表害虫	喷洒0.5%，喷浇0.05%；撒布2%粉剂
皮蝇磷	白色结晶粉末，微臭；低毒，但对农作物有害；杀灭体表害虫	0.25%喷涂皮肤，1%～2%乳剂灭臭虫
辛硫磷	红棕色、油状液体，微臭；低毒、日光下短效；杀灭蚊(幼)、蝇、蚤、臭虫、螨、蜱	2克/平方米室内喷洒灭蚊蝇；50%乳油剂灭蝇、灭蚊或水体内幼蚊
杀虫畏	白色固体，有臭味；微毒；杀灭家蝇及家畜体表寄生虫(蝇、蜱、蚊、蠓)	20%乳剂喷洒，涂布家畜体表，50%粉剂喷洒体表灭虫
双硫磷	棕色、黏稠液体；低毒稳定；杀灭幼蚊、人蚤	5%乳油剂喷洒，0.5～1毫升/升撒布，1毫克/升颗粒剂撒布
毒死蜱	白色结晶粉末；中等毒性；杀灭蚊(幼)、蝇、螨、蟑螂及仓储害虫	2克/平方米喷洒物体表面
西维因	灰褐色粉末；低毒；杀灭蚊(幼)、蝇、臭虫、蜱	25%的可湿性粉剂和5%粉剂撒布或喷洒
害虫敌	淡黄色油状液体；低毒；杀灭蚊(幼)、蝇、蚤、蟑螂、螨、蜱	2.5%的稀释液喷洒；2%粉剂，1～2克/平方米撒布；2%气雾
双乙威	白色结晶，芳香味；中等毒性；杀灭蚊、蝇	50%的可湿性粉剂喷雾，2克/平方米喷洒灭成蚊
速灭威	灰黄色粉末；中毒；杀灭蚊、蝇	25%的可湿性粉剂和30%乳油喷雾灭蚊
残杀威	白色结晶粉末，微带特殊气味；中等毒性；杀灭蚊(幼)、蝇、蟑螂	2克/平方米用于灭蚊、蝇；10%粉剂局部喷洒灭蟑螂
胺菊酯	白色结晶；微毒；杀灭蚊(幼)、蝇、蟑螂、臭虫	0.3%的油剂，气雾剂。须与其他杀虫剂配伍使用

三、严格消毒

消毒是指用化学或物理的方法杀灭或清除传播媒介上的病原微生物，使之达到无传播感染水平，即不再有传播感染的危险。肉鸡场消毒就是采用一定方法将养殖环境、养殖器具、动物体表、进入的人员或物品、动物产品等存在的微生物全部或部分杀灭或清除掉。消毒是保证鸡群健康和正常生产的重要技术措施。

（一）消毒的方法

鸡场常用的消毒方法概括有下面几种。

1. 机械性清除

如清扫、铲刮、冲洗（用清扫、铲刮、冲洗等机械方法清除降尘、污物及沾染的墙壁、地面以及设备上的粪尿、残余的饲料、废物、垃圾等，这样可处理掉70%的病原，并为药物消毒创造条件）及适当通风（特别是在冬、春季，适当通风可在短时间内迅速降低舍内病原微生物的数量，加快舍内水分蒸发，保持干燥，可使除芽孢、虫卵以外的病原失活）。

2. 物理消毒法

（1）紫外线　利用太阳光中的紫外线或安装波长为280～240纳米紫外线灭菌灯可以杀灭病原微生物。一般病毒和非芽孢的菌体，在直射阳光下，只需要几分钟到1小时就能被杀死。即使是抵抗力很强的芽孢，在连续几天的强烈阳光下反复暴晒也可变弱或杀死。利用阳光消毒运动场及移出舍外的、已清洗的设备与用具等，既经济又简便。

（2）高温　高温消毒主要有火焰、煮沸与蒸汽等形式。如利用酒精喷灯的火焰杀灭病原微生物，但不能对塑料、木制品和其他易燃物品进行消毒，消毒时应注意防火。另外，对有些耐高温的芽孢（破伤风梭状芽孢、炭疽芽孢杆菌），使用火焰喷射靠短暂高温来消毒，效果难以保证。煮沸与蒸汽消毒效果比较确实，主要消毒衣物和器械。

3. 化学药物消毒

利用化学药物（化学消毒剂）杀灭病原微生物以达到预防感染和传染病的传播和流行的方法。此法在养鸡生产中是最常用的方法。

4. 生物消毒法

生物消毒法是指利用生物技术将病原微生物杀灭或清除的方法。如粪便的堆积进行需氧或厌氧发酵产生一定的高温可以杀死粪便中的病原微生物。

（二）化学药物消毒

常用的化学消毒剂见表7-3。

表 7-3 常用的化学消毒剂

类别	概述	名称	性状和性质	使用方法
含氯消毒剂	含氯消毒剂是指在水中能产生具有杀菌作用的活性次氯酸的一类消毒剂，包括有机含氯消毒剂和无机含氯消毒剂，作用机制是：①氧化作用；②氯化作用；③新生态氧的杀菌作用。目前生产中使用较为广泛	漂白粉（含氯石灰含有效氯25%～30%）	白色颗粒状粉末，有氯臭味，久置空气中失效，大部溶于水和醇	5%～20%的悬浮液环境消毒，饮水消毒每50升水加1克；1%～5%的澄清液消毒食槽、玻璃器皿以及用于非金属用具消毒等，宜现配现用
		漂白粉精	白色结晶，有氯臭味，含氯稳定	0.5%～1.5%用于地面、墙壁消毒，0.3～0.4克/千克饮水消毒
		氯胺-T（含有效氯24%～26%）	为含氯的有机化合物，白色微黄晶体，有氯臭味。对细菌的繁殖体及芽孢、病毒、真菌孢子有杀灭作用。杀菌作用慢，但性质稳定	0.2%～0.5%水溶液喷雾用于室内空气及表面消毒，1%～2%浸泡物品、器材消毒；3%的溶液用于排泄物和分泌物的消毒；黏膜消毒，0.1%～0.5%；饮水消毒，1升水用2～4毫克。配制消毒液时，如果加入一定量的氯化铵，将大大提高消毒能力
		二氯异氰尿酸钠（含有效氯60%～64%，优氯净，另外，强力消毒净、84消毒液、速效净等均含有二氯异氰尿酸钠）	白色晶粉，有氯臭味。室温下保存半年仅降低有效氯0.16%。是一种安全、广谱和长效的消毒剂，不遗留残余毒性	一般0.5%～1%溶液可以杀灭细菌和病毒，5%～10%的溶液用作杀灭芽孢。环境器具消毒，0.015%～0.02%；饮水消毒，每1升水4～6毫克，作用30分钟。本品宜现用现配。注：三氯异氰尿酸钠，其性质特点和作用同二氯异氰尿酸钠基本相同。球虫囊消毒每10升水中加入10～20克
		二氧化氯[益康（ClO_2）、消毒王、超氯]	白色粉末，有氯臭，易溶于水，易潮湿。可快速地杀灭所有病原微生物，制剂有效氯含量5%。具有高效、低毒、除臭和不残留的特点	可用于畜禽舍、场地、器具、种蛋、屠宰厂、饮水消毒和带畜消毒。含有效氯5%时，环境消毒，每1升水加药5～10毫升，泼洒或喷雾消毒；饮水消毒，100升水加药5～10毫升；用具、食槽消毒，每1升水加药5毫克，浸泡5～10分钟。现配现用

类别	概述	名称	性状和性质	使用方法
碘类消毒剂	是碘与表面活性剂(载体)及增溶剂等形成稳定的络合物。作用机制是碘的正离子与酶系统中蛋白质所含的氨基酸起亲电取代反应,使蛋白质失活;碘的正离子具氧化性,能对膜联酶中的巯基进行氧化,破坏酶活性	碘酊(碘酒)	为碘的醇溶液,红棕色澄清液体,微溶于水,易溶于乙醚、氯仿等有机溶剂,杀菌力强	2%~2.5%用于皮肤消毒
		碘伏(络合碘)	红棕色液体,随着有效碘含量的下降逐渐向黄色转变。碘与表面活性剂及增溶剂形成的不定型络合物,其实质是一种含碘的表面活性剂,主要剂型为聚乙烯吡咯烷酮碘和聚乙烯醇碘等,性质稳定,对皮肤无害	0.5%~1%用于皮肤消毒,10毫升/升浓度用于饮水消毒
		威力碘	红棕色液体。本品含碘0.5%	1%~2%用于畜舍、家畜体表及环境消毒。5%的用于手术器械、手术部位消毒
醛类消毒剂	能产生自由醛基,在适当条件下与微生物的蛋白质及某些其他成分发生反应。作用机理是可与菌体蛋白质中的氨基结合使其变性或使蛋白质分子烷基化。可以和细胞壁脂蛋白发生交	福尔马林,含36%~40%甲醛水溶液	无色有刺激性气味的液体,90℃下易生成沉淀。对细菌繁殖体及芽孢、病毒和真菌均有杀灭作用,广泛用于防腐消毒	1%~2%环境消毒,与高锰酸钾配伍熏蒸消毒畜禽房舍等,可使用不同级别的浓度
		戊二醛	无色油状体,味苦。有微弱甲醛气味,挥发度较低。可与水、酒精作任何比例的稀释,溶液呈弱酸性。碱性溶液有强大的灭菌作用	2%水溶液,用0.3%碳酸氢钠调整pH值在7.5~8.5范围可消毒,不能用于精密仪器、器材的消毒

类别	概述	名称	性状和性质	使用方法
醛类消毒剂	联、和细胞磷壁酸中的酯联残基形成侧链,封闭细胞壁,阻碍微生物对营养物质的吸收和废物的排出	多聚甲醛(聚甲醛含甲醛91%～99%)	甲醛的聚合物,有甲醛臭味,白色疏松粉末,常温下能分解出甲醛气体,加热时分解加快,释放出甲醛气体与少量水蒸气。难溶于冷水,但能溶于热水,加热至150℃时,可全部蒸发为气体	多聚甲醛的气体与水溶液,均能杀灭各种类型病原微生物。1%～5%溶液作用10～30分钟,可杀灭除细菌芽孢以外的各种细菌和病毒;杀灭芽孢时,需8%浓度作用6小时。用于熏蒸消毒,用量为每立方米3～10克,消毒时间为6小时
氧化剂类	是一些含不稳定结合态氧的化合物。作用机制是:这类化合物遇到有机物和某些酶可释放出初生态氧,破坏菌体蛋白或细菌的酶系统。分解后产生的各种自由基,如巯基、活性氧衍生物等破坏微生物的通透性屏障以及蛋白质、氨基酸、酶等最终导致微生物死亡	过氧乙酸	无色透明酸性液体,易挥发,具有浓烈刺激性,不稳定,对皮肤、黏膜有腐蚀性。对多种细菌和病毒杀灭效果好	400～2000毫克/升,浸泡20～120分钟;0.1%～0.5%擦拭物品表面;或0.5%～5%环境消毒,0.2%器械消毒
		过氧化氢(双氧水)	无色透明,无异味,微酸苦,易溶于水,在水中分解成水和氧。可快速灭活多种微生物	1%～2%创面消毒;0.3%～1%黏膜消毒
		过氧戊二酸	有固体和液体两种。固体难溶于水,为白色粉末,有轻度刺激性作用,易溶于乙醇、氯仿、乙酸	2%器械浸泡消毒和物体表面擦拭,0.5%皮肤消毒,雾化气溶胶用于空气消毒
		臭氧	臭氧(O_3)是氧气(O_2)的同素异形体,在常温下为淡蓝色气体,有鱼腥臭味,极不稳定,易溶于水。臭氧对细菌繁殖体、病毒、真菌和枯草杆菌黑色变种芽孢有较好的杀灭作用;对原虫和虫卵也有很好的杀灭作用	30毫克/立方米,15分钟室内空气消毒;0.5毫克/升10分钟,用于水消毒;15～20毫克/升用于传染源污水消毒

类别	概述	名称	性状和性质	使用方法
氧化剂类	是一些含不稳定结合态氧的化合物。作用机制是：这类化合物遇到有机物和某些酶可释放出初生态氧，破坏菌体蛋白或细菌的酶系统。分解后产生的各种自由基，如巯基、活性氧衍生物等破坏微生物的通透性屏障以及蛋白质、氨基酸、酶等最终导致微生物死亡	高锰酸钾	紫黑色斜方形结晶或结晶性粉末，无臭，易溶于水，溶液以其浓度不同而呈暗紫色至粉红色。低浓度可杀死多种细菌的繁殖体，高浓度（2%～5%）在24小时内可杀灭细菌芽孢，在酸性溶液中可以明显提高杀菌作用	0.1%溶液可用于鸡的饮水消毒，杀灭肠道病原微生物；0.1%创面和黏膜消毒；0.01%～0.02%消化道清洗；用于体表消毒时使用的浓度为0.1%～0.2%
酚类消毒剂	酚类消毒剂是消毒剂中种类较多的一类化合物。作用机制是：①高浓度下可裂解并穿透细胞壁，与菌体蛋白结合，使微生物原浆蛋白质变性；②低浓度下可使氧化酶、去氢酶、催化酶等细胞的主要酶系统失去活性	苯酚（石炭酸）	白色针状结晶，弱碱性，易溶于水，有芳香臭味	杀菌力强，3%～5%用于环境与器械消毒，2%用于皮肤消毒
		煤酚皂（来苏儿）	由煤酚和植物油、氢氧化钠按一定比例配制而成。无色，见光和空气变为深褐色，与水混合成为乳状液体。毒性较低	3%～5%用于环境消毒；5%～10%器械消毒、处理污物；2%的溶液用于术前、术后和皮肤消毒
		复合酚（农福、消毒净、消毒灵）	由冰醋酸、混合酚、十二烷基苯磺酸、煤焦油按一定比例混合而成，为棕色黏稠状液体，有煤焦油臭味，对多种细菌和病毒有杀灭作用	用水稀释100～300倍后，用于环境、禽舍、器具的喷雾消毒，稀释用水温度不低于8℃；1∶200杀灭烈性传染病，如口蹄疫；1∶（300～400）药浴或擦拭皮肤，药浴25分钟，可以防治猪、牛、羊螨虫等皮肤寄生虫病，效果良好
		氯甲酚溶液（菌球杀）	为甲酚的氯代衍生物，一般为5%的溶液。杀菌作用强，毒性较小	主要用于禽舍、用具、污染物的消毒。用水稀释33～100倍后用于环境、畜禽舍的喷雾消毒

续表

类别	概述	名称	性状和性质	使用方法
表面活性剂	又称清洁剂或除污剂(双链季铵酸盐类消毒剂)。作用机理是:①可以吸附到菌体表面,改变细胞渗透性,溶解损伤细胞使菌体破裂,细胞内容物外流;②表面活性物在菌体表面浓集,阻碍细菌代谢,使细胞结构紊乱;③渗透到菌体内使蛋白质发生变性和沉淀;④破坏细菌酶系统	新洁尔灭(苯扎溴铵)。市售的一般为浓度5%的苯扎溴铵水溶液	无色或淡黄色液体,振摇产生大量泡沫。对革兰阴性细菌的杀灭效果比对革兰阳性菌强,能杀灭有囊膜的亲脂病毒,不能杀灭亲水病毒、芽孢菌、结核菌,易产生耐药性	皮肤、器械消毒用0.1%的溶液(以苯扎溴铵计),黏膜、创口消毒用0.02%以下的溶液。0.5%～1%溶液用于手术局部消毒
		度米芬(杜米芬)	白色或微白色片状结晶,能溶于水和乙醇。主要用于细菌病原,消毒能力强,毒性小,可用于环境、皮肤、黏膜、器械和创口的消毒	皮肤、器械消毒用0.05%～0.1%的溶液,带畜禽消毒用0.05%的溶液喷雾
		癸甲溴铵溶液(百毒杀)。市售浓度一般为10%癸甲溴铵溶液	白色、无臭、无刺激性、无腐蚀性的溶剂。本品性质稳定,不受环境酸碱度、水质硬度、粪便血污等有机物及光、热影响,可长期保存,且适用范围广	饮水消毒,日常1:(2000～4000)倍,可长期使用。疫病期间1:(1000～2000)连用7天;畜禽舍及带畜禽消毒,日常1:600;疫病期间1:(200～400)喷雾、洗刷、浸泡
		双氯苯胍己烷	白色结晶粉末,微溶于水和乙醇	0.5%环境消毒,0.3%器械消毒,0.02%皮肤消毒
		环氧乙烷(烷基化合物)	常温无色气体,沸点10.3℃,易燃、易爆、有毒	50毫克/升密闭容器内用于器械、敷料等消毒
		氯己定(洗必泰)	白色结晶,微溶于水,易溶于醇,禁忌与升汞配伍	0.022%～0.05%水溶液,术前洗手浸泡5分钟;0.01%～0.025%用于腹腔、膀胱等冲洗

续表

类别	概述	名称	性状和性质	使用方法
醇类消毒剂	醇类物质。作用机理:使蛋白质变性沉淀;快速渗透过细菌胞壁进入菌体内,溶解破坏细菌细胞;抑制细菌酶系统,阻碍细菌正常代谢;可快速杀灭多种微生物	乙醇(酒精)	无色透明液体,易挥发,易燃,可与水和挥发油任意混合。无水乙醇含乙醇量为95%以上。主要通过使细菌菌体蛋白凝固并脱水而发挥杀菌作用。以70%~75%乙醇杀菌能力最强。对组织有刺激作用,浓度越大刺激性越强	70%~75%用于皮肤、手背、注射部位和器械及手术、实验台面消毒,作用时间3分钟;注意:不能作为灭菌剂使用,不能用于黏膜消毒;浸泡消毒时,消毒物品不能带有过多水分,物品要清洁
		异丙醇	无色透明液体,易挥发,易燃,具有乙醇和丙酮混合气味,与水和大多数有机溶剂可混溶。作用浓度为50%~70%,过浓或过稀,杀菌作用都会减弱	50%~70%的水溶液涂擦与浸泡,作用时间50~60分钟。只能用于物体表面和环境消毒。杀菌效果优于乙醇,但毒性也高于乙醇。有轻度的蓄积和致癌作用
强碱类	碱类物质。作用机理:氢氧根离子可以水解蛋白质和核酸,使微生物的结构和酶系统受到损害,同时可分解菌体中的糖类而杀灭细菌和病毒。尤其是对病毒和革兰阴性杆菌的杀灭作用最强。但其腐蚀性也强	氢氧化钠(火碱)	白色干燥颗粒、棒状、块状、片状结晶,易溶于水和乙醇,易吸收空气中的CO_2形成碳酸钠或碳酸氢钠盐。对细菌繁殖体、芽孢体和病毒有很强的杀灭作用,对寄生虫卵也有杀灭作用,浓度增大,作用增强	2%~4%溶液可杀死病毒和繁殖型细菌,30%溶液10分钟可杀死芽孢,4%溶液45分钟杀死芽孢,如加入10%食盐能增强杀芽孢能力。2%~4%的热溶液用于喷洒或洗刷,消毒畜禽舍、仓库、墙壁、工作间、入口处、运输车辆、饮饲用具等;5%用于炭疽消毒
		生石灰(氧化钙)	白色或灰白色块状或粉末,无臭,易吸水,加水后生成氢氧化钙	加水配制10%~20%石灰乳涂刷畜舍墙壁、畜栏等消毒

续表

类别	概述	名称	性状和性质	使用方法
强碱类	碱类物质。作用机理:氢氧根离子可以水解蛋白质和核酸,使微生物的结构和酶系统受到损害,同时可分解菌体中的糖类而杀灭细菌和病毒。尤其是对病毒和革兰阴性杆菌的杀灭作用最强。但其腐蚀性也强	草木灰	新鲜草木灰主要含氢氧化钾。取筛过的草木灰 10～15 千克,加水 35～40 千克,搅拌均匀,持续煮沸 1 小时,补足蒸发的水分即成 20%～30%草木灰溶液	20%～30%草木灰可用于圈舍、运动场、墙壁及食槽的消毒。应注意水温在 50～70℃

【注意】 选择化学消毒剂时,一要注意了解消毒剂的适用性。不同种类的病原微生物构造不同,对消毒剂的反应不同。有些消毒剂是广谱的,对绝大多数微生物具有几乎相同的效力,也有一些消毒剂为专用,只对有限的几种微生物有效。因此,在购买消毒剂时,要了解消毒剂的药性、所消毒的物品及杀灭的病原种类。二要消毒力强,性能稳定。三要毒性小,刺激性小,对人、畜危害小,不残留在畜产品中,腐蚀性小。四要廉价易得,使用方便。

(三) 消毒剂使用方法

化学药物消毒是生产中最常用的消毒方法,消毒剂的使用方法有以下几种。

(1) 浸泡法　主要用于器械、用具、衣物等消毒。一般洗涤干净后再行浸泡,药液要浸过物体,浸泡时间应长些,水温应高些。鸡舍入口处消毒槽内,可用浸泡药物的草垫或草袋对人员的靴鞋消毒。

(2) 喷洒法　喷洒地面、墙壁、舍内固定设备等,可用细眼喷壶;对舍内空间消毒,则用喷雾器。喷洒要全面,药液要喷到物体的各个部位。喷洒地面,药液量为 2 升/平方米面积,喷墙壁、顶棚,1升/平方米面积。

(3) 熏蒸法　适用于可以密闭的鸡舍。这种方法简便、省事,对房屋结构无损,消毒全面,鸡场常用。常用的药物有福尔马林(40%的甲醛水溶液)、过氧乙酸水溶液。为加速蒸发,常利用高锰酸钾的氧化作用。实际操作中要严格遵守下面的基本要点:畜舍及设备必须清洗干净,因为气体不能渗透到鸡粪和污物中去,所以不能发挥应有的效力;畜舍要密封,不能漏气。应将进出气口、门窗和排气扇等的缝隙糊严。

(4)气雾法 气雾粒子是悬浮在空气中的气体与液体的微粒,直径小于200纳米,分子量极轻,能悬浮在空气中较长时间,可到处漂移穿透到鸡舍内的周围及其空隙。气雾是消毒液倒进气雾发生器后喷射出的雾状微粒,是消灭气携病原微生物的理想办法。如全面消毒鸡舍空间,每立方米用5%的过氧乙酸溶液0.5毫升喷雾。

(四)肉鸡场的消毒程序

1. 进入人员及物品消毒

养鸡场周围要有防疫墙或防疫沟,只设置一个大门入口控制人员和车辆物品进入。设置人员消毒室,人员消毒室设置淋浴装置、熏蒸衣柜和场区工作服,进入人员必须淋浴,换上清洁消毒好的工作衣帽和靴后方可进入,工作服不准穿出生产区,定期更换清洗消毒。工作人员工作前要洗手消毒;进入场区的所有物品、用具都要消毒。舍内的用具要固定,不得互相串用。非生产性用品,一律不能带入生产区。

2. 进入车辆消毒

大门入口处必须设置车辆消毒池。车辆消毒池的长度为进出车辆车轮2个周长以上,消毒液可用消毒时间长的复合酚类和3%~5%氢氧化钠溶液,最好再设置喷雾消毒装置,车辆进出鸡场大门口,必须对车身消毒。可用1:1000的氯制剂消毒液喷雾;要尽量使用场内车辆和工业用车,对于其他农场、牧场、兽药厂等有关单位的车辆尽量不用。接鸡转群所用的笼具和车辆等均需喷洒消毒。

3. 场区环境消毒

进鸡前对鸡舍周围5米以内的地面用0.2%~0.3%过氧乙酸,或使用5%的火碱溶液或5%的甲醛溶液进行喷洒;鸡舍周围1.5~2米撒布生石灰消毒;鸡场场内的道路和鸡舍周围定期消毒,尤其是生产区的主要道路每天或隔日喷洒药液消毒。

4. 鸡舍消毒

鸡淘汰或转群后,要对鸡舍进行彻底的清洁消毒,消毒步骤如下。

（1）清理清扫　移出能够移出的设备和用具，清理舍内杂物。然后将鸡舍各个部位、任何角落所有灰尘、垃圾及粪便清理、清扫干净。为了减少尘埃飞扬，清扫前喷洒消毒药。

（2）冲洗　用高压水枪冲洗鸡舍的墙壁、地面和屋顶和不能移出的设备用具，不留一点污垢。

（3）消毒药喷洒　鸡舍冲洗干燥后，用5%～8%的火碱溶液喷洒地面、墙壁、屋顶、笼具、饲槽等2～3次，用清水洗刷饲槽和饮水器。其他不宜用水冲洗和火碱消毒的设备可以用其他消毒液涂擦。

（4）熏蒸消毒　能够密闭的鸡舍，特别是雏鸡舍，密闭后使用福尔马林溶液和高锰酸钾熏蒸24～48小时待用。根据育雏舍的空间分别计算好福尔马林和高锰酸钾的用量，见表7-4。

表7-4　不同熏蒸浓度的药物使用量

药品名称	I	II	III
福尔马林/(毫升/立方米空间)	14	28	42
高锰酸钾/(克/立方米空间)	7	14	21

【注意】肉鸡舍污浊时可用高浓度，清洁时可用低浓度；封闭育雏舍的窗和所有缝隙。把高锰酸钾放入陶瓷或瓦制的容器内（育雏舍面积大时可以多放几个容器），将福尔马林溶液缓缓倒入，迅速撤离，封闭好门；熏蒸效果最佳的环境温度是24℃以上，相对湿度75%～80%，熏蒸时间24～48小时。熏蒸后打开门窗通风换气1～2天，使其中甲醛气体逸出。不立即使用的可以不打开门窗，待用前再打开门窗通风；两种药物反应剧烈，因此盛装药品的容器尽量大一些。熏蒸后可以检查药物反应情况。若残渣是一些微湿的褐色粉末，则表明反应良好；若残渣呈紫色，则表明福尔马林量不足或药效降低；若残渣太湿，则表明高锰酸钾量不足或药效降低。

5. 带鸡消毒

正在饲养鸡的鸡舍可用过氧乙酸进行带鸡消毒，每立方米空间用30毫升的纯过氧乙酸配成0.3%的溶液喷洒，选用大雾滴的喷头，喷洒鸡舍各部位、设备、鸡群。一般每周带鸡消毒1～2次，发生疫病期间每天带鸡消毒1次。或选用其他高效、低毒、广谱、无刺激性的消毒药，如 700 毫克/千克爱迪伏液经 1：160 倍稀释后带鸡消毒，效果良好；用 50％的百毒杀原液经 1：3000 倍稀释后带鸡消毒。冬季寒冷不要把鸡体喷得太湿，可以使用温水稀释；夏季带鸡消毒有利于降温和减少热应激死亡。

6. 饲喂、饮水等用具的消毒

饲喂、饮水用具每周洗刷消毒一次，炎热季节应增加次数，饲喂雏鸡的开食盘或塑料布，正反两面都要清洗消毒；医疗器械必须先冲洗后再煮沸消毒；拌饲料的用具及工作服每天用紫外线照射一次，照射时间 20～30 分钟。

7. 饲料和饮水消毒

饲料和饮水中含有病原微生物，可以引起鸡群感染疾病。通过在饲料和饮水中添加消毒剂，抑制和杀死病原，减少鸡群发生疫病。二氧化氯（ClO_2）是一种广谱、高效、低毒和安全的消毒剂，拌料或饮水消毒，可以降低鸡群疾病发生率，减少死亡淘汰率，改善鸡舍环境，提高生产性能，养殖成本低。

8. 粪便消毒

粪便及时清理，堆放在指定地点，远离鸡舍，并进行消毒处理，如采用堆积发酵或喷洒消毒药等方法，杀死病原微生物。

（五）消毒注意事项

1. 正确选择消毒剂

市场上的消毒剂种类繁多，每一种消毒剂都有其优点及缺点，但没有一种消毒剂是十全十美的，介绍的广谱性也是相对的。所以，在选择消毒剂时，应充分了解各种消毒剂的特性和消毒的对象。

2. 制定并严格执行消毒计划

鸡场应制定消毒计划，按照消毒计划严格实施。消毒计划包括：计划（消毒方法、消毒时间和次数、消毒场所和对象以及消毒药物选择、配置和更换等）、执行（消毒对象的清洁卫生和清洁剂或消毒剂的使用）和控制（对消毒效果肉眼和微生物学的监测，以确定病原体的减少和杀灭情况）。

3. 消毒表面清洁

清除消毒表面的污物（尤其是有机物），是提高消毒效果的最重要的一步，否则不论是何种消毒剂都会降低其消毒效力。消毒表面不清洁会阻止消毒剂与细菌的接触，使杀菌效力降低。例如鸡舍内有粪便、羽毛、饲料、蜘蛛网、污泥、脓液、油脂等存在时，常会降低所有消毒剂的效力。在许多情况下，表面的清洁甚至比消毒更重要。进行各种表面的清洗时，除了刷、刮、擦、扫外，还应用高压水冲洗，效果会更好，有利于有机物溶解与脱落。

在鸡场进行消毒时，不可避免地总会有有机物存在。有机排泄物或分泌物存在时，所有消毒剂的作用都会人为减低甚至变成无效，其中以季铵、碘剂、甲醛所受影响较大，而石炭酸类与戊二醛所受的影响较小。有机物以粪尿、血、脓、伤口坏死组织、黏液和其他分泌物等最为常见。有机物影响消毒剂效果的原因：一是有机物能在菌体外形成一层保护膜，而使消毒剂无法直接作用于菌体；二是消毒剂可能与有机物形成不溶性化合物，而使消毒剂无法发挥其消毒作用；三是消毒剂可能与有机物进行化学反应，而其反应产物并不具杀菌作用；四是有机悬浮液中的胶质颗粒状物可能吸附消毒剂粒子，而将大部分抗菌成分由消毒液中移除；五是脂肪可能会将消毒剂去活化；六是有机物可能引起消毒剂的 pH 变动，而使消毒剂不活化或效力低下。

所以在消毒鸡场的用具、器械等时，将欲消毒的用具、器械先清洗后才施用消毒剂是最基本的要求，而此可以借助清洁剂与消毒剂的合剂来完成。

4. 药物浓度应正确

这是决定消毒剂效力的首要因素，对黏度大的消毒剂在稀释时须搅拌成均匀的消毒液才行。药物浓度的表示方法有：

（1）使用量以稀释倍数表示　这是制造厂商依其药剂浓度计算所得的稀释倍数，表示 1 份的药剂以若干份的水来稀释而成，如稀释倍数为 1000 倍时，即在每 1 升水中添加 1 毫升药剂以配成消毒溶液。

（2）使用量以百分含量（％）表示　消毒剂浓度以百分含量（％）表示时，表示每 100 克溶液中溶解有若干克或毫升的有效成分药品（重量百分率），但实际应用时有几种不同表示方法。例如某消毒剂含 10％某有效成分，可能该溶液 100 克中有 10 克消毒剂，也可能溶液 100 克中有 10 毫升消毒剂或可能溶液 100 毫升中有 10 毫升消毒剂。如果把含 10％某有效成分的消毒剂配制成 2％溶液时，则每 1

升消毒溶液需 200 毫升消毒剂与 800 毫升水混合而成。其算法如：

$$X \times 10\% \div 1000 \text{ 毫升} = 2/100$$

则：$X = 200$ 毫升

5. 药物的量充足

单位面积的药物使用量与消毒效果有很大的关系，因为消毒剂要发挥效力，须先使欲消毒表面充分浸湿，所以如果增加消毒剂浓度 2 倍，而将药液量减成 1/2 时，可能因物品无法充分湿润而不能达到消毒效果。通常鸡舍的水泥地面消毒 3.3 平方米至少需要 5 升的消毒液。

6. 接触时间充足

消毒时，至少应有 30 分钟的浸渍时间以确保消毒效果。有的人在消毒手时，用消毒液洗手后又立即用清水洗手，是起不到消毒效果的。在浸渍消毒鸡笼、蛋盘等器具时，不必浸渍 30 分钟，因在取出后至干燥前消毒作用仍在进行，所以浸渍约 20 秒即可。细菌与消毒剂接触时，不会立即被消灭。细菌的死亡，与接触时间、温度有关。消毒剂所须杀菌的时间，从数秒到几个小时不等，例如氧化剂作用快速，醛类则作用缓慢。检视在消毒作用的不同阶段的微生物存活数目，可以发现在单位时间内所杀死的细菌数目与存活细菌数目是常数关系，因此起初的杀菌速度非常快，但随着细菌数的减少，杀菌速度逐步缓慢下来，以致到最后要完全杀死所有的菌体，必须要有显著较长的时间。此种现象在现场常会被忽略，因此必须要特别强调，消毒剂需要一段作用时间（通常指 24 小时）才能将微生物完全杀灭，另外须注意的是许多灵敏消毒剂在液相时才能有最大的杀菌作用。

7. 保持一定的温度

消毒作用也是一种化学反应，因此加温可增进消毒杀菌率。若加化学制剂于热水或沸水中，则其杀菌力大增。大部分消毒剂的消毒作用在温度上升时有显著增进，尤其是戊二醛类，卤素类的碘剂例外。对许多常用的温和消毒剂而言，在接近冰点的温度是毫无作用的。在用甲醛气体熏蒸消毒时，如将室温提高到 24℃ 以上，会得到较佳的消毒效果。但须注意的是，真正重要的是消毒物表面的温度，而非空气的温度，常见的错误是在使用消毒剂前极短时间内进行室内加温，如此不足以提高水泥地面的温度。

8. 勿与其他消毒剂或杀虫剂等混合使用

把两种以上消毒剂或杀虫剂混合使用可能很方便，但却可能发生一些肉眼可见的沉淀、分离变化或肉眼见不到的变化，如 pH 的变化，而使消毒剂或杀虫剂失去其效力。但为了增大消毒药的杀菌范围，减少病原种类，可以选用几种消毒剂交替使用，使用一种消毒剂1~2周后再换用另一种消毒剂，能起到一个互补作用，因为不同的消毒剂虽然介绍是广谱，但都有一定的局限性，不可能杀死所有的病原微生物。

9. 注意使用上的安全

许多消毒剂具有刺激性或腐蚀性，例如强酸性的碘剂、强碱性的石炭酸剂等，因此切勿在调配药液时用手直接去搅拌，或在进行器具消毒时直接用手去搓洗。如不慎沾到皮肤时应立即用水洗干净。使用毒性或刺激性较强的消毒剂，或喷雾消毒时应穿着防护衣服与戴防护眼镜、口罩、手套。有些磷制剂、甲苯酚、过氧乙酸等，具可燃性和爆炸性，因此应提防火灾和爆炸的发生。

10. 消毒后的废水须处理

消毒后的废水不能随意排放到河川或下水道，必须进行处理。

四、确切免疫接种

目前，传染病仍是威胁我国肉鸡业的主要疾病，而免疫接种仍是预防传染病的有效手段。免疫接种通常是使用疫苗和菌苗等生物制剂作为抗原接种于家禽体内，激发抗体产生特异性免疫力。

（一）疫苗的种类及特点

疫苗可分为活毒疫苗和死疫苗两大类。活毒疫苗多是弱毒苗，是由活病毒或细菌致弱后形成的，当其接种后进入鸡只体内可以繁殖或感染细胞，既能增加相应抗原量，又可延长和加强抗原刺激作用，具有产生免疫快、免疫效力好、免疫接种方法多、用量小且使用方便等优点，还可用于紧急预防；灭活苗是用强毒株病原微生物灭活后制成的，安全性好，不散毒，不受母源抗体影响，易保存，产生的免疫力时间长，适用于多毒株或多菌株制成多价苗，但需免疫注射，成本高。肉鸡场常用的疫苗见表 7-5。

表 7-5　肉鸡场常用的疫苗

病名	疫苗名称	用法	免疫期	注意事项
马立克病	鸡马立克病火鸡疱疹病毒疫苗	1 日龄雏鸡皮下注射 0.2 毫升/只（含 2000 个似斑单位）	接种后 2～3 周产生免疫力，免疫期 1.5 年	①用前注意疫苗质量，使用专用稀释液；②疫苗稀释后必须在 1 小时内用完；③保持场地、用具洁净
	鸡马立克病"814"冻干苗	1 日龄雏鸡皮下注射 0.2 毫升/只	接种后 8 天产生免疫力，免疫期 1.5 年	方法同上。液氮中保存和运输；取出后将疫苗放入 38℃ 左右温水中，溶化后稀释应用；用时摇匀疫苗
	鸡马立克病二价或三价冻干苗	1 日龄雏鸡皮下注射 0.2 毫升/只	接种后 10 天产生免疫力，免疫期 1.5 年	方法同上。液氮保存和运输；取出后将疫苗放入 38℃ 左右温水中，溶化后稀释应用并摇匀疫苗
新城疫	新城疫Ⅱ	生理盐水或蒸馏水稀释后滴鼻、点眼、饮水或气雾	7～9 天产生免疫力，免疫期受多种因素影响，3～6 周不等	① 冻干苗冷冻保存，-15℃ 以下保存，有效期 2 年；②免疫后检测抗体，了解抗体情况。首免后 1 个月二免。生产中常用
	新城疫Ⅲ	同上	同上	同上
	新城疫Ⅳ	同上	同上	同上。生产中常用
	新城疫Ⅰ	同上	注射后 72 小时产生免疫力，免疫期 1 年	同上
	新城疫灭活苗	雏鸡 0.25～0.3 毫升/只，成鸡 0.5 毫升/只，皮下或肌内注射	注射后 2 周产生免疫力，免疫期 3～6 个月	①疫苗常温保存，避免冷冻；②逐只注射，剂量要准确
传染性法氏囊炎	传染性法氏囊弱毒苗	首免使用。点眼、滴鼻、肌注、饮水	2～3 个月	①冷冻保存。②免疫前检测抗体水平，确定首免时间；③免疫前后对鸡舍进行彻底的清洁消毒，减少病毒数量

续表

病名	疫苗名称	用法	免疫期	注意事项
传染性法氏囊炎	传染性法氏囊中毒苗	二免、三免或污染严重地区首免使用。饮水	3～5个月	①冷冻保存;②首免后2～3周二免;③免疫前后对鸡舍进行彻底的清洁消毒,减少病毒数量
	传染性法氏囊油乳剂灭活苗	种鸡群在18～20周龄和40～45周龄皮下注射,0.5毫升/只,提高雏鸡母源抗体水平	10个月	①常温保存;②颈部皮下注射;③可以对1周龄以内的雏鸡,与弱毒苗同时使用,有助于克服母源抗体干扰
禽流感	禽流感油乳灭活苗	分别在4～6周龄、17～18周龄和40周龄接种一次	6个月	4～6周龄0.3毫升/只,17～18周龄和40周龄0.5毫升/只,颈部皮下注射。疫苗来源于正规厂家
传染性支气管炎	传染性支气管炎 H_{120}	点眼、滴鼻或饮水	3～5天产生免疫力,免疫期3～4周	①冷冻保存。②基础免疫;③点眼、滴鼻可以促进局部抗体产生
	传染性支气管炎 H_{52}	3周龄以上鸡使用,点眼、滴鼻或饮水	3～5天产生免疫力,免疫期5～6个月	①冷冻保存。②使用传染性支气管炎 H_{120} 免疫后再使用此苗
传染性喉气管炎	传染性喉气管炎弱毒苗	8周龄以上鸡点眼;15～17周龄再接种一次	免疫期6个月	①本疫苗毒力较强,不得用于8周龄以下鸡;②使用此疫苗容易诱发呼吸道病,所以在使用此疫苗前后使用抗生素
鸡脑脊髓炎	鸡脑脊髓炎弱毒苗	免疫种鸡,10周龄及产蛋前4周各一次,饮水免疫	保护子一代6周内不发生本病	本疫苗不要用于4～5周龄以内的雏鸡;产前4周内不得接种疫苗,否则种蛋能带毒
鸡痘	鸡痘鹌鹑化弱毒苗	翅下刺种或翅内侧皮下注射	8天产生免疫力,免疫期1年以上	①接种后要观察接种效果。②接种时间:春夏季育雏时,首免在20天左右;其他季节育雏在开产前免疫

续表

病名	疫苗名称	用法	免疫期	注意事项
产蛋下降综合征	产蛋下降综合征（EDS-76)灭活苗	110～120天皮下注射,0.5毫升/只	1年以上	
传染性鼻炎	副鸡嗜血杆菌油佐剂灭活苗	分别于30～40日龄和120天左右各注射一次	小鸡免疫期3个月,大鸡6个月	根据疫情,必要时再免疫接种,30～40日龄肌内注射0.3毫升/只、120天左右0.5毫升/只
大肠杆菌病	大肠杆菌病灭活菌苗（自家苗）	3周龄或1个月以上雏鸡颈部皮下或肌注1毫升,4～5周后再注射一次	注射后10～14天产生免疫力,免疫期3～4个月	应选择本场分离的致病菌株制成疫苗
慢性呼吸道病	鸡败血性霉形体灭活苗	6～8周龄,颈部皮下注射0.5毫升	10～15天产生免疫力,再注射一次免疫期持续10个月	①2～8℃保存,不能冻结;②常用于种鸡群;③污染严重地区产蛋前再免疫一次
复合苗	传染性支气管炎＋新城疫二联油乳剂苗	首免 H_{120}＋Ⅳ,点眼、滴鼻;二免 H_{52}＋Ⅳ,点眼、滴鼻或饮水	使用后5～7天产生免疫力,免疫期5～6个月	
	新城疫＋减蛋综合征二联油乳剂苗	16～18周龄肌内或皮下注射0.5毫升/只	免疫期可保持整个产蛋期	
	新城疫＋法氏囊灭活二联油乳剂苗	种鸡产前肌内或皮下注射0.5毫升/只	免疫期可保持整个产蛋期	
	新城疫＋法氏囊＋减蛋综合征三联灭活油乳苗	种鸡产前肌内或皮下注射0.5毫升/只	免疫期可保持整个产蛋期	
	新城疫＋传支＋减蛋综合征三联灭活油乳苗	种鸡产前肌内或皮下注射0.5毫升/只		使用联苗时,要注意新城疫抗体水平,有时不理想

（二）储存运输

1. 储存

不同的生物制品要求不同的保存条件，应根据说明书的要求进行保存。保存不当，生物制品会失效，起不到应有的作用。一般生物制品应保存在低温、阴暗及干燥的地方。最好用冰箱保存，氢氧化铝苗、油佐剂苗应保存在普通冰箱中，防止冻结，而冻干苗最好在低温冰箱中保存。有个别疫苗需在液氮中超低温保存。

2. 运输

生物制品在运输中要求包装完善，防止损坏。条件许可时应将生物制品置于冷藏箱内运输，选择最快捷的运输方式，到达目的地后尽快送至保存场所。需液氮保存的疫苗应置于液氮罐内运输。

3. 检查

各种生物制品在购买及保存使用前都应详细检查。凡没有瓶签或瓶签模糊不清、过期失效的，生物制品色泽有变化、内有异物、发霉的，瓶塞不紧或瓶破裂的，以及生物制品没有按规定保存的都不得使用。

（三）免疫接种的方法

免疫接种方法有多种，不同方法操作不同，必须严格注意，保证免疫接种的质量。

1. 饮水免疫

饮水免疫避免了逐只抓捉，可减少劳力和应激，但这种免疫接种受影响的因素较多，免疫不均匀。

（1）疫苗选择和稀释　饮水免疫要选择高效的活毒疫苗；稀释疫苗的水应是清凉的，水温不超过 18℃。水中不应含有任何能灭活疫苗病毒或细菌的物质；稀释疫苗所用的水量应根据鸡的日龄及当时的室温来确定，使疫苗稀释液在 1～2 小时内全部饮完（饮水免疫时不同鸡龄的配水量见表 7-6）；饮水中应加入 0.1%～0.3% 的脱脂乳或山梨糖醇，或 3%～5% 的鲜乳（煮沸）以保护疫苗的效价。

（2）饮水免疫操作要点

① 适当停水　为了使每一只鸡在短时间均能摄入足够量的疫苗，在供给含疫苗的饮水之前 2～4 小时应停止饮水供应（视天气而定）。

表 7-6　饮水免疫时稀释疫苗参考用水量

鸡龄/日龄	肉用鸡/(毫升/只)
5～15	5～10
16～30	10～20
31～60	20～40
61～120	40～50
120 以上	50～55

② 饮水器充足　清洗饮水器，饮水器上不能沾有消毒药物；为使鸡群得到较均匀的免疫效果，饮水器应充足，使 2/3 以上的鸡同时有饮水的位置；饮水器不得置于直射阳光下，如风沙较大时，饮水器应全部放在室内。

③ 饮水免疫管理　在饮水免疫期间，饲料中也不应含有能灭活疫苗病毒和细菌的药物；夏季天气炎热时，饮水免疫最好在早上完成，避免温度过高影响疫苗的效价；饮水前后 2 天可以在 100 千克饲料中额外添加 5 克多种维生素，或饮水中添加 5～8 克/100 千克维生素 C（免疫当天水中不添加）缓解应激。

2. 滴眼滴鼻

滴眼滴鼻如果操作得当，往往效果比较确实，尤其是对一些嗜呼吸道的疫苗，经滴眼滴鼻可以产生局部免疫抗体，免疫效果较好。当然，这种接种方法需要较多的劳动力，对鸡会造成一定的应激，如操作上稍有马虎，则往往达不到预期目的。

（1）疫苗选择和稀释　滴眼滴鼻免疫要选择高效的活毒疫苗；稀释液必须用蒸馏水或生理盐水，最低限度应用冷开水，不要随便加入抗生素。稀释液的用量应尽量准确，最好根据自己所用的滴管或针头事先滴试，确定每毫升多少滴，然后再计算实际使用疫苗稀释液的用量。

（2）滴眼滴鼻免疫操作要点

① 逐只操作　为了操作的准确无误，一手一次只能抓一只鸡，不能一手同时抓几只鸡。

② 姿势正确　在滴入疫苗之前，应把鸡的头颈摆成水平的位置（一侧眼鼻朝上，另一侧眼鼻朝下），并用一只手指按住向地面一侧鼻孔。在将疫苗液滴入到眼和鼻孔以后，应稍停片刻，待疫苗液确已吸

入后再将鸡轻轻放回地面。如鸡不吸时，可以用手指捂住另一个鼻孔。

③ 注意隔离 应注意做好已接种和未接种鸡之间的隔离，以免走乱。

④ 光线阴暗 免疫要抓鸡，容易产生应激。最好在晚上接种，如天气阴凉也可在白天适当关闭门窗后，在稍暗的光线下抓鸡接种。

3. 肌内注射或皮下注射

肌内注射或皮下注射免疫接种的剂量准确、效果确实，但耗费劳力较多，应激较大。

（1）疫苗选择和稀释 肌内注射或皮下注射免疫的疫苗可以是弱毒苗，也可以是灭活苗；疫苗稀释液应是经消毒而无菌的，一般不要随便加入抗菌药物。

疫苗的稀释和注射量应适当，量太小操作时误差较大，量太大则操作麻烦，一般以每只 0.2～1 毫升为宜。

（2）肌内或皮下注射免疫操作要点

① 注射器校对及消毒 使用前要对注射器进行检查校对，防止漏水和刻度不准确。连续注射器注射过程中，应经常检查核对注射器刻度容量和实际容量之间的误差，以免实际注射量偏差太大；注射器及针头使用前可用蒸气或水煮消毒，针头的数量充足。

② 注射部位 皮下注射的部位一般选在颈部背侧，肌内注射部位一般选在胸肌或肩关节附近的肌肉丰满处。

③ 插针方向及深度 针头插入的方向和深度也应适当，在颈部皮下注射时，针头方向应向后向下，针头方向与颈部纵轴基本平行。对雏鸡的插入深度为 0.5～1 厘米，日龄较大的鸡可为 1～2 厘米。胸部肌内注射时，针头方向应与胸骨大致平行，插入深度在雏鸡为0.5～1 厘米，日龄较大的鸡可为 1～2 厘米。在将疫苗液推入后，针头应慢慢拔出，以免疫苗液漏出。

④ 注射次序 如果鸡群中有假定健康群，在接种过程中，应先注射健康群，再接种假定健康群，最后接种有病的鸡群。

⑤ 针头更换 要求是注射一只鸡更换一个针头，但规模化饲养，难度较大，最少要保证每 50～100 只鸡更换一个针头，尽量减少相互感染；吸取疫苗的针头和注射鸡的针头应绝对分开，尽量注意卫生以

防止经免疫注射而引起疾病的传播或引起接种部位的局部感染。

另外，在注射过程中，应边注射边摇动疫苗瓶，力求疫苗均匀。为防止应激，也要使用抗应激药物。

4. 气雾

气雾免疫可节省大量的劳力，如操作得当，效果甚好，尤其是对呼吸道有亲嗜性的疫苗效果更佳，但气雾也容易引起鸡群的应激，尤其容易激发慢性呼吸道病的暴发。

（1）疫苗选择和稀释　气雾免疫的疫苗应是高效的弱毒苗；疫苗的稀释应用去离子水或蒸馏水，不得用自来水、开水或井水。稀释液中应加入0.1%的脱脂乳或3%～5%的甘油。稀释液的用量因气雾机及鸡群的平养、笼养密度而异，应严格按说明书推荐用量使用，必要时可以先进行预气雾（先用水进行喷雾）确定稀释液的用量。

（2）气雾免疫操作要点

① 气雾机测试　气雾免疫前应对气雾机的各种性能进行测试，以确定雾滴的大小、稀释液用量、喷口与鸡群的距离（高度），以及操作人员的行进速度等，以便在实施时参照进行。

② 雾滴调节　严格控制雾滴的大小，雏鸡用雾滴的直径为30～50微米、成鸡为5～10微米。

③ 气雾操作　实施气雾免疫时气雾机喷头在鸡群上空50～80厘米处，对准鸡头来回移动喷雾，使气雾全面覆盖鸡群，使鸡群在气雾后头背部羽毛略有潮湿感觉为宜。

④ 环境维护　气雾期间，应关闭鸡舍所有门窗，停止使用风扇或抽气机，在停止喷雾20～30分钟后，才可开启门窗和启动风扇（视室温而定）；气雾时，鸡舍内温度和湿度应适宜，温度太低或太高均不适宜进行气雾免疫，如气温较高，可在晚间较凉快时进行。鸡舍内的相对湿度对气雾免疫也有影响，一般要求相对湿度在70%左右最为合适。

⑤ 药物使用　气雾前后3天内，应在饲料或饮水中添加适当的抗菌药物，预防慢性呼吸道病的暴发。

（四）免疫程序

1. 免疫程序的概念

鸡场根据本地区、本场疫病发生情况（疫病流行种类、季节、易感日龄）、疫苗性质（疫苗的种类、免疫方法、免疫期）和其他情况制定的适合本场的一个科学的免疫计划称作免疫程序。没有一个免疫程序是通用的，而生搬硬套别人现成的程序也不一定能获得最佳的免疫效果，唯一的办法是根据本场的实际情况，参考别人已成功的经验，结合免疫学的基本理论，制定适合本地或本场的免疫程序。

2. 制定免疫程序考虑因素

（1）本地或本场的鸡病疫情　对威胁本场的主要传染病应进行免疫接种，如鸡的马立克病、鸡新城疫、鸡传染性法氏囊炎、鸡传染性支气管炎、传染性喉气管炎、鸡的产蛋下降综合征等在我国大部分地区广为流行，且难以治愈，必须纳入免疫计划之内。对本地和本场尚未证实发生的疾病，必须证明确实已受到严重威胁时才能计划接种，对强毒型的疫苗更应非常慎重，非不得以不引进使用。

（2）所养鸡的用途及饲养期　如肉种鸡在开产前需要接种传染性法氏囊病灭活苗，而商品肉鸡则不必要。商品肉鸡不会发生减蛋综合征，不需要免疫，而产肉种鸡可发生，必须在开产前接种减蛋综合征疫苗。

（3）母源抗体的影响　对鸡马立克病、鸡新城疫和传染性法氏囊病疫苗血清型（或毒株）选择时应认真考虑。

（4）鸡对某些疾病抵抗力的差异　如肉用种鸡对病毒性关节炎的易感性高，因此应将该病列入肉用种鸡的免疫程序中。

（5）疫苗接种日龄与家禽易感性的关系　如1～3日龄雏鸡对鸡马立克病毒的易感性高（1日龄的易感性是35日龄的1000倍），因此，必须在雏鸡出壳后24小时内完成鸡马立克病疫苗的免疫接种。

（6）疫病发生与季节的关系　很多疾病的发生具有明显的季节性，如肾型传支多发生在寒冷的冬季，因此冬季饲养的鸡群应选择含有肾型传支病毒弱毒株的疫苗进行免疫。

（7）免疫途径　同一疫苗的不同免疫途径，可以获得截然不同的免疫效果。如鸡新城疫低毒力活疫苗 La Sota 弱毒株滴鼻点眼所产生的免疫效果是饮水免疫的4倍以上。新城疫弱毒苗气雾免疫不仅可以较快地产生血液抗体，而且可以产生较高的局部抗体；如鸡传染性法氏囊活疫苗的毒株具有嗜肠道、在肠道内大量繁殖这一特性，因而最佳的免疫途径是滴口或饮水；如鸡痘活疫苗的免疫途径是刺种，而采用其他途径免疫时，效果较差。

（8）疫苗毒株的强弱　同一疫苗应根据其毒株的强弱不同，应先弱后强免疫接种，如传染性支气管炎的免疫，应选用毒力较弱的H_{120}株弱毒苗首免，然后再用毒力相对较强的H_{52}株弱毒苗免疫。对于鸡新城疫、传染性法氏囊等免疫也应这样安排。另外同一种疫苗应注意先活苗免疫后灭活油乳剂疫苗免疫的安排等。

（9）疫苗的血清型和亚型　根据流行特点，有针对性地选用相对应的血清型和亚型的疫苗毒株。如免疫鸡马立克病疫苗，种鸡如果使用了细胞结合苗，商品代应该使用非细胞结合苗；肾型传支流行地区应选用含有肾型毒株的复合型支气管炎疫苗；存在有鸡新城疫基因Ⅵ、Ⅶ的地区应该免疫复合鸡新城疫灭活苗；大肠杆菌流行严重的鸡场，选用本场的大肠杆菌血清型来制备疫苗效果良好。

（10）不同疫苗接种时间　合理安排不同疫苗接种时间，尽量避免不同疫苗毒株间的干扰，如接种法氏囊7天内不应接种其他疫苗；传染性支气管炎疫苗如果与鸡新城疫疫苗分开免疫的情况下，其免疫间隔时间不少于1周。

（11）抗体的监测结果　制定的免疫程序最好根据免疫监测结果及突发疾病的发生进行必要的修改和补充。

3. 参考免疫程序

肉鸡参考的免疫程序见表7-7～表7-11。

表 7-7　肉种鸡的免疫程序

日龄	疫　苗	接种方法
1	马立克病疫苗	皮下或肌内注射
7～10	新城疫＋传支弱毒苗（H_{120}）	滴鼻或点眼
	复合新城疫＋多价传支灭活苗	颈部皮下注射0.3毫升/只
14～16	传染性法氏囊炎弱毒苗	饮水
20～25	新城疫Ⅱ系或Ⅳ系＋传支弱毒苗（H_{52}）	气雾、滴鼻或点眼
	禽流感灭活苗	皮下注射0.3毫升/只
30～35	传染性法氏囊炎弱毒苗	饮水
	鸡痘疫苗	翅膀内侧刺种或皮下注射

日龄	疫苗	接种方法
40	传喉弱毒苗	点眼
60	新城疫Ⅰ系	肌内注射
80	传喉弱毒苗	点眼
90	传染性脑脊髓炎弱毒苗	饮水
110～120	新城疫＋传支＋减蛋综合征油苗	肌内注射
	禽流感油苗	皮下注射 0.5 毫升/只
	传染性法氏囊油苗	肌内注射 0.5 毫升/只
	鸡痘弱毒苗	翅膀内侧刺种或皮下注射
280	新城疫＋法氏囊油苗	肌内注射 0.5 毫升/只
320～350	禽流感油苗	皮下注射 0.5 毫升/只

表 7-8 快大型肉仔鸡的免疫程序（一）

日龄	疫苗	接种方法
1	马立克病疫苗	皮下或肌内注射
7～10	新城疫＋传支弱毒苗（H_{120}）	滴鼻或点眼
14～16	传染性法氏囊炎弱毒苗	饮水
25	新城疫Ⅱ系或Ⅳ系＋传支弱毒苗（H_{52}）	气雾、滴鼻或点眼
	禽流感灭活苗	皮下注射 0.3 毫升/只
25～30	传染性法氏囊炎弱毒苗	饮水

表 7-9 快大型肉仔鸡的免疫程序（二）

日龄	疫苗	接种方法
1	马立克病疫苗	皮下或肌内注射
7	新城疫＋传支（H_{120}）＋肾型弱毒苗	滴鼻或点眼
	新城疫＋传支二联灭活苗	皮下注射 0.25 毫升/只
12～14	传染性法氏囊炎多价弱毒苗	1.5 倍量饮水
20～25	传染性法氏囊炎中等毒力苗	1.5 倍量饮水
30	新城疫Ⅱ系或Ⅳ系＋传支弱毒苗（H_{52}）	气雾、滴鼻或点眼

表 7-10　黄羽肉鸡的免疫程序

日龄	疫苗种类	免疫方法
1	马立克疫苗	颈部皮下注射 0.25 毫升
1～3	新支二联苗	点眼、滴鼻
7～8	支原体油苗	肌内注射
8～10	鸡痘	刺种
9～15	法氏囊疫苗	饮水
	新支二联苗	肌内注射
16～18	新城疫油苗	肌内注射
	法氏囊疫苗	饮水
20～25	新支二联苗	饮水
28～30	喉气管疫苗	点眼
35～40	新城疫一系苗	肌内注射
55～70	新城疫一系苗	肌内注射或饮水

表 7-11　肉杂鸡的免疫程序

免疫时间	疾病名称	疫苗种类	方法剂量
7～9 日龄	新城疫、传染性支气管炎	Clone 30＋Ma5	2 倍量点眼、滴鼻
		ND 油苗	0.25～0.3 毫升/只,颈部皮下注射
14 日龄	法氏囊炎	D_{78} 或 B_{87}（中毒苗）	2 倍量饮水
25～26 日龄	新城疫	La Sota（Ⅳ 系）	3 倍量饮水

（五）免疫接种注意事项

生产中鸡群接种了疫苗不一定能够产生足够的抗体来避免或阻止疾病的发生，因为影响家禽的免疫效果因素有很多。必须注意免疫接种的一些事项，有的放矢，提高免疫效果。

1. 注重疫苗的选择和使用

（1）选择优质疫苗　疫苗是国家专业定点生物制品厂严格按照农业部颁发的生物制品规程进行生产，且符合质量标准的特殊产品，其质量直接影响免疫效果。如使用非 SPF 动物生产、病毒或细菌的含量不足、冻干或密封不佳、油乳剂疫苗水分层、氢氧化铝佐剂颗粒过粗、生产过程污染、生产程序出现错误及随疫苗提供的稀释剂质量差等都会影响到免疫的效果。

（2）做好疫苗的贮运　疫苗运输保存应有适宜的温度，如冻干苗要求低温保存运输，保存期限不同要求温度不同，不同种类冻干苗对温度也有不同要求。灭活苗要低温保存，不能冻结。如果疫苗在运输或保管中因温度过高或反复冻融、油佐剂疫苗被冻结、保存温度过高或已超过有效期等都可使疫苗减效或失效。从疫苗产出到接种家禽的各个过程不能严格按规定进行，就会造成疫苗效价降低，甚至失效，影响免疫效果。

（3）选用适宜的疫苗　疫苗种类多，免疫同一疾病的疫苗也有多种，必须根据本地区、本场的具体情况选用疫苗，盲目选用疫苗就可能造成免疫效果不好，甚至诱发疫病。如果在未发生过某种传染病的地区（或鸡场）或未进行基础免疫幼龄鸡群使用强毒活苗可能引起发病。许多病原微生物有多个血清型、血清亚型或基因型。选择的疫苗毒株如与本场病原微生物存在太大差异时或不属于一个血清亚型，大多不能起到保护作用。存在强毒株或多个血清（亚）型时仍用常规疫苗，免疫效果不佳。

2. 注意肉鸡对疫苗的反应

鸡体是产生抗体的主体，动物机体对接种抗原的免疫应答在一定程度上会受到遗传控制，同时其他因素也会影响到抗体的生成，要提高免疫效果，必须注意鸡体对疫苗的反应。

（1）减少应激　应激因素不仅影响鸡的生长发育、健康和生产性能，而且对鸡免疫机能也会产生一定影响。免疫过程中强烈应激原的出现常常导致不能达到最佳的免疫效果，使鸡群的平均抗体水平低于正常。如果环境过冷、过热、通风不良、湿度过大、拥挤、抓提转群、震动噪声、饲料突变、营养不良、疫病或其他外部刺激等应激原作用于家禽导致家禽神经、体液和内分泌失调，肾上腺皮质激素分泌增加、胆固醇减少和淋巴器官退化等，免疫应答差。

（2）注意母源抗体高低　母鸡抗体可保护雏鸡早期免受各种传染病的侵袭，但由于种种原因，如种蛋来自日龄、品种和免疫程序不同种鸡群。种鸡群的抗体水平低或不整齐，母源抗体的水平不同等，会干扰后天免疫，影响免疫效果，母源抗体过高时免疫，疫苗抗原会被母源抗体中和，不能产生免疫力。母源抗体过低时免疫，会产生一个免疫空白期，易受野毒感染而发病。

（3）注意潜在感染　由于鸡群内已感染了病原微生物，未表现明显的临床症状，接种后激发鸡群发病，鸡群接种后需要一段时间才能产生比较可靠的免疫力，这段时间是一个潜在危险期，一旦有野毒入侵，就有可能导致疾病发生。

（4）维持鸡群健康　鸡群体质健壮，健康无病，对疫苗应答强，产生抗体水平高。如体质弱或处于疾病痊愈期进行免疫接种，疫苗应答弱，免疫效果差。机体的组织屏障系统和黏膜破坏，也影响机体免疫力。

（5）避免免疫抑制　某些因素作用于机体，损害鸡体的免疫器官，造成免疫系统的破坏和功能低下，影响正常免疫应答和抗体产生，形成免疫抑制。免疫抑制会影响体液免疫、细胞免疫和巨噬细胞的吞噬功能这三大免疫功能，从而造成免疫效果不良，甚至失效。免疫抑制的主要原因有：

① 传染性因素　如鸡马立克病病毒（MDV）感染可导致多种疫苗如鸡新城疫疫苗的免疫失败，增加鸡对球虫初次和二次感染的易感性；鸡传染性法氏囊炎病毒（IBDV）感染或接种不当引起法氏囊肿大、出血，降低机体体液免疫应答，引起免疫抑制；禽白血病病毒（ALV）感染导致淋巴样器官的萎缩和再生障碍，抗体应答下降；网状内皮组织增生症病毒（REV）感染鸡，机体的体液免疫和细胞应答常常降低，感染鸡对 MDV、IBV、ILTV、鸡痘、球虫和沙门菌的易感性增加；鸡传染性贫血因子病病毒（CIAV）可使胸腺、法氏囊、脾脏、盲肠、扁桃体和其他组织内淋巴样细胞严重减少，使机体对细菌和真菌的易感性增加，抑制疫苗的免疫应答。

② 营养因素　日粮中的多种营养成分是维持家禽防御系统正常发育和机能健全的基础，免疫系统的建立和运行需要一部分的营养。如果日粮营养成分不全面，采食量过少或发生疾病，使营养物质的摄取量不足，特别是维生素、微量元素和氨基酸供给不足，可导致免疫功能低下。

③ 药物因素　如饲料中长期添加氨基苷类抗生素会削弱免疫抗体的生成。大剂量的链霉素有抑制淋巴细胞转化的作用。给雏鸡使用

链霉素气雾剂同时使用 ND 活疫苗接种时，发现链霉素对雏鸡体内抗体生成有抑制作用。新霉素气雾剂对家禽 ILV 的免疫有明显的抑制作用。庆大霉素和卡那霉素对 T 淋巴细胞、B 淋巴细胞的转化有明显的抑制作用；饲料中长期使用四环素类抗生素，如给雏鸡使用土霉素气雾剂，同时使用 ND 活疫苗接种时，发现链霉素对雏鸡体内抗体生成有抑制作用，而且 T 淋巴细胞是土霉素的靶细胞；另外还有糖皮质类激素，有明显的免疫抑制作用，地塞米松可激发鸡法氏囊淋巴细胞死亡，减少淋巴细胞的产生。临床上使用剂量过大或长期使用，会造成难以觉察到的免疫抑制。

④ 有毒有害物质 重金属元素，如镉、铅、汞、砷等可增加机体对病毒和细菌的易感性，一些微量元素的过量也可以导致免疫抑制。黄曲霉毒素可以使胸腺、法氏囊、脾脏萎缩，抑制禽体 IgG、IgA 的合成，导致免疫抑制，增加对 MDV、沙门菌、盲肠球虫的敏感性，增加死亡率。

⑤ 应激因素 应激状态下，免疫器官对抗原的应答能力降低，同时，机体要调动一切力量来抵抗不良应激，使防御机能处于一种较弱的状态，这时接种疫苗就很难产生应有的坚强的免疫力。

3. 注意免疫操作

（1）合理安排免疫程序 安排免疫接种时要考虑疾病的流行季节，鸡对疾病的敏感性，当地或本场疾病威胁，肉鸡品系之间差异，母源抗体的影响，疫苗的联合或重复使用的影响及其他人为的因素、社会因素、地理环境和气候条件等因素，以保证免疫接种的效果。如当地流行严重的疾病没有列入免疫接种计划或没有进行确切免疫，在流行季节没有加强免疫就可能导致感染发病。

（2）确定恰当的接种途径 每一种疫苗均具有其最佳接种途径，如随便改变可能会影响免疫效果，例如禽脑脊髓炎的最佳免疫途径是经口接种，喉气管炎的接种途径是点眼，鸡新城疫Ⅰ系苗应肌注，禽痘疫苗一般刺种。当鸡新城疫Ⅰ系疫苗饮水免疫，喉气管炎疫苗用饮水或者肌注免疫时，效果都较差。在我国目前的条件下，不适宜过多地使用饮水免疫，尤其是对水质、饮水量、饮水器卫生等注意不够时免疫效果将受到较大影响。

（3）正确稀释疫苗和免疫操作

① 保持适宜接种剂量 在一定限度内，抗体的产量随抗原的用量而增加，如果接种剂量（抗原量）不足，就不能有效刺激机体产生足够的抗体。但接种剂量（抗原量）过多，超过一定的限度，抗体的形成反而受到抑制，这种现象称为"免疫麻痹"。所以，必须严格按照疫苗说明或兽医指导接入适量的疫苗。有些养鸡场超剂量多次注射免疫，这样可能引起机体的免疫麻痹，往往达不到预期的效果。

② 科学安全稀释疫苗 如马立克疫苗不用专用稀释液或与植物染料、抗生素混合都会降低免疫效力，有些添加剂可降低马立克疫苗的噬斑达 50％以上。饮水免疫时仅用自来水稀释而没有加脱脂乳。或用一般井水稀释疫苗时，其酸碱度及离子均会对疫苗有较大的影响。稀释疫苗时稀释液过多或过少都会降低免疫效力。

③ 准确免疫操作 饮水免疫控水时间过长或过短，每只鸡饮水量不均或不足（控水时间短，饮入的疫苗液少，疫苗液放的时间长失效）。点眼滴鼻时放鸡过快，药液尚未完全吸入。采用气雾免疫时，因室温过高或风力过大，细小的雾滴迅速挥发，或喷雾免疫时未使用专用的喷雾免疫设备，造成雾滴过大、过小，影响家禽的吸入量。注射免疫时剂量没有调准确或注射过程中发生故障或其他原因，疫苗注入量不足或未注入体内等。

④ 保持免疫接种器具洁净 免疫器具如滴管、刺种针、注射器和接种人员消毒不严，带入野毒引起鸡群在免疫空白期内发病。饮水免疫时饮用水或饮水器不清洁或含有消毒剂影响免疫效果。免疫后的废弃疫苗和剩余疫苗未及时处理，在鸡舍内外长期存放也可引起鸡群感染发病。

（4）注意疫苗之间的干扰作用 严格地说，多种疫苗同时使用或在相近时间接种时，疫苗病毒之间可能会产生干扰作用。例如传染性支气管炎疫苗病毒对鸡新城疫疫苗病毒的干扰作用，使鸡新城疫疫苗的免疫效果受到影响。

（5）避免药物干扰 抗生素对弱毒活菌素的作用，病毒灵等抗病毒药对疫苗的影响。一些人在接种弱毒活菌苗期间，例如接种鸡霍乱弱毒菌苗时使用抗生素，就会明显影响菌苗的免疫效果，在接种病毒疫苗期间使用抗病毒药物，如病毒唑、病毒灵等也可能影响疫苗的免疫效果。

4. 保持良好的环境条件

如果禽场隔离条件差、卫生消毒不严格、病原污染严重等，都会影响免疫效果。如育雏舍在进鸡前清洁消毒不彻底，马立克病毒、法氏囊病毒等存在，这些病毒在育雏舍内滋生繁殖，就可能导致免疫效果差，发生马立克病和传染性法氏囊炎。大肠杆菌严重污染的禽场，卫生条件差，空气污浊，即使接种大肠杆菌疫苗，大肠杆菌病也还可能发生。所以，必须保持良好的环境卫生条件，以提高免疫接种的效果。

五、药物使用

（一）药物的概念、剂型与剂量

1. 概念

药物（兽药）是用于预防、诊断和治疗畜禽疾病并提高畜禽生产的物质。药物有天然药物和人工合成药物两大类。目前，市场上养鸡药物分为以下几类：用于预防、治疗和诊断鸡群疾病的生物制品类药物；用于鸡场环境及种蛋等的消毒防腐药物；用于构成饲料成分的饲料添加剂类药物；用于预防、治疗鸡只疾病的各种抗生素和其他化学合成药物；用于抗寄生虫及鸡场常用解毒急救药物等。

2. 药物的剂型

将药物经过适当加工制成便于应用、保存、运输，能更好地发挥药物疗效的制品称为制剂。其制剂的形态为剂型。同一种药物在生产中又可制成不同的剂型，不同剂型的同种药物应用于机体后，其吸收程度也不大相同，常见剂型见表 7-12。

表 7-12 药物主要剂型

液体剂型	溶液剂	由不挥发性药物完全溶解在溶剂中制成的透明胶体，包括内服药、外用药或消毒药
	注射剂	分装并密封于特制的容器中给鸡只注射用的药物，包括灭菌的水溶液、油剂、混悬液、乳浊液、粉末及冻干物
	酊剂	将化学药品溶于不同浓度的酒精中，或药物用不同浓度酒精浸出的澄清液体
	煎剂	将中草药加水煎煮后所得到的液体

半固体剂型	浸膏剂	生药浸出液或煎剂浓缩后制成的半固体剂型
	软膏剂	药物加赋形剂后均匀混合成的一种半固体剂型
固体剂型	粉剂	将一种或几种药物混匀后制成的干燥固体剂型
	片剂	将粉剂加适当赋形剂后按一定剂量加压制成的圆形或扁圆形固体制剂
	胶囊剂	将粉剂药物盛装于特制的小胶囊中制成的一种剂型
气雾剂		将某些药物稀释后或固体药物干粉利用雾化器喷出形成微粒状的制剂

3. 药物的剂量

药物的剂量是指药物对机体发生一定作用的量，通常指防治疾病的用药量。

（1）养鸡用药常用的剂量单位　固体、半固体类药物剂量单位有千克、克和毫克。1 千克＝1000 克，1 克＝1000 毫克；液体剂型常用的剂量单位为升、毫升和微升。1 升＝1000 毫升，1 毫升＝1000 微升。液体药物用滴表示的（如鸡免疫接种时的滴鼻点眼），每滴标准一般应为 0.5 毫升（温度 20℃时），20 滴为 1 毫升；一些抗生素，如青霉素、庆大霉素等用单位；一些维生素，如维生素 A 等为国际单位。而生物制品，如各种疫苗常用羽份表示，多少羽份即多少只鸡。如预防新城疫的鸡新城疫Ⅳ系疫苗每瓶剂量为 500 羽份，即用生理盐水稀释后可用于 500 只鸡。

（2）个体给药剂量表示法

① 用药剂量/只，每天几次，连续几天或几次。用药剂量/只，表示 1 次给药量。如用庆大霉素对鸡大肠杆菌病注射时每只鸡3000～50000 单位，即 3000～50000 单位/只；每天几次，连续几天或几次，表示了使用时间。

② 用药剂量/每千克体重，即每千克体重一次的用药量。如治疗鸡白痢用盐酸土霉素内服量为每千克体重 50～100 毫克，即 50～100毫克/每千克体重。若每只鸡体重 2 千克，则 1 次内服 100～200毫克。

（3）大群养鸡给药剂量表示法　在集约化养鸡场，为预防某些疾病或为更好地促进鸡群生长发育多需全群用药，药物多添加于饲料中或溶于水中让鸡服用。这时多用百分含量/％表示。即 100 千克水中添加多少克或毫升药物。

（二）鸡的用药特点

鸡体的解剖结构和生理代谢影响到药物的使用及效果。掌握鸡的用药特点，可以合理、经济地用药，提高用药效果，减少药物浪费和药物残留。

1. 对某些药物比较敏感，容易发生中毒

如鸡对有机磷酸酯类特别敏感，这类药物如敌百虫等一般不能用作驱虫药内服，外用杀虫也要严格控制剂量以防中毒；鸡对食盐反应较为敏感，雏鸡饮水中食盐含量超过 0.7％、产蛋鸡饮水超过 1％、饲料中含量超过 3％都会引起中毒，日粮中长期超过 0.5％即可引起不良反应；鸡对呋喃唑酮等药物较敏感，一般饮水浓度不超过 0.04％，否则易引起毒性反应。鸡对某些磺胺类药物反应较敏感，尤其雏鸡易出现不良反应，产蛋鸡易引起产蛋量下降；鸡对链霉素反应也比较敏感，用药时应慎重，不应剂量过大或用药时间过长。

2. 鸡的生理生化特性影响药物选用

如鸡舌黏膜的味觉乳头较少，味觉能力差，食物在口腔内停留时间短，喜甜不喜苦。所以当鸡消化不良时，不宜使用苦味健胃药。龙胆末、番木鳖酊等药物的苦味不能刺激鸡的味觉感受器，也就不能引起反射性健胃作用。因而应当选用其他助消化药，如大蒜、醋酸等。

鸡无逆呕动作，所以鸡内服药物或其他毒物产生中毒时，不能使用催吐的药物如硫酸铜、去水吗啡等排除毒物，而应用嗉囊切开手术，及时排除未被吸收的毒物。

鸡同其他家禽一样，在呼吸系统中有九个气囊，它能增加肺通气量，在吸气、呼气时增强肺的气体交换。同时，鸡的肺不像哺乳动物的肺那样扩张和收缩，而是气体经过鸡肺运行，并循肺内管道进出气囊。鸡呼吸系统的这种结构特点，可促进药物增大扩散面积，从而增加药物的吸收量，喷雾法是适用于鸡的有效用药法之一。

（三）鸡的用药方法

用于鸡病防治的药物种类很多，各种药物由于性质的不同，有不同的使用方法。要根据药物的特点和疾病的特性选用适当的用药方法，以发挥最好的效果。

1. 混料给药

混料给药即将药物均匀地拌入饲料中，让鸡采食时，同时吃进药物。这种方法方便、简单，应激小，不浪费药物。它适于长期用药、不溶于水的药物及加入饮水内适口性差的药物。但对于病重鸡或采食量过少时，不宜应用；颗粒料因不宜将药物混匀，也不主张经料给药；链条式送料时，因颗粒易被鸡啄食而造成先后采食的鸡只摄入的药量不同，也应注意。

（1）准确掌握拌料浓度　混料给药时应按照混料给药剂量，准确、认真计算出所用药物的量混入饲料内；若按体重给药时，应严格按照鸡群鸡只总体重，计算出药物用量拌入全天饲料内。

（2）药物混合均匀　拌料时为了使鸡能吃到大致相等的药物数量，药物和饲料要混合均匀，尤其是一些安全范围较小和用量较少的药物，如喹乙醇、呋喃唑酮等，以防采食不均中毒。混合时切忌把全部药量一次加入所需饲料中进行搅拌，这样不宜搅拌均匀，造成部分鸡只药物中毒而大部分鸡只吃不到药物，达不到防治疾病的目的或贻误病情。可采用逐级稀释法，即把全部用量的药物加到少量饲料中，充分混合后，再加到一定量饲料中，再充分混匀，经过多次逐级稀释扩充，可以保证充分混匀。

（3）注意不良反应　有些药物混入饲料，可与饲料中的某些成分发生拮抗作用。如饲料中长期混入磺胺类药物，就容易引起 B 族维生素和维生素 K 缺乏。这时就应适当补充这些维生素。

2. 混水给药

混水给药就是将药物溶解于水中让鸡只自由饮用。此法适合于短期用药、紧急治疗、鸡不能采食但尚能饮水时的投药。易溶于水的药物混水给药的效果较好。饮水投药时，应根据药物的用量，事先配成一定浓度的药液，然后加入饮水器中，让鸡自由饮用。

（1）注意药物的溶解度和稳定性　对油剂（如鱼肝油）及难溶于水的药物（制霉菌素）不能采用饮水给药。对于一些微溶于水的药物（如呋喃唑酮）和水溶液稳定性较差的药物（土霉素、金霉素）可以采用适当的加热、加促溶剂或现用现配、及时搅拌等方法，促进药物溶解，以达到饮水给药的目的。饮水的酸碱度及硬度（金属离子的含量）对药物有较大的影响，多数抗生素在偏酸或碱的水溶液中稳定性较差，金属离子也可因络合而影响药物的疗效。

（2）根据鸡可能的饮水量正确计算药液量 为保证舍内绝大部分鸡只在一定时间内都饮到一定量的药物水，不至于由于剩水过多造成摄入鸡体内的药物剂量不够，或加水不足造成饮水不均，某些鸡只饮入的药液量少而影响药物效果，应该掌握鸡群的饮水量，根据鸡群的饮水量，按照药物浓度，准确计算药物用量。先用少量水溶解计算好的药物，待药物完全溶解后才能混入计算好的水的容器中。鸡的饮水量多少与品种、饲料种类、饲养方法、舍内温湿度、药物有无异味等因素密切相关，生产中应给以考虑。为准确了解鸡群的饮水量，每栋鸡舍最好安装一个小的水表。

（3）注意饮水时间和配伍禁忌 药物在水中的时间与药效关系极大。有些药物放在水中不受时间限制，可以全天饮用，如人工合成的抗生素、磺胺类和喹诺酮类药物。有些药物放在水中必须在短时间内用完，如天然发酵抗生素、强力霉素、氨苄青霉素及活疫苗等，一般需要断水 2～3 小时后给药，让鸡只在一定时间内充分饮到药水。多种药物混合时，一定要注意药物之间的配伍。有些药物有协同作用，可使药效增强，如氨苄青霉素和喹诺酮类药的配伍；有些药物混合使用会增强药的毒性；有些药物混合后会发生中和、分解、沉淀，使药物失效。

3. 经口投服

适合于个别病鸡治疗，如鸡群中出现软颈病的鸡或维生素 B_2 缺乏的鸡，需个别投药治疗。群体较小时，也通常采用此法。这种方法虽费时费力，但剂量准确，疗效较好。

4. 气雾给药

气雾给药是指使用能使药物气雾化的器械，将药物分散成一定直径的微粒，弥散到空间，让鸡只通过呼吸道吸入体内或作用于鸡只羽毛及皮肤黏膜的一种给药方法。也可用于鸡舍、孵化器以及种蛋等的消毒。使用这种方法时，药物吸收快，出现作用迅速，节省人力，尤其适用于大型现代化养鸡场。但需要一定的气雾设备，且鸡舍门窗应能密闭，同时，当用于鸡只时，不应使用有刺激性的药物，以免引起鸡只呼吸道发炎。

（1）恰当选择气雾用药、充分发挥药物效能 为了充分利用气雾给药的优点，应恰当选择所用药物。并不是所有的药物都可通过气雾途径给药，气雾途径给药的药物应该无刺激性、容易溶解于水。对于有刺激性的药物不应通过气雾给药。同时还应根据不同用药目的选用不同吸湿性的药物。若欲使药物作用于肺部，应选用吸湿性较差的药物，而欲使药物主要作用于上呼吸道，就应该选用吸湿性较强的药物。

（2）准确掌握气雾剂量，确保气雾用药效果　在应用气雾给药时，不能随意套用拌料或饮水给药浓度。使用气雾前应按照鸡舍空间情况、使用气雾设备要求，准确计算用药剂量，以免过大或过小，造成不应有的损失。

（3）严格控制雾粒大小，防止不良反应发生　在气雾给药时，雾粒粒径大小与用药效果有直接关系。气雾微粒越细，越容易进入肺泡内，但与肺泡表面的黏着力小，容易随呼气排出，影响药效。但若微粒过大，则不易进入鸡的肺部，容易落在空间或停留在鸡的上呼吸道黏膜，也不能产生良好的用药效果。同时微粒过大，还容易引起鸡的上呼吸道炎症。如用鸡新城疫Ⅰ系弱毒活苗进行预防免疫时，气雾微粒不适当，就容易诱发鸡传染性喉气管炎。此外，还应根据用药目的，适当调节气雾微粒直径。如要使所用药物达到肺部，就应使用雾粒直径小的雾化器，反之，要使药物主要作用于上呼吸道，就应选用雾粒较大的雾化器。通过大量试验证实，进入肺部的微粒直径以0.5～5微米最合适。雾粒直径大小主要是由雾化设备的设计功效和用药距离所决定。

5. 体内注射

对于难被肠道吸收的药物，为了获得最佳的疗效，常选用注射法。注射法分皮下注射和肌内注射两种。这种方法的特点是药物吸收快而完全，剂量准确，药物不经胃肠道而进入血液中，可避免消化液的破坏。适用于不宜口服的药物和紧急治疗。

6. 体表用药

如鸡患有虱、螨等体外寄生虫，啄肛和脚垫肿等外伤，可在体表涂抹或喷洒药物。

7. 环境用药

在饲养环境中季节性地定期喷洒杀虫剂，以控制体外寄生虫及蚊蝇等。为防止传染病，必要时喷洒消毒剂，以杀灭环境中存在的病原微生物。

（四）用药注意事项

1. 要对症下药

每一种药物都有它的适应证，在用药时一定要对症下药，切忌滥用。

2. 选用最佳给药方法

同一种药，同一剂量，产生的药效也不尽相同。因此，在用药时必须根据病情的轻重缓急、用药目的及药物本身的性质来确定最佳给药方法。如危重病例采用注射；治疗肠道感染或驱虫时，宜口服给药。

3. 注意剂量、给药次数和疗程

为了达到预期的治疗效果，减少不良反应，用药剂量要准确，并按规定时间和次数给药。少数药物一次给药即可达到治疗目的，如驱虫药。但对大多数药物来说，必须重复给药才能奏效。为维持药物在体内的有效浓度，获得疗效，而同时又不致出现毒性反应，就要注意给药次数和间隔时间。大多数药物 1 天给药 2～3 次，直至达到治疗目的。抗菌药物必须在一定期限内连续给药，这个期限称为疗程，一个疗程一般为 3～5 天。

4. 合理地联合用药

两种以上药物同时使用时，可以互不影响，但在许多情况下两药合用总有一药或两药的作用受到影响，其结果可能有：一是协同作用（比预期的作用更强）；二是拮抗作用（减弱一药或两药的作用）；三是毒性反应（产生意外的毒性）。药物的相互作用，可发生在药物吸收前、体内转运过程、生化转化过程及排泄过程中。在联合用药时，应尽量利用协同作用以提高疗效，避免出现拮抗作用或产生毒性反应。

5. 注意药物配伍

为了提高药效，常将两种以上的药物配伍使用。但配伍不当，则可能出现疗效减弱或毒性增加的变化。这种配伍变化，称为配伍禁忌，必须避免。药物的配伍禁忌可分为药理的（药理作用互相抵消或毒性增加）、化学的（呈现沉淀、产气、变色、燃爆或肉眼不可见的水解等化学变化）和物理的（产生潮解、液化或从溶液中析出结晶等物理变化）。常见的抗菌药物配伍结果见表 7-13。

表 7-13　常见的抗菌药物配伍结果

类别	药物	配伍药物	结果
青霉素类	氨苄西林钠、阿莫西林、舒巴坦钠	链霉素、新霉素、多黏霉素、喹诺酮类	疗效增强
		替米考星、罗红霉素、氟苯尼考、盐酸多西环素	疗效降低
		维生素 C-多聚磷酸酯、罗红霉素	沉淀、分解失效
		氨茶碱、磺胺类	沉淀、分解失效
头孢糖苷类	头孢拉定、头孢氨苄	新霉素、庆大霉素、喹诺酮类、硫酸黏杆菌	疗效增强
		氨茶碱、磺胺类、维生素 C、罗红霉素、四环素、氟苯尼考	沉淀、分解失效、疗效降低
	先锋霉素	强效利尿药	肾毒性增强
氨基糖苷类	硫酸新霉素、庆大霉素、卡那霉素、安普霉素	氨苄西林钠、头孢拉定、头孢氨苄、盐酸多西环素、TMP	疗效增强
		维生素 C	抗菌减弱
		氟苯尼考	疗效降低
		同类药物	毒性增强
大环内酯类	罗红霉素、阿奇霉素、替米考星	庆大霉素、新霉素、氟苯尼考	疗效增强
		盐酸林可霉素、链霉素	疗效降低
		氯化钠、氯化钙	沉淀析出游离碱
多黏菌素类	硫酸黏杆菌素	盐酸多西环素、氟苯尼考、头孢氨苄、罗红霉素、替米考星、喹诺酮类	疗效增强
		硫酸阿托品、先锋霉素、新霉素、庆大霉素	毒性增强
四环素类	盐酸多西环素、土霉素、金霉素	同类药物及泰乐菌素、泰妙菌素、TMP	疗效增强
		氨茶碱	分解失效
		三价阳离子	形成不溶性、难以吸收的络合物

续表

类别	药物	配伍药物	结 果
氯霉素类	氟苯尼考、甲砜霉素	新霉素、盐酸四环素、硫酸黏杆菌素	疗效增强
		氨苄西林钠、头孢拉定、头孢氨苄	疗效降低
		卡那霉素、喹诺酮类、磺胺类、呋喃类、链霉素	毒性增强
		叶酸、维生素 B_{12}	抑制红细胞生成
喹诺酮类	诺氟沙星、环丙沙星、恩诺沙星	头孢拉定、头孢氨苄、氨苄西林、链霉素、新霉素、庆大霉素、磺胺类	疗效增强
		四环素、盐酸多西环素、氟苯尼考、呋喃类、罗红霉素	疗效降低
		氨茶碱	析出沉淀
		金属阳离子	形成不溶性、难以吸收的络合物
茶碱类	氨茶碱	盐酸多西环素、维生素C、盐酸肾上腺素等酸性药物	浑浊、分解、失效
		喹诺酮类	疗效降低
洁霉素类	盐酸林可霉素、磷酸克林霉素	甲硝唑	疗效增强
		罗红霉素、替米考星、磺胺类、氨茶碱	疗效降低、浑浊、失效
磺胺类	磺胺喹噁啉钠（SQ）	TMP、新霉素、庆大霉素、卡那霉素	疗效增强
		头孢拉定、头孢氨苄、氨苄西林	疗效降低
		氟苯尼考、罗红霉素	毒性增强

6. 注意对生产性能影响和残留

雏鸡各种器官发育尚不健全，抵抗力低，投药时应选择广谱、高效、低毒的抗菌药。如氟喹诺酮类药物对幼龄动物的负重关节会造成损害，小鸡应慎用氟喹诺酮类药物，雏鸡对磺胺药敏感，容易中毒；有些药物影响生殖系统发育，尽量少用和不用；许多药物对产蛋有不良的影响，如磺胺类药物、硫酸链霉素都能使蛋鸡血钙水平下降，产蛋率下降，蛋质变差。拟胆碱药如新斯的明、氨甲酰胆碱和巴比妥类药物都能影响子宫的机能而使产蛋提前，造成产蛋周期异常，蛋壳变薄，下软壳蛋等。另外，氯羟吡啶、克球粉、尼卡巴嗪等抗球虫药也会影响鸡产蛋率。鸡类不耐乳糖，产蛋种鸡对乳糖尤其敏感，饲料中含乳糖 15％时产蛋会明显受到抑制，超过 20％则生产停滞。药物使用过程中要注意休药期。

（五）常用药物

1. 抗生素类

抗生素类药物是一类能够抑制或杀灭微生物的药物，曾名抗菌素，是由某些真菌、放线菌或细菌等微生物产生的，能以低微浓度抑制或杀灭其他微生物的代谢产物。根据每种药的抗菌范围可将其分为以下几类：第一类主要是作用于革兰阳性菌的，包括青霉素 G、大环内酯类、林可霉素类、万古霉素及杆菌肽等；第二类是主要作用于革兰阴性菌的抗生素，包括氨基酸类及多肽类；第三类是广谱抗微生物药，包括广谱青霉素类、头孢菌素、四环素类、氯霉素、喹噁酮类、磺胺类、硝基呋喃类、喹噁啉类等；第四类是抗真菌药物，如多烯类、咪唑类等。常用抗生素见表7-14。

表 7-14　常见抗生素及用途、用法

药名	用途	用法与用量
青霉素	治疗葡萄球菌病、坏死性肠炎、鸡霍乱、链球菌病、李氏杆菌病、丹毒病及各种并发或继发感染	(1)肌内或皮下注射，雏鸡 2000～5000 单位/只，成鸡 5000～10000 单位/只，每日 2～3 次；(2)饮水，雏鸡 2000～5000 单位/只，成鸡 5000～10000 单位/只，每日 2～3 次，或每千克水中加药 50 单位
硫酸链霉素	治疗鸡霍乱、传染性鼻炎、白痢、伤寒、副伤寒、大肠杆菌病、溃疡性肠炎、慢性呼吸道病、弧菌性肝炎	(1)肌内或皮下注射，雏鸡 5000 单位/只，成鸡 10000～20000 单位/只，每日 2～3 次；(2)饮水，雏鸡 5000 单位/只，成鸡 10000～20000 单位/只，每日 2～3 次，或每千克水中加药 80000～100000 单位；(3)气雾，每立方米 20 万单位，雏鸡 30～40 分钟
庆大霉素	治疗大肠杆菌病、鸡白痢、伤寒、副伤寒、葡萄球菌病、慢性呼吸道病、铜绿假单胞菌病	(1)肌内或皮下注射，3000～5000 单位/只，每日 1 次；(2)混饮，3000～5000 单位/只，每日 1 次，连续 3～5 天

续表

药名	用　途	用法与用量
卡那霉素	治疗大肠杆菌病、鸡白痢、伤寒、副伤寒、霍乱、坏死性肠炎、慢性呼吸道病	(1)肌内或皮下注射,10～15 毫克/千克体重,每日 2 次;(2)混饲 0.04%～0.05%,混饮 0.025%～0.035%
新霉素	治疗大肠杆菌病、鸡白痢、鸡伤寒、副伤寒、肠杆菌科细菌引起的呼吸道感染	(1)混饲,0.007%～0.014%;(2)混饮,0.004%～0.008%;(3)气雾,1 克/立方米,吸入 1 小时
四环素、金霉素、土霉素	治疗鸡白痢、伤寒、副伤寒、鸡霍乱、传染性鼻炎、传染性滑膜炎、慢性呼吸道病、葡萄球菌病、链球菌病、大肠杆菌病、李氏杆菌病、溃疡性肠炎、坏疽性皮炎、球虫病	(1)肌内或皮下注射,10～25 毫克/千克体重,每日 2 次;(2)混饲:治疗量,0.02%～0.06%;预防量,0.01%～0.03%;(3)混饮:治疗量,0.015%～0.04%;预防量,0.008%～0.02%
强力霉素	治疗鸡白痢、伤寒、鸡传染性鼻炎、慢性呼吸道病、副伤寒、鸡葡萄球菌病、传染性滑膜炎、链球菌病、大肠杆菌病、李氏杆菌病、溃疡性肠炎、坏疽性皮炎、球虫病	(1)注射,20 毫克/千克体重,每日 1 次;(2)混饲,0.01%～0.02%;(3)混饮,0.006%～0.012%
氯霉素	治疗鸡白痢、鸡伤寒、副伤寒、大肠杆菌病、坏死性肠炎、溃疡性肠炎、传染性鼻炎、霍乱、葡萄球菌病	(1)深部肌内,20 毫克/千克体重,每日 2 次;(2)内服,50～100 毫克/千克体重,每日 2 次;(3)混饲,0.04%～0.06%;混饮,0.024%～0.036%
红霉素	治疗慢性呼吸道病、传染性滑膜炎、传染性鼻炎、葡萄球菌病、链球菌病、弧菌性肝炎、坏死性肠炎、丹毒病	(1)肌内或皮下注射,4～8 毫克/千克体重,每日 2 次;(2)内服,7.5～10 毫克/千克体重,每日 2 次;(3)混饲,0.018%～0.022%;(4)混饮,0.0105%～0.013%
泰乐菌素	治疗慢性呼吸道病、传染性关节炎、坏死性肠炎、坏疽性皮炎,促进生长,提高饲料报酬	(1)肌内或皮下注射,25 毫克/千克体重,每日 2 次;(2)混饲,0.025%～0.055%;(3)混饮,0.014%～0.03%。促生长饲料添加剂 0.005%
北里霉素	治疗慢性呼吸道病,促进生长,提高饲料报酬	(1)肌内或皮下注射,25～50 毫克/千克体重,每日 1 次;(2)混饲 0.05%,连用 5 天;(3)混饮 0.03%,连用 5 天。促生长饲料添加剂 0.00055%～0.0011%

药名	用途	用法与用量
支原净	治疗慢性呼吸道病、传染性滑膜炎、气囊炎、葡萄球菌病。商品肉仔鸡禁用	(1)肌内或皮下注射,25毫克/千克体重,每日1次;(2)混饲,治疗量0.0335%,预防量减半;(3)混饮,治疗量0.025%,预防量减半
新生霉素	治疗葡萄球菌病、溃疡性肠炎、坏死性肠炎	(1)内服,15~25毫克/千克体重,每日1~2次;(2)混饲,0.026%~0.035%,连用5~7天;(3)混饮,0.013%~0.021%,连用5~7天
林可霉素	治疗葡萄球菌病、慢性呼吸道病、坏死性肠炎,促进肉鸡生长	(1)肌内或皮下注射,10~25毫克/千克体重,每日1次;(2)混饲,0.03%~0.04%;(3)混饮,0.013%~0.024%,促生长饲料添加剂0.0002%~0.0004%
制霉菌素	治疗曲霉菌、冠鸡病癣、念珠菌病	(1)内服,15~25毫克/千克体重,每日1~2次;(2)混饲,0.01%~0.013%,连用7~10天。预防混饲,0.005%~0.0065%,每月喂1周。(3)气雾,50万国际单位/立方米,吸入30~40分钟
磺胺二甲基嘧啶、磺胺异噁唑	治疗霍乱、白痢、伤寒、副伤寒、传染性鼻炎、大肠杆菌病、葡萄球菌病、链球菌病、李氏杆菌病、球虫病	(1)肌内注射,0.07~0.15克/千克体重,每日2~3次,首次量加倍;(2)混饲,0.5%~1%,连用3~4天;(3)混饮,0.1%~0.2%,连用3天。商品肉仔鸡禁用
磺胺-2,6-二甲氧嘧啶、磺胺邻二甲氧嘧啶	治疗霍乱、传染性鼻炎、卡氏白细胞病、球虫病、链球菌病、葡萄球菌病、轻症的呼吸道和消化道感染	(1)内服,0.05~0.13克/千克体重,每日1次,首次量加倍;(2)肌内或皮下注射,0.05~0.15克/千克体重,每日1次;(3)混饲,0.05%~1%;(4)混饮,0.03%~0.06%
磺胺嘧啶	治疗鸡霍乱、白痢、伤寒、副伤寒、大肠杆菌病、李氏杆菌病、卡氏白细胞原虫病	同磺胺-2,6-二甲氧嘧啶、磺胺邻二甲氧嘧啶。商品肉仔鸡禁用
磺胺喹噁啉	治疗鸡霍乱、白痢、伤寒、大肠杆菌病、卡氏白细胞原虫病、球虫病等	(1)肌内或皮下注射,0.05~0.15克/千克体重,每日1次,首次量加倍;(2)混饲,0.1%~0.3%;(3)混饮,0.05%~0.15%。商品肉仔鸡禁用

续表

药名	用　途	用法与用量
磺胺甲基异噁唑	治疗霍乱、慢性呼吸道病、葡萄球菌病、链球菌病、鸡白痢、伤寒、副伤寒、大肠杆菌病	同磺胺喹噁啉
磺胺-5-甲氧嘧啶	治疗霍乱、慢性呼吸道病、白痢、鸡伤寒、副伤寒、球虫病	同磺胺喹噁啉
磺胺-6-甲氧嘧啶	治疗大肠杆菌病、白痢、伤寒、副伤寒、球虫病	同磺胺喹噁啉
三甲氧苄氨嘧啶	治疗链球菌病、葡萄球菌病、白痢、伤寒、副伤寒、坏死性肠炎,多与磺胺药配成复方制剂	(1)肌内或皮下注射,20～25毫克/千克体重,每日2次;(2)口服,10毫克/千克体重,每日2次;(3)混饲,0.02%
甲氧苄氨嘧啶、复方敌菌净	(包括 DVD＋SMD)治疗大肠杆菌病、白痢、副伤寒、伤寒等	预防:(1)口服,10毫克/千克体重,每日2次;(2)混饲,0.02%～0.03% 治疗:(1)口服,20～25毫克/千克体重;(2)混饲,0.02%～0.05%
呋喃唑酮	沙门菌病、大肠杆菌病、溃疡性肠炎、弧菌性肝炎、球虫病、组织滴虫病、卡氏白细胞病等	(1)混饲,预防量0.012%～0.02%;治疗量0.03%～0.04%;(2)混饮,预防量0.01%;治疗量0.02%。商品肉仔鸡禁用
氟哌酸	治疗鸡霍乱、鸡白痢、伤寒、副伤寒、葡萄球菌病、链球菌病、大肠杆菌病	混饲:0.005%～0.01%
喹乙醇	治疗鸡霍乱、鸡白痢、伤寒、副伤寒,促进生长,提高饲料利用率	(1)口服,5毫克/千克体重,每日2次;(2)混饲治疗量,0.005%～0.008%;(3)饲料促生长添加量,0.0025%～0.0031%。商品肉仔鸡禁用
增效磺胺	治疗鸡霍乱、伤寒、白痢、葡萄球菌病、李氏杆菌病、链球菌病、丹毒、大肠杆菌病、球虫病	(1)肌内或皮下注射,20～25毫克/千克体重,每日1～2次;(2)口服,20～25毫克/千克体重,每日1～2次;(3)混饲,0.02%～0.05%
复方泰乐菌素	治疗大肠杆菌病、鸡白痢、伤寒、副伤寒、慢性呼吸道病及其他呼吸道感染、鼻炎	饮水0.2%;预防量减半

续表

药名	用　途	用法与用量
高力米先（主要成分为硫氰酸红霉素、氟苯尼考）	治疗鸡白痢、伤寒、副伤寒、霍乱、传染性鼻炎、慢性呼吸道病、大肠杆菌病、葡萄球菌病、链球菌病、溃疡性肠炎、坏疽性皮炎、球虫病，并可促生长、缓解应激	预防量：每千克饮水中加入本品0.9～1.8克，连续用药5～7天
地灵霉素合剂（土霉素与盐酸苯松宁的复合制剂）	同高力米先，主要作用是促进生长、缓解应激，预防传染病	混饮：预防量为每千克水中加入本品0.625～2.5克，治疗量加倍
威霸先	治疗慢性呼吸道病、传染性滑液囊炎、大肠杆菌病、霍乱、沙门菌病、葡萄球菌病	预防白痢和促进生长，每100千克饲料中加12.5克；治疗，每100千克饲料中加入25克
竹桃霉素-四环素合剂	治疗葡萄球菌病、链球菌病、慢性呼吸道病、关节炎，促生长添加剂	混饲，0.02%～0.04%；促生长添加量，0.0003%
万能霉素	治疗葡萄球菌病、链球菌病、坏疽性皮炎、溃疡性肠炎、其他非特异性肠炎，促生长添加剂	混饲，每千克饲料加入本品5克；混饮，每千克加入本品3克；预防量减半
施得福（由二甲硝咪唑8克，磺胺-5-甲氧嘧啶7.4克、甲氧苄氨嘧啶2克及赋形剂82.6克组成）	治疗霍乱、大肠杆菌病、白痢、伤寒、副伤寒、葡萄球菌病、坏死性皮炎、溃疡性肠炎、呼吸道继发感染、球虫病、盲肠肝炎（黑头病）	混饲，每千克饲料加入本品5克；混饮，每千克饮水加入本品3克；预防量减半
鸡宝-20（主要含盐酸氨丙啉、盐酸呋吗唑酮和右旋糖酐）	治疗鸡白痢、伤寒、副伤寒、球虫病	每千克饮水加本品0.3克，饮5～7天，治疗量加倍；混饮5～7天后，改用预防量混饮

2. 抗寄生虫药物

抗寄生虫药物是指驱除或杀灭体内外寄生虫的药物。抗寄生虫药

物的种类繁多，主要有抗原虫药、抗蠕虫药和杀虫药。常用的抗寄生
虫药物见表7-15。

表 7-15　鸡场常用的抗寄生虫药物及参考用法

药名	有效成分及作用	用法、用量
痢特灵	呋喃唑酮	预防 0.01％拌料，治疗 0.04％，连用 5 天；商品肉用仔鸡禁用
氯苯胍	罗比尼丁；对各种球虫均有较好的防治效果	预防 0.0033％拌料，治疗 0.0033％，连喂 3～5 天。雏鸡从 15～60 日龄拌入饲料中，连续喂服。商品肉鸡从 15 日龄起至上市前 5 天止
氨丙啉	安普罗林；对柔嫩及堆型艾美尔球虫作用最强	预防 0.125％，治疗 0.025％，拌入饲料中，连喂 5 天。雏鸡从 15 日龄拌入饲料中，连续喂服，按照休药期停药。商品肉用仔鸡禁用
克球粉	氯羟吡啶；对多种球虫有抑制作用	预防 0.125％，治疗 0.025％，雏鸡从 15 日龄拌入饲料中，连续喂服。商品肉用仔鸡禁用
加福、杜球	马杜拉霉素；对多种球虫有抑制作用	雏鸡从 12 日龄，0.0005％拌入饲料中，连续喂服。商品肉鸡从 1 日龄起至上市前 5 天止
优素精	盐霉素；对多种球虫有效	盐霉素混料浓度 0.006％～0.0125％；优素精含盐霉素 10％，故混料浓度为 0.06％～0.07％
球痢灵	硝苯酰胺；对多种球虫有效，主要用于治疗球虫病	0.0125％混入饲料，雏鸡从 15 日龄起，连续喂 45 天，商品肉鸡上市前 5 天停药；治疗 0.025％拌入饲料 5 天
瘤胃素	莫能霉素。对多种艾美尔球虫有抑制作用。本品不易产生耐药性	0.01％～0.012％拌料，雏鸡 15～60 日龄，连续喂服；商品肉鸡从 15 日龄起喂至上市前 3 天止
球杀灵	磺胺喹噁啉制剂	治疗，0.05％～0.1％拌入饲料，连喂 2～3 天
别丁	硫双二氯酚；可以驱除禽类的各种吸虫和鸡的赖利绦虫	150～500 毫克/千克体重，混入饲料中，一次内服
二氯酚	对鸡的赖利绦虫有效	300 毫克/千克体重，混入饲料中，一次内服
吡喹酮	广谱高效驱绦虫药	10～20 毫克/千克体重，混入饲料中，一次内服
氢溴酸槟榔碱	驱绦虫。驱虫率 91％～100％	3 毫克/千克体重，内服（配成 0.1％的水溶液，用小胶管插入食管内灌服）
丙硫苯咪唑	对鸡的蛔虫、异刺线虫、卷刺口吸虫、赖利绦虫等高效	30 毫克/千克体重，拌入饲料中，一次内服

续表

药名	有效成分及作用	用法、用量
血防-67		250～300毫克/千克体重,拌入饲料中,一次内服
2.5%溴氰菊酯	对于各种体外寄生虫有作用	配成1:8000浓度(即2.5%溴氰菊酯1毫升加水8千克)喷洒或药浴
25%戊酸氰醚酯	对于各种体外寄生虫有作用	用水稀释成1:4000的浓度直接向鸡体喷洒,或稀释成1:8000的浓度对鸡进行药浴
制菌磺	磺胺间甲氧嘧啶;对柔嫩艾美尔球虫、鸡住白细胞病有作用	治疗:0.2%均匀混入饲料中,给药3天,停2天,再给药3天;本品0.005%与乙胺嘧啶0.0025%配合混饲,有增效作用
磺胺-2,6-甲氧嘧啶	治疗鸡住白细胞原虫病和球虫病	以0.1%～0.2%浓度混饲,0.05%～0.1%混饮,连用5～7天
驱虫净	四咪唑	40毫克/千克体重,均匀混入饲料中,一次服用
左咪唑	左旋咪唑,对多种线虫效果良好	20毫克/千克体重,均匀混入饲料中,一次服用
丙硫苯咪唑	阿苯达唑,对各种线虫、绦虫、吸虫均有驱除效果	10～20毫克/千克体重,均匀混入饲料中,一次服用
驱蛔灵	哌哔嗪;驱蛔虫,对成虫效果好	250～300毫克/千克体重,均匀混入饲料中,一次服用
噻苯咪唑	驱线虫药,对成虫、幼虫和卵有效	100毫克/千克体重,均匀混入饲料中,一次服用
酚噻唑	硫化二苯胺	500～1000毫克/千克体重,拌入饲料中,一次内服,每只鸡不得超过2克
灭绦灵	氯硝柳胺;广谱高效驱绦虫药	150～200毫克/千克体重,混入饲料中,一次内服
蝇毒磷(蝇毒)	广谱杀虫剂,对鸡的刺皮螨、漆螨、软蜱、虱、蚤等有杀灭作用	一般是16%的油乳剂。配成0.03%的药液直接涂擦;配成0.03%的药液喷洒环境灭蚊、蠓等昆虫
敌百虫	广谱驱虫药,对鸡的各种体外寄生虫和消化道线虫及某些吸虫有作用	用0.1%～0.15%水溶液洗浴或喷洒灭鸡螨;用0.1%～0.5%水溶液杀灭蚤、蜱、蚊、蝇、蠓等。驱蛔虫可按0.05克/千克体重,配成5%水溶液于饱食后嗉囊内注射。注意中毒

3. 解毒药

中毒病是鸡常见的疾病，由于毒物种类繁多，症状也不尽相同，所以应用解毒药的前提就是要弄清家鸡中毒的原因。针对中毒的原因，采取不同的解毒措施。一般措施有：第一，阻止毒物继续侵入鸡体；第二，设法排除进入鸡体的毒物；第三，阻止毒物的吸收；第四，缓解毒物的毒性，应用药物对症治疗及应用特效解毒药进行解毒。解毒药见表 7-16。

表 7-16 常见的解毒药及特性

药名	剂型、用法和用量	作用和用途
阿托品	硫酸阿托品注射液，皮下注射：0.1～0.25 毫克/只；硫酸阿托品片，内服用量为：0.1～0.25 毫克/只。中毒严重时与解磷定反复应用，才能有效。	阿托品为抗胆碱药，主要作用为阻断 M 胆碱受体，故能松弛内脏平滑肌，解除平滑肌痉挛，抑制腺体分泌，散大瞳孔，解除迷走神经对心脏的抑制与血管痉挛，对呼吸中枢也有轻度兴奋作用。只能解除轻度中毒
碘磷定（解磷定、派姆）	注射用碘磷定，临用前加蒸馏水配成 4% 溶液。碘磷定注射液，肌内注射：0.2～0.5 毫升/只。用药越早效果越好	碘磷定具有迅速复活已经磷酰化但未老化的胆碱酯酶的作用，使胆碱酯酶与结合物分泌而恢复活性。此外，本品还能在体内直接与有机磷化合物起作用，生成无毒的磷脂化碘磷定由尿排出。由于碘磷定不能通过血脑屏障，对中枢神经症状几乎无效，故与阿托品联合应用效果更好
硫代硫酸钠	硫代硫酸钠注射液，注射用硫代硫酸钠粉剂，肌注 0.32 克/只（常配成 10% 浓度应用）	硫代硫酸钠具有还原剂特性，能与金属、类金属形成无毒的硫化物由尿排出，可作为铜及砷中毒的解毒药，进行解毒处理
乙酰胺	乙酰胺注射液，肌注参考量：0.1 克/千克体重。解毒时宜早期应用，并给足剂量	本品与氟乙酰胺、氟乙酰钠相似，可能在体内竞争酰胺酶，使不能产生对机体三羧酸循环有毒性作用的氟乙酸，从而解除有机氟中毒。严重中毒病例必须配合使用氯丙嗪或巴比妥为镇静药
葡萄糖	5% 葡萄糖注射液皮下静脉注射：20～50 毫升/只；内服：50 毫升/只。25% 高渗葡萄糖注射液腹腔注射：5～10 毫升/只	葡萄糖为营养药物，能供给能量，补充体液，增强心脑肌力量。高渗透压，使组织脱水，有利尿作用，还具有解毒作用。因葡萄糖在肝脏中可氧化成葡萄糖醛酸与毒物结合从尿排出，也可以通过糖代谢中的产物乙酰基起乙酰化作用而解毒。常用于鸡药物中毒及饲料中毒解毒

药名	剂型、用法和用量	作用和用途
氯化钠	可配成 0.68%氯化钠注射液溶液（即 1 升溶液中含氯化钠 6.8 克）。皮下静注：每次 20～50 毫升/只。内服：50 毫升。泄殖腔适量灌注	本品为电解质补充液，静脉注射后，可使鸡体恢复血压，旺盛代谢，并促进毒物自体内排出。本品可应用于药物中毒、饲料中毒等。泄殖腔量灌注可稀释毒物浓度，刺激肠蠕动，促进肠道内毒物的排泄
维 生 素 C	维生素 C 片，口服 25～50 毫克/只；维生素 C 注射液，肌注 0.05～0.125 克/只	维生素 C 参与体内多种代谢，对增强抵抗力具有重要作用，同时还参与体内氧化还原反应，具有解毒作用。重金属离子能在机体中与体内含巯基酶结合而使其失活，引起中毒。而维生素 C 可使氧化型谷胱甘肽转化成还原型，还原型谷胱甘肽与重金属结合后排出体外，从而起到解毒作用。维生素 C 可用于重金属离子中毒及药物中毒的解毒

4. 常用中草药

本类中草药大多属于清热解毒药。具有抗菌消炎，清热泻火，解热凉血的功能。临床用于微生物所致的各种感染。优点是药源丰富，就地取材，副作用少，疗效良好。主要有黄连、大蒜、板蓝根、穿心莲、金银花（双花）等。

（六）正确选购和使用药物

1. 药物的正确选购

（1）选购经过 GMP 认证的兽药 兽药经营企业必须经过 GMP 认证，没有经过认证的企业是不能生产兽药的，养殖户在购买时要认准没有认证的不能购买。兽药包装上必须有农业部的批准文号，进口兽药有农业部的进口兽药许可证。另外，标签或者说明书上必须注明商标、兽药名称、规格、企业名称和地址、产品批号；写明兽药的主要成分、含量、作用、用途、用法、用量、有效期和注意事项等。如果上述内容标注不全，则多是假冒伪劣兽药。

（2）选购非国家禁止的兽药 在购买时应确保所购药品为非国家禁止的药品。有些兽药经过长期验证药效不确切，有的毒副作用大，有的使用后在畜、禽产品中残留量可直接危害人体健康，因此国家宣布予以淘汰。凡国家宣布淘汰的兽药，均应禁止生产、销售及使用。

（3）选购外观、性状良好的兽药　如粉针剂主要观察有无粘瓶、变色、结块、变质等，出现上述现象不能使用。散剂（预混剂）药品应该是干燥的、疏松的、颗粒均匀、色泽一致，无吸潮结块、霉变、发黏等现象。水针剂外观药液必须澄清，无浑浊、变色、结晶、霉菌等现象，否则不能使用。

（4）选购药品上有"兽用"标志的兽药　不能使用人用药物。

2. 药物的正确使用

（1）预防用药的正确使用

① 抗应激用药　接种疫苗、转群扩群、天气突变等应激易诱发肉鸡疾病，如不及时采取有效的预防措施，就会加重病情。抗应激药物应在疾病的诱因产生之前使用，以提高畜禽机体的抗病能力。抗应激药物实际就是电解多维加抗生素等。

② 抗球虫用药　不少饲养户只是在肉鸡出现血便后才使用抗球虫药。但值得注意的是，隐性球虫病虽不导致临床变化，而实际危害已经产生，所以建议饲养户要重视球虫病的预防用药，根据具体的饲养条件，交替使用不同种类的抗球虫药。

③ 抗菌用药　预防细菌性疾病可以使用抗菌药物，但必须注意使用允许使用的药物，必须严格遵守休药期。药物添加剂使用必须严格遵守《药物饲料添加剂使用准则》。

④ 消毒用药　重视消毒能减少抗菌药的用量，从而减少药物残留，降低生产成本。很多饲养户往往对进苗之前的消毒比较重视，忽视进苗后的消毒。进苗后的消毒包括出入人员、活动场地、器械工具、饮用水源的消毒以及带畜禽消毒等，与进苗前消毒同样重要。消毒药应交替使用，以防止长期使用单一品种的消毒药，病原体会产生耐受性而影响消毒效果。

（2）治疗用药的正确使用

① 注意药物选择　当疾病发生时，要根据饲养条件（环境、饲料、管理）、生产性能、流行病学、临床症状、解剖变化、实验室检验结果等综合分析，做出准确的诊断，然后有针对性地选择药物，所选药物要安全、可靠、方便、价廉，达到"药半功倍"的效果，切勿不明病情而滥用药物，特别是抗菌药物。

② 抓住最佳用药时机 一般来说，用药越早效果越好，特别是微生物感染性疾病，及早用药能迅速控制病情。但细菌性痢疾却不宜早止泻，因为这样会使病菌无法及时排除，使其在体内大量繁殖，反而会引起更为严重的腹泻。对症治疗的药物不宜早用，因为这些药物虽然可以缓解症状，但在客观上会损害机体的保护性反应，还会掩盖疾病真相。

③ 充分考虑药物的协同作用、拮抗作用和配伍禁忌 在临床实践中往往有两种以上药物联合使用，其目的在于提高疗效、降低或避免毒性反应，防止和延缓耐药菌株的产生。例如，磺胺类药物与磺胺增效剂联合使用，其抗菌作用可增强几倍甚至十几倍；但青霉素与四环素合用则使疗效降低。因此在使用兽药时，应充分发挥不同药物间的协同作用，避免拮抗作用，注意配伍禁忌。

④ 使用合适的剂量 药物被机体吸收后，在机体内必须达到有效浓度时才能发挥作用。剂量过小，达不到有效浓度，病情得不到有效控制，且易产生耐药性；剂量过大，超过一定浓度后，会对机体产生毒副反应，所以一定要注意使用合适的剂量。还有些药物的剂量不同，药理作用也不同，如大黄片、硫酸钠、人工盐，小剂量使用时有健胃作用，大剂量使用时则起缓泻的作用。

⑤ 充分考虑药物的疗程 使用任何药物都要有足够的疗程，疗程的长短取决于疾病的急缓，因为病原体在体内的生长、繁殖有一定的过程，如果疗程过短，有些病原体只能被暂时抑制，而未能消灭，一旦停止用药，受抑制的病菌就会重新生长、繁殖，出现更严重的复发症状。一般情况下，在症状消失后即可停止用药，但在应用抗菌药治疗细菌性疾病时，为了巩固疗效和避免产生抗药性，在症状消失后尚需继续使用一段时间。

⑥ 兼顾对因治疗与对症治疗 对因治疗与对症治疗是药物治疗作用的两个方面。凡是能消除原因的治疗就叫对因治疗（治本）；凡是能消除或改善疾病的症状的治疗就叫对症治疗（治标），两者都十分重要。对因治疗可解除病因使症状消除，而对症治疗也可防止疾病的进一步发展。此外，对不清楚病因的疾病，对症治疗为重要的治疗措施。

⑦ 加强休药期管理，防止药物残留 有些抗菌药物因为代谢较

慢，用药后会造成药物残留，因此，这些药物都有休药期的规定。使用这些药物时必须充分考虑动物及其产品的上市日期，防止药物残留超标造成食品安全隐患。

（七）肉鸡场的药物保健

药物保健见表7-17。

表7-17 肉鸡药物保健方案

日龄	药物保健方案
1~10天	入舍后，维生素C(5克/50千克水)或速补-14＋5％糖饮水。丁胺卡那霉素8~10克/100千克，饮水3~5天；然后，氟苯尼考5~8克/100千克饮水，或硫酸新霉素，0.05％饮水(或0.02％拌料)，连用3~5天。防治鸡白痢和大肠杆菌病
10~30天	磺胺嘧啶、或磺胺甲基嘧啶、或磺胺二甲基嘧啶，在饲料中添加0.5％，饮水中可用0.1％~0.2％，连续使用5天后，停药3天，再继续使用2~3次；泰乐菌素0.05％~0.1％饮水或罗红霉素0.005％~0.02％饮水，连用7天。防治大肠杆菌病和慢性呼吸道病
15天至出栏前1周	氯苯胍30~33毫克/千克饲料混饲。或硝苯酰胺125毫克/千克饲料混饲。或杀球灵1毫克/千克饲料混饲，连用5~7天，停药5天，再使用。或几种药物交替使用

第二节 肉鸡的常见病防治

一、传染病

（一）禽流感

禽流感（AI）又称欧洲鸡瘟或真性鸡瘟，是由A型流感病毒引起的一种急性、高度接触性和致病性传染病。该病毒不仅血清型多，而且自然界中带毒动物多、毒株易变异，这为禽流感病的防治增加了难度。禽类主要依靠水平传播，如空气、粪便、饲料和饮水等，禽流感病毒（AIV）在低温下抵抗力较强，故冬季和春季容易流行。

【临床症状和病理变化】

（1）高致病性 防疫过的出现渐进式死亡，未防疫的突然死亡和高死亡率，可能见不到明显症状之前就已迅速死亡。喙发紫；窦肿胀、头部水肿和肉冠发绀、充血和出血。腿部也可见到充血和出血。邻近的水禽也出现死亡。体温升高达 43℃，采食减退或不食，可能有呼吸道症状如打喷嚏、窦炎、结膜炎、鼻分泌物增多，呼吸极度困难、甩头，严重的可致窒息死亡；冠和肉髯发绀，呈黑红色，头部及眼睑水肿、流泪，结膜炎；有的出现绿色下痢，蛋鸡产蛋明显下降，甚至绝产，蛋壳变薄，破蛋、沙皮蛋、软蛋、小蛋增多。有的腿充血。

病变为腹部皮下有黄色胶冻样浸润。全身浆膜、肌肉出血；心包液增多呈黄色，心冠脂肪及腹壁脂肪出血；肝脏肿胀，肝叶之间出血；气囊炎；口腔黏膜、腺胃、肌胃角质层及十二指肠出血；盲肠、扁桃体出血、肿胀、突出表面；腺胃糜烂、出血，肌胃溃疡、出血。头骨、枕骨、软骨出血，脑膜充血；卵泡变性、输卵管退化、卵黄性腹膜炎、输卵管内有蛋清样分泌物；胰腺有点状白色坏死灶；个别肌胃皮下出血。

（2）温和型　产蛋突然下降，蛋壳颜色变浅、变白；排白色稀粪，伴有呼吸道症状。胰脏有白色坏死点、卵泡变形、坏死。往往伴有卵黄性腹膜炎。

【防治】

（1）预防措施

① 科学管理　不从疫区或疫病流行情况不明的地区引种或调入鲜活禽产品。控制外来人员和车辆进入鸡场，确需进入则必须消毒；不混养畜禽；保持饮水卫生；粪尿污物无害化处理（家禽粪便和垫料堆积发酵或焚烧，堆积发酵不少于 20 天）；做好全面消毒工作。流行季节每天可用过氧乙酸、次氯酸钠等开展 1～2 次带鸡消毒和环境消毒，平时每 2～3 天带鸡消毒一次；病死禽不能在市场流通，应进行无害化处理。

② 免疫接种　某一地区流行的鸡流感只有一个血清型，接种单价疫苗是可行的，这样有利于准确监控疫情。当发生区域不明确血清型时，可采用多价疫苗免疫。疫苗免疫后的保护期一般可达 6 个月，但为了保持可靠的免疫效果，通常每三个月应加强免疫一次。免疫程序：首免 5～15 日龄，每只 0.3 毫升，颈部皮下；二免 50～60 日龄，

每只0.5毫升；三免开产前进行，每只0.5毫升；产蛋中期的40～45周龄可进行四免。

（2）发病后措施　禽流感发生后，严重影响肉鸡的生长，影响肉种鸡的产蛋和蛋壳质量，发生高致病性必须扑杀，发生低致病性的一般也没有饲养价值，也要淘汰。

（二）新城疫

鸡新城疫（ND）俗名鸡瘟，是由副黏病毒引起的一种主要侵害鸡和火鸡的急性、高度接触性和高度毁灭性的疾病。临床上表现为呼吸困难、下痢、神经症状、黏膜和浆膜出血，常呈败血症。典型新城疫死亡率可达90%以上。本病不分品种、年龄和性别，均可发生。病鸡是本病的主要传染源。传播途径是消化道和呼吸道，污染的饲料、饮水、空气和尘埃以及人和用具都可传染本病。目前出现非典型症状和病变、发病日龄越来越小、混合感染（与法氏囊、禽流感、霉形体、大肠杆菌等混合感染）等特点。

【临床症状和病理变化】　潜伏期3～5天。根据病程将此病分为典型和非典型两类。

（1）典型新城疫　体温升至44℃左右，精神沉郁，垂头缩颈，翅膀下垂；鼻、口腔内积有大量黏液，呼吸困难，发出"咯咯"音；食欲废绝，饮水量增加；排出绿色或灰白色水样粪便，有时混有血液；冠及肉髯呈青紫色或紫黑色；眼半闭或全闭呈睡眠状；嗉囊充满气体或黏液，触之松软，从嘴角流出带酸臭味的液体；病程稍长，部分病鸡出现头颈向一侧扭曲，一肢或两肢、一翅或两翅麻痹等神经症状。感染鸡的死亡率可达90%以上。

腺胃病变具有特征性，如腺胃黏膜水肿，乳头和乳头间有出血点或出血斑，严重时出现坏死和溃疡，在腺胃与肌胃、腺胃与食道交界处有出血带或出血点。肠道黏膜有出血斑点，盲肠、扁桃体肿大、出血和坏死。心外膜、肺、腹膜均有出血点。母鸡的卵泡和输卵管严重出血，有时卵泡破裂形成卵黄性腹膜炎。

（2）非典型新城疫　幼龄鸡患病，主要表现为呼吸道症状，如呼吸困难，张口喘气，常发出"呼噜"音，咳嗽，口腔中有黏液，往往有摆头和吞咽动作，进而出现歪头、扭头或头向后仰，站立不稳或转圈后退，翅下垂或腿麻痹，安静时可恢复常态，还可采食，若稍遇刺激，又显现各种异常姿势，如此反复发作，病程可达 10 天以上。死亡率一般为 30％～60％。种鸡患病，主要表现为产蛋率降低，蛋壳质量差，部分鸡出现拉稀。病变常见腺胃乳头有少量出血点，肠道黏膜出血点也较少，坏死性变化少见。但盲肠、扁桃体肿胀、出血较明显。

【防治】

（1）预防措施

① 加强饲养管理　做好鸡场的隔离和卫生工作，严格消毒管理，减少环境应激，减少疫病传播机会，增强机体的抵抗力。控制好其他疾病的发生，如 IBD、鸡痘、霉形体、大肠杆菌病、传喉和传鼻的发生。

② 科学免疫接种　首次免疫至关重要，首免时间要适宜。最好通过检测母源抗体水平或根据种鸡群免疫情况来确定。没有检测条件的一般在 7～10 日龄首次免疫；首免可使用弱毒活苗（如Ⅱ、Ⅳ、克隆 30 苗）滴鼻、点眼。由于新城疫病毒毒力变异，可以选用多价的新城疫灭活苗和弱毒苗配合使用，效果更好。有的 1 日龄雏鸡用"活苗＋灭活苗"同时免疫，能有效地克服母源抗体的干扰，使雏鸡获得可靠的免疫力，免疫期可达 90 天以上。

（2）发病后措施

① 隔离饲养，紧急消毒　一旦发生本病，采取隔离饲养措施，防止疫情扩大；对鸡舍和鸡场环境以及用具进行彻底的消毒，每天进行 1～2 次带鸡消毒；垃圾、粪污、病死鸡和剩余的饲料进行无害化处理；不准病死鸡出售流通；病愈后对全场进行全面彻底消毒。

② 紧急免疫或应用血清及其制品　发病肉鸡用克隆 30 或Ⅰ系苗进行滴鼻或紧急免疫注射，同时加入疫苗保护剂和免疫增强剂提高效果。若为强毒感染，则应按重大疫情发生后的方法处理；或在发病早期注射抗 ND 血清、卵黄抗体（2～3 毫升/千克体重），可以减轻症状和降低死亡率；还可注射由高免卵黄液透析、纯化制成的抗 NDV 因子进行治疗，以提高鸡体免疫功能，清除进入体内的病毒。

③ ND 的辅助治疗　紧急免疫接种 2 天后，连续 5 天应用病毒灵、病毒唑、恩诺沙星或中草药制剂等药物进行对症辅助治疗，以抑制 NDV 繁殖和防止继发感染。同时，在饲料中添加蛋白质、多维素

等营养，饮水中添加黄芪多糖，以提高鸡体非特异性免疫力；如与大肠杆菌或支原体等病原混合感染时的辅助治疗方案是：清瘟败毒散或瘟毒速克拌料 2500 克/1000 千克，连用 5 天；四环素类（强力霉素 1 克/10 千克或新强力霉素 1 克/10 千克）饮水或支大双杀混饮（100 克/300 千克水）连用 3～5 天；同时水中加入速溶多维饮水。

（三）传染性法氏囊炎

鸡传染性法氏囊炎也称鸡传染性法氏囊病（IBD），是由传染性法氏囊病毒（属于双链核糖核酸病毒属）感染引起雏鸡发生的一种急性、接触性传染病。3～6 周龄鸡最易感，成年鸡一般呈阴性经过。发病突然，发病率高，呈特征性的尖峰式死亡曲线，痊愈也快。病鸡和阴性感染的鸡是本病的主要传染来源。可通过被污染的饲料、饮水和环境传播，也能通过呼吸道、消化道、眼结膜高度接触传染。主要特征是腹泻，厌食，震颤和重度虚弱，法氏囊肿大、出血，骨骼肌出血，肾小管尿酸盐沉积。易引起免疫抑制而并发和继发其他疾病。

【临床症状和病理变化】

本病的潜伏期为 2～3 天，特点是幼雏突然大批发病。有些病鸡在病初期排粪时发生努责，并啄自己的肛门，随后出现羽毛松乱，低头沉郁，采食减少或停食，畏寒发抖，嘴插入羽毛中，紧靠热源旁边或拥挤、扎堆在一起。病鸡多在感染后第 2～3 天排出特征性的白色水样粪便，肛门周围的羽毛被粪便污染。病鸡的体温可达 43℃，有明显的脱水、电解质失衡、极度虚弱、皮肤干燥等症状。本病将在暴发流行后，转入不显任何症状的隐性感染状态，称为亚临床型。该型炎症反应轻，死亡率低，不易被人发现，但由于产生的免疫抑制严重，所以危害性大，造成的经济损失更为严重。

特征性的病变是感染 2～3 天后法氏囊的颜色变为淡黄色，浆膜水肿，有时可见黄色胶冻样物，严重时出血明显，个别法氏囊呈紫黑色，切开后，常见黏膜皱褶有出血点、出血斑，也常见有奶油状物或黄色干酪状物栓塞。此时法氏囊要比正常的肿大 2～3 倍，感染 4 天后法氏囊开始缩小（萎缩），其颜色变为白陶土样。感染 5 日后法氏囊明显萎缩，仅为正常法氏囊的 1/10～1/5。此时呈蜡黄色。病鸡的腿部、腹部及胸部肌肉有出血条纹和出血斑，胸腺肿胀出血，肾脏肿胀呈褐红色，尿酸盐沉积明显。腺胃的乳头周围充血、出血。泄殖腔黏膜出血。盲肠扁桃体肿大、出血。脾脏轻度肿大,表面有许多小的坏死灶。肠内的黏液增多,腺胃和肌胃的交界处偶有出血点。

【防治】

(1)预防措施

① 加强饲养管理和环境消毒工作 平时给鸡群以全价营养饲料,密度适当,通风良好,温度适宜,增进鸡体健康。实行全进全出的饲养制度,认真做好清洁卫生和消毒工作,减少和杜绝各种应激因素的刺激等,对防止本病发生和流行具有十分重要的作用。在消毒方面可采用 2%火碱、0.3%次氯酸钠、0.2%过氧乙酸、1%农福、复合酚消毒剂以及 5%甲醛等喷洒,最后用甲醛熏蒸(40 毫升/立方米)消毒。在有鸡的情况下可用威岛牌消毒剂、过氧乙酸、复合酚消毒剂或农福带鸡消毒。

② 免疫接种 本病至今尚无特效的治疗方法,采用活疫苗与灭活疫苗免疫接种是防治法氏囊病的主要方法。

种鸡的免疫接种:雏鸡在 10~14 日龄时用活苗首次免疫,10 天后进行第二次饮水免疫,然后在 18~20 周龄和 40~42 周龄用灭活苗各免疫 1 次。

商品肉仔鸡:肉仔鸡在 10~14 日龄时进行首次饮水免疫,隔 10 天进行 2 次饮水免疫。

(2)发病后的措施

① 保持适宜的温度(气温低的情况下适当提高舍温);每天带鸡消毒;适当降低饲料中的蛋白质含量。

② 注射高免卵黄。20 日龄以下 0.5 毫升/只;20~40 日龄 1.0 毫升/只;40 日龄以上 1.5 毫升/只。病重者注射两次。与新城疫混合感染,注射含有新城疫和法氏囊抗体的高免卵黄。

③ 水中加入硫酸安普霉素(1 克/2~4 千克)或强效阿莫仙(1 克/10~20 千克)或杆康、普杆仙等复合制剂防治大肠杆菌;并加入肾宝或肾肿灵或肾可舒等消肿、护肾保肾;加入速溶多维。另外,用中药制剂囊复康、板蓝根治疗也有一定疗效。

(四)传染性支气管炎

传染性支气管炎(IB)是由鸡传染性支气管炎病毒(IBV,它属于冠状病毒属的病毒)引起的一种急性高度接触性呼吸道传染病。本病传播迅速，各种年龄的鸡均可感染发病，尤以 10～21 日龄的雏鸡最易感。雏鸡的病死率为 25％～90％。6 周龄以上的鸡很少死亡。外环境过冷、过热、通风不畅、营养不良，特别是维生素和矿物质缺乏都可促使本病发生。病鸡和康复后的带毒鸡是本病的传染来源。病鸡可从呼吸道排出病毒，通过空气飞沫传播，也可经蛋传播。临床特征是咳嗽，打喷嚏，气管、支气管啰音；蛋鸡产蛋量下降，质量变差，肾脏肿大，有尿酸盐沉积。

【临床症状和病理变化】

（1）**呼吸型**　突然出现有呼吸道症状的病鸡并迅速波及全群为本病特征。5 周龄以下的雏鸡几乎同时发病，流鼻液、鼻肿胀；流泪、咳嗽、气管啰音、打喷嚏、伸颈张口喘息；病鸡羽毛松乱、怕冷、很少采食；个别鸡出现下痢；成年鸡主要表现轻微的呼吸症状和产蛋下降，产软蛋、畸形蛋、粗壳蛋，蛋清如水样，没有正常鸡蛋那种浓蛋白和稀蛋白之间的明确分界线，蛋白和蛋黄分离以及蛋白黏着于蛋壳膜上。雏鸡感染 IBV，可造成输卵管永久性损坏。当支气管炎性渗出物形成干酪样栓子堵塞气管时，因窒息可导致死亡。

气管、鼻道和窦中有浆液性、卡他性和干酪样渗出物。在死亡雏鸡的气管中可见到干酪样栓子；气囊浑浊、增厚或有干酪样渗出物，鼻腔至咽部蓄有浓稠黏液，产蛋鸡卵泡充血、出血、变性，腹腔内带有大量卵黄浆，雏鸡输卵管萎缩、变形、缩短。

（2）**肾型**　多发于 20～50 日龄的幼鸡，主要继发于呼吸型支气管炎，精神沉郁，迅速消瘦，厌食、饮水量增加、排灰白色稀粪或白色淀粉样糊状粪便，可引起肾功能衰竭导致中毒和脱水死亡。

肾肿大、苍白、肾小管和输尿管充满尿酸盐结晶，并充盈扩张，呈花斑状，泄殖腔内有大量石灰样尿酸盐沉积。法氏囊、泄殖腔黏膜充血，充积胶样物质。肠黏膜充血，呈卡他性肠炎，全身血液循环障碍而使肌肉紫绀，皮下组织因脱水而干燥，呈火烧样。输卵管上皮受病毒侵害时可导致分泌细胞减少和局灶性组织阻塞、破裂，造成继发性卵黄性腹膜炎等。感染 IB 后的鸡，特别在育雏阶段会造成输卵管的永久性损伤；开产前 20 天左右的鸡，会造成输卵管发育受阻，输卵管狭小、闭塞、部分缺损、囊泡化，到性成熟时，长度和重量尚不及正常成熟的 1/3～1/2，进而影响以后的产蛋，甚者，有的鸡不能产蛋。

(3) 腺胃型 初期一般不易发现,食欲下降、精神不振、闭眼、奄翅或羽毛蓬乱、生长迟缓。苍白消瘦、采食和饮水急剧下降,拉黄色或绿色稀粪,粪便中有未消化或消化不良的饲料;流泪、肿眼,严重者导致失明。发病中后期极度消瘦,衰竭死亡。有的有呼吸道症状。发病后期鸡群表现发育极不整齐,大小不均。病鸡为同批正常鸡的 $1/3 \sim 1/2$ 不等,病鸡出现腹泻,不食,最后由于衰弱而死亡。

病鸡或死鸡,外观极为消瘦。剖解后可见皮下和肠膜几乎没有脂肪;腺胃极度肿胀,肿大如球状,腺胃壁可增厚 $2 \sim 3$ 倍,胃黏膜出血、溃疡,腺胃乳头平整融合,轮廓不清,可挤出脓性分泌物,个别鸡腺胃乳头有出血,肌胃角质膜个别有溃疡,胰腺肿大、出血,盲肠扁桃体肿大出血,十二指肠黏膜有出血,空肠和直肠及泄殖腔黏膜有不同程度的出血。有的鸡肾脏肿大,肾脏和输尿管积有白色尿酸盐。

【防治】本病迄今尚无特效药物治疗,必须认真做好预防工作。

(1) 预防措施

① 加强饲养管理,搞好鸡舍内外卫生和定期消毒工作 鸡舍、饲养管理用具、运动场地等要经常保持清洁卫生,实施定期消毒,严格执行隔离病鸡等防治措施。注意调整鸡舍的温度,避免过挤,注意通风换气。对病鸡要喂给营养丰富且易消化的饲料。

② 杜绝通过种蛋传染此病 孵化用的种蛋,必须来自健康鸡群,并经过检疫证明无病原污染的,方可入孵。

③ 定期接种 种鸡在开产前要接种传染性支气管炎油乳苗。肉仔鸡 $7 \sim 10$ 日龄使用传染性支气管炎弱毒苗(H_{120})点眼滴鼻,间隔 2 周再用传染性支气管炎弱毒苗(H_{52})饮水;或若有其他类型支气管炎在本地区流行,可在 $7 \sim 10$ 日龄使用传染性支气管炎弱毒苗(H_{120})点眼滴鼻,同时注射复合传染性支气管炎油乳苗。

(2) 发病后的措施

① 注射高免卵黄 鸡群中一旦发生本病,应立即采用高免蛋黄液对全群进行紧急接种或饮水免疫,对发病鸡的治疗和未发病鸡的预防都有很好的作用。为巩固防治效果,经 24 小时后可重复用药 1 次,免疫期可达 2 周左右。10 天后普遍接种 1 次疫苗,间隔 50 天再接种 1 次,免疫期可持续 1 年。

② 药物治疗 饲料中加入 0.15% 的病毒灵＋支喉康（或咳喘灵）拌料连用 5 天，或用百毒唑（内含病毒唑、金刚乙胺、增效因子等）饮水（10 克/100 千克水），麻黄冲剂 100 克/100 千克拌料；饮水中加入肾肿灵或肾消丹等利尿保肾药物 5～7 天；饮水中加入速溶多维或维康等缓解应激，提高机体抵抗力。同时要加强环境和鸡舍消毒，雏鸡阶段和寒冷季节要提高舍内温度。

（五）禽脑脊髓炎

鸡传染性脑脊髓炎（AE）俗称流行性震颤，是一种主要侵害雏鸡的病毒性传染病，以共济失调和头颈震颤为主要特征。本病毒可以引起各种年龄的鸡发病，但以 1～3 周龄的雏鸡最易感。雏鸡的发病率一般是 10%～20%，最高可达 60%。死亡率平均为 10% 左右。

【临床症状和病理变化】发病时全身震颤，眼神呆滞，接着出现进行性共济失调，驱赶时易发现。走路不稳，常蹲伏，驱赶时不能控制速度和步态，摇摆移动，用跗关节或小腿走动，最后倒于一侧。有时可暂时地恢复常态，但刺激后再度发生震颤，病鸡最后因不能采食和饮水衰竭死亡，死亡率可达 15%～35%。

剖检病雏时可见有肝脏脂肪变性、脾脏肿大及轻度肠炎，组织学检查，可见有一种非化脓性的脑脊髓炎病变，尤其在小脑、延脑和脊髓的灰质中比较明显。主要是神经细胞的变性，血管周围的淋巴细胞浸润。在脑干、延脑和脊髓的灰质中见有神经胶质细胞增生，从小脑的颗粒层进入分子层，胶质细胞增生为典型病变。

【防治】

（1）预防措施 预防本病的关键措施是对种鸡进行免疫，利用通过种蛋传给雏鸡的母源抗体可以保护雏鸡在 8 周左右不患此病。活毒疫苗：一种用 1143 毒株制成的活苗，可通过饮水法接种，鸡接种疫苗后 1～2 周排出的粪便中能分离出脊髓炎病毒，这种疫苗可通过自然扩散感染，且具有一定的毒力，对免疫日龄要求严格，应在 10 周龄至开产前 4～5 周接种疫苗，因为接种后 4 周内所产的蛋不能用于孵化，否则容易垂直传播引起子代发病；另一种活毒疫苗常与鸡痘弱毒疫苗制成二联苗，一般于 10 周龄以上至开产前 4 周之间进行翼膜制种。灭活疫苗：用野毒或鸡胚适应毒接种 SPF 鸡胚，取其病料灭活制成油乳剂疫苗。这种疫苗安全性好，接种后不排毒、不带毒，特别适用于无脑脊髓炎病史的鸡群。可于种鸡开产前18~20周接种。

（2）发病后措施 本病在治疗上尚无特效药物。雏鸡发病，一般是将发病鸡群扑杀并做无害化处理。

（六）禽痘

禽痘（FP）是由禽痘病毒引起的一种急性传染病。本病主要感染鸡，主要通过接触传染，脱落和碎散的痘痂是病毒散布的主要形式，一般需经损伤的皮肤和黏膜而感染。蚊子和体表寄生虫可传播本病。一年四季均可发病，但在春秋两季和蚊虫活跃的季节最易流行。夏秋多为皮肤型，冬季较少，多为白喉型。

【临床症状和病理变化】本病分为皮肤型、白喉型（黏膜型）、眼鼻型及混合型四种病型。

（1）皮肤型 是最常见的病型，病鸡冠、髯、眼皮、耳球、喙角等部位起初出现麸皮样覆盖物继而形成灰白色小结节，很快增大，略发黄，相互融合，最后变为棕黑色痘痂，剥去痂块可露出出血病灶。病鸡精神沉郁，食欲不振，产蛋减少，如无并发症，病鸡很少死亡。

皮肤型鸡痘的特征性病变是局灶性表皮和其下层的毛囊上皮增生，形成结节。结节起初表现湿润，后变为干燥，外观呈圆形或不规则形，皮肤变得粗糙，呈灰色或暗棕色。结节干燥前切开切面出血、湿润，结节结痂后易脱落，出现瘢痕。

（2）白喉型（黏膜型） 病鸡起初流鼻液，有的流泪，经2~3天，在口腔和咽喉膜上出现灰黄白色小斑点，很快扩展，相互融合在一起，气管局部见有干酪样渗出物。由于呼吸道被阻塞，病鸡常常因窒息而死。此型鸡痘可致大量鸡只死亡，死亡率可达20%~40%以上。

黏膜型鸡痘病变出现在口腔、鼻、咽、喉、眼或气管黏膜上。黏膜表面稍微隆起白色结节，以后迅速增大，并常融合而成黄色、奶酪样坏死的伪白喉或白喉样膜，将其剥去可见出血糜烂，炎症蔓延可引起眶下窦肿胀和食管发炎。

（3）眼鼻型 病鸡眼鼻起初流稀薄液体，逐渐浓稠，眼内蓄积豆渣样物质，使眼皮胀起，严重的失明。此型很少单独发生，往往伴随白喉型发生。

（4）混合型 鸡群发病兼有皮肤型和黏膜型表现。本病若有继发感染，损失较大。尤其是当鸡只在 40～80 日龄左右时发病，常见诱发产白壳蛋、白羽型鸡种和肉鸡的葡萄球菌病。

【防治】

（1）预防措施 鸡痘的预防，除了加强鸡群的卫生、管理等一般性预防措施之外，可靠的办法是使用鸡痘鹌鹑化弱毒疫苗接种。多采用翼翅刺种法。第一次免疫在 10～20 天，第二次免疫在 90～110 天，刺种后 7～10 天观察刺种部位有无痘痂出现，以确定免疫效果。生产中可以使用连续注射器于翼部内侧无血管处皮下注射 0.1 毫升疫苗，方法简单确切。有的肌内注射鸡痘疫苗，试验表明保护率只有 60%左右。

（2）发病后措施

① 对症疗法 目前尚无特效治疗药物，主要采用对症疗法，以减轻病鸡的症状和防止并发症。皮肤上的痘痂，一般不作治疗，必要时可用清洁镊子小心剥离，伤口涂碘酒、红汞或紫药水。对白喉型鸡痘，应用镊子剥掉口腔黏膜的假膜，用 1%高锰酸钾洗后，再用碘甘油或氯霉素、鱼肝油涂擦。病鸡眼部如果发生肿胀，眼球尚未发生损坏，可将眼部蓄积的干酪样物排出，然后用 2%硼酸溶液或 1%高锰酸钾冲洗干净，再滴入 5%蛋白银溶液。剥下的假膜、痘痂或干酪样物都应烧掉，严禁乱丢，以防散毒。

② 紧急接种 发生鸡痘后也可视鸡日龄的大小，紧急接种新城疫Ⅰ系或Ⅳ系疫苗，以干扰鸡痘病毒的复制，达到控制鸡痘的目的。

③ 防止继发感染 发生鸡痘后，由于痘斑的形成造成皮肤外伤，这时易继发引起葡萄球菌感染，而出现大批死亡。所以，大群鸡应使用广谱抗生素如 0.005%环丙沙星或培福沙星、蒽诺沙星或 0.1%氯霉素拌料或饮水，连用 5～7 天。

（七）病毒性关节炎

病毒性关节炎（VA）是一种由呼肠孤病毒引起的鸡的重要传染病。病毒主要伤害关节滑膜、腱鞘和心肌，引起足部关节肿胀，腱鞘发炎，继而使腓肠腱断裂，病鸡关节肿胀、发炎，行动不便，不愿走动或跛行，采食困难，生长停滞。鸡群的饲料利用率下降，淘汰率增高，严重影响经济效益。

本病常发生于 2～16 周龄的肉鸡，6～7 周龄肉用仔鸡发生最多，

14～18周龄的种鸡也可发生，但产蛋母鸡不发生。病毒在鸡中的传播有水平传播和垂直传播两种方式。鸡病毒性关节炎的感染率和发病率因鸡的年龄不同而有差异，鸡年龄越大，敏感性越高，10周龄之后明显降低。一般认为，雏鸡的易感性可能与雏鸡的免疫系统尚未发育完全有关。

【临床症状和病理变化】在急性感染的情况下，鸡表现跛行，部分鸡生长受阻；慢性感染期的跛行更加明显，少数病鸡跗关节不能运动。病鸡食欲和活力减退，不愿走动，喜坐在关节上，驱赶时或勉强移动，但步态不稳，继而出现跛行或单脚跳跃。病鸡因采食和饮水困难而日渐消瘦，贫血，发育迟滞，少数逐渐衰竭而死。检查病鸡可见单侧或双侧跖部、跗关节肿胀。在日龄较大的肉鸡中可见腓肠腱断裂导致顽固性跛行。种鸡群或蛋鸡群受感染后，产蛋量可下降10%～15%。也有报道种鸡群感染后种蛋受精率下降，这可能是病鸡因运动功能障碍而影响正常的交配所致。

病鸡跗关节上下周围肿胀，切开皮肤可见到关节上部腓肠腱水肿，滑膜内经常有充血或点状出血，关节腔内含有淡黄色或血样渗出物，少数病例的渗出物为脓性，与传染性滑膜炎病变相似，这可能与某些细菌的继发感染有关。其他关节腔淡红色，关节液增加。根据病程的长短，有时可见周围组织与骨膜脱离。慢性病例的关节腔内的渗出物较少，腱鞘硬化和粘连，在跗关节远端关节软骨上出现凹陷的点状溃烂，然后变大、融合，延伸到上方的骨质，关节表面纤维软骨膜过度增生。有的在切面可见到肌和腱交接部发生的不全断裂和周围组织粘连，关节腔有脓样、干酪样渗出物。发生败血症时见到血管充血、出血，腹膜炎。肝、脾和肾肿大，卡他性肠炎，盲肠扁桃体出血等。

【防治】

(1) 预防措施　加强卫生防疫措施和改善鸡群饲养管理条件，特别是要喂给全价饲料，并采用全进全出制，定期检疫，淘汰阳性鸡。

预防本病国内尚无有效疫苗，国外生产出了弱毒苗和灭活苗两类。由于呼肠孤病毒的血清型很多，每种毒株的抗原性有限，所以必须制备多价疫苗，才能产生更广泛的保护力。目前，美国已有用1733和2408毒株研制出抗原性较强的疫苗，并用于种鸡的预防接种。

（2）发病后措施　对已发病的鸡群，应及时淘汰病鸡。定期用0.3％过氧乙酸等消毒液带鸡消毒。空舍后彻底清洗、消毒和用福尔马林熏蒸处理后，闲置3周再进新鸡。

（八）传染性喉气管炎

传染性喉气管炎（ILT）是由传染性喉气管炎病毒引起的一种急性呼吸道传染病。本病的特征是呼吸困难、咳嗽和咳出含有血液的渗出物。剖检时可见喉头、气管黏膜肿胀、出血和糜烂，在病的早期患部细胞可形成核内包涵体。各种年龄的鸡都可感染，以成年鸡多发且症状明显。病鸡和康复鸡是主要传染源，主要通过呼吸道和消化道侵入鸡体，接触污染的饲料、饮水和用具等可感染发病。以寒冷季节多发，当鸡群拥挤、通风不良、维生素缺乏、有寄生虫或慢性病感染的情况下，都可诱发或加重本病的发生。

【临床症状和病理变化】　主要发生于青年鸡和种鸡。病初鼻腔流半透明液体，有时可见流泪，随后出现其他呼吸症状，伸颈、张口呼吸、低头缩颈，呼气发出"格噜格噜"的声音。咳嗽、甩头，甩出带血的黏液，鸡冠青紫色，排绿色稀粪，眼内蓄有豆渣样物质。产蛋下降，出现软壳蛋、沙皮蛋、褪色蛋。

喉部与气管肿胀、充血、出血，覆有多量浓稠黏液和黄白色假膜，并带有血凝块，鼻腔和眼内蓄有浓稠渗出物及其凝块，眼结膜有针尖大点状出血点。病毒侵入上呼吸道后，主要在喉和气管黏膜上皮细胞核内增殖，致使上皮细胞核急剧分裂而胞体不分裂，继而呈现营养不良变化而从受损部位脱落下来。喉和气管黏膜上皮的急剧剥脱，一是由于受病毒的直接作用；其次是由于血管通透性增高，黏膜固有层高度水肿而破坏了组织的解剖学联系，加上剧烈咳嗽导致血管破裂，因而在气管和喉内堵塞混有血液的干酪样渗出物，造成鸡的窒息死亡。

【防治】

（1）预防措施

① 加强饲养管理　平时加强饲养管理、改善鸡舍通风，注意环境卫生，不引进病鸡，并严格执行消毒卫生措施。

② 免疫接种　本地区没有本病流行的情况下，一般不主张接种。

如果免疫，首免在 28 日龄左右，二免在首免后 6 周，即 70 日龄左右进行，使用弱毒疫苗，免疫方法常用点眼法。鸡群接种后可产生一定的疫苗反应，轻者出现结膜炎和鼻炎，严重者可引起呼吸困难，甚至死亡，因此所使用的疫苗必须严格按使用说明进行。免疫后易诱发其他病的发生，在使用疫苗的前后 2 天内可以使用一些抗菌物。此外，使用传染性喉气管炎与鸡痘二联苗效果也不错。

（2）发病后的措施

① 发生本病后，用消毒剂每日进行 1～2 次消毒，以杀死鸡舍中的病毒，并辅之以泰乐加、链霉素、氯霉素、氟哌酸等药物治疗以防细菌继发感染。

② 发病鸡群确诊后，立即采用弱毒苗紧急接种，可控制病情。

③ 药物治疗，使用呼喘力霸，镇咳，去痰；使用三林合剂，抗病毒，缓解症状。

（九）肉鸡肿头综合征

鸡的肿头综合征（SHS）又称粗头病，是由冠状病毒和大肠杆菌混合感染而引起的，是主要危害 4～6 周龄肉鸡的一种疾病。本病以头部肿胀、打喷嚏及其他呼吸道症状为特征。该病一旦发生就会迅速传播，严重影响肉鸡的存活率和生长率（死淘率增加 20%～30%，康复鸡生长发育迟缓，饲料转化率降低 10%～20% 左右），造成收入减少和生产成本升高，对肉鸡产业是一个极大威胁。特别易发生于肉用仔鸡集中地区，3～8 周龄的肉鸡多发，20～25 周龄也可发生，也有育成鸡发生肿头综合征的报道。

【临床症状和病理变化】肉鸡肿头综合征的初期表现为轻微的上呼吸道啰音和结膜炎。细致检查病鸡，发现一只眼或两只眼出现异常的杏仁形，结膜炎和眼睑水肿，流泪，如果流泪过多，鸡只就会扭转脖颈，眼眶周围摩擦料槽，甚至还会用脚趾抓搔眼睛，随后病鸡咳嗽，打喷嚏，鼻腔流泡沫状分泌物，呼吸困难，精神不振，不愿运动，食欲减退，泪腺、眼睑、鸡冠、肉垂、面部等出现肿胀。鸡上下眼睑常粘在一起，头部、颈部和肉髯水肿明显。个别鸡出现斜颈、脑定向力障碍、头部抽搐等神经症状。如果耐过了感染急性期，肿胀消退，但肉垂和下颌间组织变硬。

头部周围皮下组织充满胶样液或脓液，颅骨气腔内充满干酪样物质，可见到鼻腔黏膜的炎症和鼻骨黏膜的轻微出血。如出现致病性大肠杆菌的全身性感染，会出现心包炎、肝周炎和腹膜炎。

【防治】

（1）预防措施

① 避免免疫抑制　对父母代种鸡要用法氏囊和大肠杆菌疫苗确切接种，以保证较高的母源抗体水平。同时做好 ND、IB、支原体病和大肠杆菌病等疾病防治工作。保证呼吸道黏膜的完整性和局部抗体，对控制肉鸡群的呼吸道感染至关重要。保证饮水和饲料清洁卫生，减少霉菌及其毒素和其他有毒有害物质含量。

② 采取良好的生物安全措施　做好鸡场鸡舍清洁卫生和消毒工作。采用全进全出的饲养方式。保持鸡舍通风换气良好，饲养密度适宜，温度、湿度稳定，空气清新洁净，减少应激发生，如断喙、转群、免疫接种等生产程序必须进行时，可在饲料或饮水中加入高剂量的抗应激剂如速补-14、维生素 C 等来缓解应激。

③ 免疫接种　种鸡在 2 周龄和 9 周龄接种 TRT/SHS 弱毒苗或油乳剂灭活苗，以预防 SHS 的发生。

（2）发病后措施　及早选用抗生素类药物治疗。大肠杆菌病易伴随此病发生，要针对不同的致病株选择敏感药物，选用氟哌酸、喹乙醇、青霉素、庆大霉素或磺胺类药物可降低死亡率。

（十）鸡传染性矮小综合征

鸡传染性矮小综合征也称传染性发育迟缓综合征、鸡苍白综合征、营养吸收不良综合征，其主要特征是肉用仔鸡发育迟缓或停滞、腿软、鸡冠和胫部苍白，羽毛生长不良。造成鸡只增重低和饲料效益差。

目前关于本病的病原因子尚未定论。最近 Kisary 研究后发现，有一种自主细小病毒是雏鸡流行传染性矮化综合征的病因。本病主要危害肉鸡，对蛋鸡不产生明显影响，1 周龄时对生长发育已有影响，到 1～3 周龄时特别明显。本病的发病率通常为 5%～20%，病鸡最早出现在 4 日龄，8～12 日龄病死率增加，最高达 12%～15%。病鸡和带毒鸡是本病的传染来源，被病鸡排泄物污染的饲料、水、用具等是传播媒介。传播途径有水平传播和垂直传播。

【临床症状和病理变化】临床以鸡体矮小，精神不振，羽毛生长不良和腿瘸为特征。表现为病鸡腹部膨胀、腹泻，排出黄褐色黏液性粪便，步态不稳，羽毛生长不良、蓬乱、无光泽，病鸡不活泼，外观呈球形，腿软弱无力和跛行，采食困难，消化不良，粪中有较多未消化的饲料碎片，体重比正常鸡轻 30%～40%。

剖检病死鸡，可见到腺胃增大，胀满。肌胃缩小并有糜烂和溃疡。肠道肿胀，肠壁变薄而脆，有出血性卡他性肠炎，肠道内有未消化的饲料。局灶性心肌炎和心包液增加，法氏囊、胸腺和胰萎缩。大腿部皮肤色素消失，大腿骨骨质疏松或坏死和断裂。

【防治】

至今尚未取得较满意的防治措施。在发病后可试行以下措施：饲料中添加硫酸铜 0.35 千克/吨料，提高饲料能量水平、含硫氨基酸水平、脂肪和玉米量。改善总的管理水平和卫生条件，每批之间实施彻底的清洁方案，严格执行全进全出制，会对该病的控制取得一定的效果。

（十一）鸡慢性呼吸道病

鸡慢性呼吸道病（CRD）又称鸡败血性支原体病，是由鸡败血支原体（MG）所引起的鸡和火鸡的一种慢性呼吸道传染病，其发病特征为气喘、呼吸啰音、咳嗽、流鼻液及窦部肿胀。据统计，MG 感染鸡群后，弱雏率增加 10% 左右，肉鸡体重减少 38%，饲料转化率降低 21%，各种日龄的鸡均能感染本病，尤以 1～2 月龄的雏禽最敏感，成禽则多呈隐性经过。隐性带菌鸡是本病的主要传染源。本病的严重程度及死亡率与有无并发症和环境因素的好坏有极大关系。如并发大肠杆菌病、鸡嗜血杆菌病、呼吸道病毒感染以及环境卫生条件不良、鸡群过分拥挤、维生素 A 缺乏、长途运输、气雾免疫等因素，均可促使本病的暴发和复发，并加剧疾病的严重程度，使死亡率增加。

【临床症状和病理变化】病初流清鼻液、打喷嚏、甩头或做吞咽动作，有时鼻孔冒气泡、张口呼吸；一侧或两侧眼结膜发炎、流泪，有时泪液在眼角形成小气泡，眼内分泌物变成脓性时形成黄白色豆渣样渗出物，挤压眼球造成失明；颜面部肿胀；咳嗽、打喷嚏；气管啰音，呼吸时气管发出"呼噜呼噜"的声音；全身症状为食欲下降、产蛋降低、精神不佳、黄绿色下痢。

本病一般呈慢性经过，病程达一月以上，在成年鸡多呈散发，幼鸡群则往往大批流行，尤其在冬季发病最严重，发病率 10%～50% 不等，死亡率一般很低；但在其他诱因及并发症存在的情况下，死亡率可达 30%～40% 以上。

病愈鸡可产生一定程度的免疫力，但可长期带菌，尤其是种蛋带菌，因此往往成为散播本病的主要传染源。

气囊膜浑浊、增厚，有芝麻大到黄豆大黄白色豆渣样渗出物，气囊腔内常有白色黏液，鼻腔中有淡黄色恶臭的黏液，气管黏膜增厚、出血、充血、附有豆渣样渗出物。长时间易与大肠杆菌混合感染（气囊炎）；肝脏肿胀，外被浅黄色或白色的纤维素性渗出覆盖（肝周炎）；腹网膜内充满干酪样渗出物，有的有卵黄性腹膜炎（腹膜炎）；心包膜浑浊、增厚、不透明，内有纤维性渗出（心包炎）。

【防治】

（1）预防措施

① 建立无支原体感染的种鸡群，引进种鸡或种蛋必须从确实无支原体的鸡场购买，并定期对鸡群进行检疫。种鸡在 8 周龄时，每栏随机抽取 5% 做平板凝集试验，以后每隔 4 周重检一次，每次检出的阳性鸡彻底淘汰，不能留做种用，坚持净化鸡群的工作。

② 对来自支原体污染种鸡群的种蛋，应进行严格消毒。每天从鸡舍内收集的种蛋，在 2 小时内用甲醛熏蒸消毒，之后贮存于蛋库内；入孵前除进行常规的种蛋消毒外，还需先将种蛋预热（37℃），然后将温热的种蛋浸入冷的含 0.05%～0.1% 红霉素的溶液中浸泡 15～20 分钟，由于温度的差异，抗生素被吸收入蛋内，以此减少种蛋传染。

也可用种蛋加热孵化法，即在孵化器内 45℃ 处理种蛋 1 小时，凉蛋 1 小时，当温度降至 37.8℃ 时转入正常孵比，这种方法可杀死卵内 90% 的支原体，只要温度控制适当，对孵化率没有影响。

③ 对带菌种鸡，如果确实由于某些特殊原因不能淘汰，那么在开产前和产蛋期间应肌内注射普杀平或链霉素，1 次/月，同时在饮水中加入红霉素、北里霉素等药物或在饲料中拌入土霉素或氯霉素，以此可减少种蛋带菌。

④ 对雏鸡要搞好药物预防。由于本病可以垂直传播，因此刚出

壳的雏鸡即有可能感染，所以需要在早期就应用药物进行预防。雏鸡出壳后，可用普杀平、福乐星、红霉素及其他药物进行饮水服用，连用5～7天，可有效地控制本病及其他细菌性疾病，提高雏鸡的成活率。

⑤ 预防本病的疫苗。进口苗有禽脓毒支原体弱毒菌苗和禽脓毒支原体灭活苗可供应用。前者供2周龄雏鸡饮水免疫，后者适用于各种年龄，1～10周龄颈部皮下注射，10周龄以上可肌内注射，0.5毫升/次，连用2次，其间间隔4周。也有些单位试制出了皮下或肌内注射的鸡败血支原体灭活油乳苗，幼鸡和成鸡均可应用，0.5毫升/（只·次）。

（2）药物防治 链霉素、土霉素、泰乐菌素、壮观霉素、林可霉素、四环素、红霉素治疗本病都有一定疗效。罗红霉素、链霉素的剂量在成年鸡为每只肌内注射20万单位；5～6周龄幼鸡为5万～8万单位。早期治疗效果很好，2～3天即可痊愈。土霉素和四环素的用量，一般为肌内注射10万单位/千克体重；大群治疗时，可在饲料中添加土霉素0.4%（每千克饲料添加2～4克），充分混合，连喂1周。或强力霉素，0.02%～0.05%饮水，连用4～5天。或支原净饮水含量为120～150毫克/升，氟哌酸对本病也有疗效。注意有些鸡支原体菌株对链霉素和红霉素具有抗药性。

（十二）鸡白痢

鸡白痢是由鸡白痢沙门菌引起的一种常见和多发的传染病。本病特征为幼雏感染后常呈急性败血症，发病率和死亡率都高，成年鸡感染后，多呈慢性或隐性带菌，可随粪便排出，因卵巢带菌，严重影响孵化率和雏鸡成活率。

各种品种的鸡对本病均有易感性，以2～3周龄以内雏鸡的发病率与病死率为最高，呈流行性。随着日龄的增加，鸡的抵抗力也增强。成年鸡感染常呈慢性或隐性经过。现在也常有中雏和成鸡感染发病引起较大危害的情况发生。本病可经蛋垂直传播，也可水平传播。本病的发生和死亡受多种诱因影响，环境污染、卫生条件差、温度过低、潮湿、拥挤、通风不良、饲喂不良以及其他疾病，如霉形体、曲霉菌病、大肠杆菌等混合感染，可加重本病的发生和死亡。老场，雏鸡的发病率在20%～40%左右；新场，其发病率显著增高，甚至有时高达 100%，病死率也高。

【临床症状和病理变化】潜伏期 4～5 天，故出壳后感染的雏鸡，多在孵出后几天才出现明显症状。7～10 天后雏鸡群内病雏逐渐增多，在第二、第三周达高峰。发病雏鸡呈最急性者，无症状迅速死亡。稍缓者表现精神委顿，绒毛松乱，两翼下垂，缩颈闭眼昏睡，不愿走动，拥挤在一起。病初食欲减少，而后停食，多数出现软嗉症状。同时腹泻，排稀薄如浆糊状粪便，肛门周围绒毛被粪便污染，有的因粪便干结封住肛门周围影响排粪。由于肛门周围炎症引起疼痛，故常发生尖锐的叫声，最后因呼吸困难及心力衰竭而死。有的病雏出现眼盲，或肢关节呈跛行症状。病程短的 1 天，一般为 4～7 天，20 天以上的雏鸡病程较长，且极少死亡。耐过鸡生长发育不良，成为慢性患者或带菌者。因鸡白痢而死亡的雏鸡，如日龄短，发病后很快死亡，则病变不明显。病期延长者，在心肌、肺、肝、盲肠、大肠及肌胃肌肉中有坏死灶或结节，胆囊肿大。输尿管充满尿酸盐而扩张。盲肠中有干酪样物堵塞肠腔，有时还混有血液，常有腹膜炎。几日龄内死亡的病雏，有出血性肺炎，稍大的病雏，肺有灰黄色结节和灰色肝变。

【防治】

（1）预防措施　到洁净的种鸡场引种；加强对环境的消毒；提高育雏温度 2～3℃；保持饲料和饮水卫生；密切注意鸡群动态，发现糊肛应及时挑出淘汰。雏鸡开食之日起，在饲料或饮水中添加抗菌药物预防。

（2）发病后措施

① 抗生素治疗　磺胺类，如磺胺嘧啶、磺胺甲基嘧啶和磺胺二甲基嘧啶为首选药，在饲料中添加不超过 0.5%，饮水中可用 0.1%～0.2%，连续使用 5 天后，停药 3 天，再继续使用 2～3 次；庆大霉素，2000～3000 国际单位/只，或丁胺卡那霉素，10～15 毫克/千克体重，或新霉素，15～20 毫克/千克体重，饮水，连用 4～5 天，有较好的预防和治疗效果。

② 微生物制剂　近年来，微生物制剂在防治鸡下痢方面有较好效果，这些制剂安全、无毒、不产生副作用，细菌不产生抗药性，价廉等，常用的有促菌生、调痢生、乳酸菌等，在用这些药物的同时及其前后 4～5 天应该禁用抗菌药物。如促菌生，每只鸡每次服 0.5 亿

个菌，每日 1 次，连服 3 天，效果甚好。剂型有片剂，每片 0.5 克，含 2 亿个菌，胶囊，每粒 0.25 克，含 1 亿个菌。这些微生物制剂的效果多数情况下相当或优于药物预防的水平。

③ 使用中草药方剂

方剂 1：白头翁、白术、茯苓各等份共研细末，每只幼雏每日 0.2～0.3 克，中雏每日 0.3～0.5 克，拌入饲料，连喂 10 天，治疗雏鸡白痢，疗效很好，病鸡在 3～5 天内病情得到控制而痊愈。

方剂 2：黄连、黄芩、苦参、金银花、白头翁、陈皮各等份共研细末，拌匀，按每只雏鸡每日 0.3 克拌料，防治雏鸡白痢的效果优于抗生素。

（十三）大肠杆菌病

由致病性大肠杆菌感染引起的一种疾病。败血型大肠杆菌可引起鸡的败血症、气囊炎、脑膜炎、肠炎、肉芽肿。各种年龄的鸡都能感染，幼鸡易感性较高，20～45 日龄的肉鸡最易发生。发病早的有 4 日龄，也有大雏发病。本病一年四季均可发生，但以冬末春初较为常见。本病传播途径广泛。常与多种疾病并发或继发。

【临床症状及病理变化】

（1）脐炎　主要发生于 2 周内的雏鸡，病雏脐部红肿并常破溃，后腹部胀大，皮薄，发红或青紫色，粪便黏稠呈黄白色、腥臭，采食减少或不食。残余卵黄囊胀大，充满黄绿色稀薄液体，胆囊肿大，胆汁外渗。肝土黄色（低日龄）或暗红色（高日龄）、肿胀、质脆，有斑状、点状出血，小肠臌气、黏膜充血或片状出血。

（2）急性败血症　主要发生于雏鸡和 4 月龄以下的青年鸡，体温升高达 43℃以上、饮水增多、采食锐减、腹泻、排绿白色粪便，有的临死前出现扭头、仰头等神经症状。表现为纤维素性心包炎（心包蓄积多量淡黄色黏液，壁增厚、粗糙，心脏扩张，表面有灰白色霉斑样覆盖物）、纤维素性肝周炎（肝淤血肿大，呈暗紫色。表面覆盖一层灰白色、灰黄色的纤维素膜）、纤维素性腹膜炎（腹腔中有大量淡黄色清亮腹水或胶冻样物，有时腹膜及内脏表面附有多量黄白色渗出物，致使器官粘连）。

（3）气囊炎　5～12 周的肉仔鸡发病较多，6～9 周龄为发病高峰，呼吸困难、咳嗽、有啰音。剖检可见气囊增厚，附有多量豆渣样渗出物，有的肺水肿。

（4）大肠杆菌性肠炎　病鸡羽毛松乱、腹泻，剖检可见肠道上1/3～1/2肠黏膜充血、增厚，严重者出血，形成出血性肠炎。

（5）卵黄性腹膜炎　主要见于产蛋母鸡，病鸡食欲差，采食减少，腹部外观膨胀或下坠。腹腔内有大量卵黄凝固，有恶臭味；广泛性腹膜炎，卵泡膜充血，卵泡变性萎缩，局部或整个卵泡红褐色或黑褐色，输卵管有大量分泌物，有的有黄色絮状物或块状干酪样物。

（6）大肠杆菌性关节炎　病鸡行走困难，关节及足垫肿胀，触之有波动感，局部温度增高。关节腔内积液或有干酪样物。

（7）肿头综合征　即鸡头部皮下组织及眼眶发生急性或亚急性蜂窝织炎。

【防治】

（1）预防措施　从无病原性大肠杆菌感染的种鸡场购买雏鸡，加强运输过程中的卫生管理；选好场址和隔离饲养，场址应建在地势高燥、水源充足、水质良好、排水方便、远离居民区（最少500米），特别要远离其他鸡场、屠宰或畜产加工厂。生产区与生产区及经营管理区分开，饲料加工、种鸡、育雏、育成鸡场及孵化厅分开（相隔500米）；鸡舍保持适宜温度、湿度、密度、光照等，减少各种应激反应。通过及时清粪，并堆积密封发酵，加强通风换气和环境绿化等降低鸡舍内氨气等有害气体的产生和积聚；使用药物预防。

（2）发病后措施　应选择敏感药物在发病日龄前1～2天进行预防性投药，或发病后作紧急治疗。氟苯尼考5～8克/100千克或丁胺卡那霉素8～10克/100千克饮水3～5天。或硫酸庆大霉素肌内注射，1万～2万单位/千克体重，每天2次，连用3天。或氟哌酸0.5～1克/千克拌料（或0.2～0.5克/千克饮水），连用3～5天。或强力霉素拌料，1～2克/千克，连用3～5天。或硫酸新霉素，0.05%饮水（或0.02%拌料），连用3～5天。或泰妙菌素，125～250克/吨拌料，连用3～5天。

（十四）鸡葡萄球菌病

主要由皮肤创伤或毛孔侵入引起，致病菌主要是金黄色葡萄球菌，主要发生于肉用仔鸡、笼养鸡和条件较差的大鸡群。鸡对葡萄球菌较易感，主要经皮肤创伤或毛孔入侵。鸡群拥挤互相啄斗，鸡笼破旧致使铁丝刺破皮肤，患皮肤型鸡痘或其他造成皮肤破损等因素，都是引起本病的诱因。各种年龄和品种的鸡均可感染，而以1.5～3月龄的幼鸡多见，常呈急性败血症。中雏和成鸡常为慢性、局灶性感染。本病一年四季均可发生，以雨季、潮湿季节发生较多。通常本病为散发，但有时也迅速扩散至全群中，特别是当鸡舍卫生太差，饲养密度太大，发病率更高。

【临床症状及病理变化】

（1）急性败血型　多见于1～2月肉用仔鸡，体温升高达43℃，精神较差，羽毛松乱，缩头闭目，无食欲，有的下痢，排灰色稀粪。主要病变是皮下、浆膜、黏膜水肿、充血、出血或溶血，有棕黄色或黄红色胶样浸润，特别是胸骨柄处肌肉呈弥漫性出血斑或条纹状出血。实质脏器充血肿大，肝呈淡紫红色，有花纹斑。肝、脾有白色坏死点。输尿管有尿酸盐沉积。心冠状脂肪、腹腔脂肪、肌胃黏膜等出血水肿，心包有黄红色积液。

（2）关节炎型　多见于较大的青年鸡和成年鸡，病鸡腿、翅膀的一部分关节（跗关节和趾关节）肿胀热痛、化脓，足趾间及足底常形成较大的脓肿，有的破溃，病鸡跛行。主要表现关节肿大，滑膜增厚，充血、出血，关节腔内有渗出液，有时含有纤维蛋白，病程长者则发生干酪样坏死。

（3）脐炎　多发于雏鸡，脐孔发炎肿大，流暗红色或黄色液体，最后变成干涸的坏死。脐部肿胀膨大，呈紫红或紫黑色，有暗红色水肿液，时间稍久则为脓性干涸坏死。肝脏有出血点，卵黄吸收不全，呈黄红或黑灰色。

【防治】

（1）预防措施

① 加强饲养管理　建立严格的卫生制度，减少鸡体外损的发生；饲喂全价饲料，要保证适当的维生素和矿物质；鸡舍应通风、干燥，饲养密度要合理，防止拥挤；要搞好鸡舍及鸡群周围环境的清洁卫生和消毒工作，可定期对鸡舍用0.2%次氯酸钠或0.3%过氧乙酸进行带鸡喷雾消毒。

② 免疫接种　在疫区预防本病可试用葡萄球菌多价菌苗，21～24日龄雏鸡皮下注射1毫升/只（含菌60亿/毫升），半月产生免疫

力，免疫期约 6 个月。

（2）发病后措施　病鸡应隔离饲养。可从病死鸡分离出病原菌后做药敏试验，选用敏感的药物对病鸡群进行治疗，无此条件时，可选择新霉素、卡那霉素或庆大霉素进行治疗。

（十五）禽曲霉菌病

禽曲霉菌病又叫禽曲霉性肺炎，是由禽曲霉菌属的烟曲霉、黄曲霉及黑曲霉等引起的鸡、火鸡、鸭、鹅、鹌鹑等的一类疾病。以幼龄鸡多发，常呈急性群发性，发病率和死亡率都较高，成年鸡多为散发。该病特征是呼吸困难，于肺和气囊上出现霉菌结节。胚胎期及 6 周龄以下的雏鸡比成年鸡易感，4～12 日龄最为易感，幼雏常呈急性暴发，发病率很高，死亡率一般在 10％～50％，本病可通过多种途径感染，曲霉菌可穿透蛋壳进入蛋内，引起胚胎死亡或雏鸡感染，此外，通过呼吸道吸入、肌内注射、静脉、眼睛接种、气雾、阉割伤口等感染本病。

【临床症状和病理变化】幼鸡发病多呈急性经过，病鸡表现呼吸困难，张口呼吸，喘气，有浆液性鼻漏。食欲减退，饮欲增加，精神委顿，嗜睡。羽毛松乱，缩颈垂翅。后期病鸡迅速消瘦，发生下痢。若病原侵害眼睛，可能出现一侧或两侧眼睛发生灰白浑浊，也可能引起一侧眼肿胀，结膜囊有干酪样物。若食道黏膜受损，则吞咽困难。少数鸡由于病原侵害脑组织，引起共济失调、角弓反张、麻痹等神经症状。一般发病后 2～7 天死亡，慢性者可达 2 周以上，死亡率一般为 5％～50％。若曲霉菌污染种蛋及孵化后期的蛋，常造成孵化率下降，胚胎大批死亡。成年鸡多呈慢性经过，引起产蛋下降，病程有的拖延数周，死亡率不定。

病理变化主要在肺和气囊上，肺脏可见散在的粟粒，大至绿豆大小的黄白色或灰白色的结节，质地较硬，有时气囊壁上可见大小不等的干酪样结节或斑块。随着病程发展，气囊壁明显增厚，干酪样斑块增多、增大，有的融合在一起。后期病例可见在干酪样斑块上以及气囊壁上形成灰绿色霉菌斑。严重病例的，腹腔、浆膜、肝或其他部位表面有结节或圆形灰绿色斑块。

【防治】

（1）预防措施　防止饲料和垫料发霉，使用清洁、干燥的垫料和无霉菌污染的饲料，避免鸡接触发霉堆放物，改善鸡舍通风和控制湿度，减少空气中霉菌孢子的含量。为了防止种蛋被污染，应及时收蛋，保持蛋库与蛋箱卫生。

（2）发生后的措施

① 隔离消毒　及时隔离病雏，清除污染霉菌的饲料与垫料，清扫鸡舍，喷洒 1：2000 的硫酸铜溶液，换上不发霉的垫料。严重病例扑杀淘汰，轻症者可用 1：2000 或 1：3000 的硫酸铜溶液饮水连用 3～4 天，可以减少新病例的发生，有效地控制本病的继续蔓延。

② 药物治疗　制霉菌素，成鸡 15～20 毫克，雏鸡 3～5 毫克，混于饲料喂服 3～5 天，有一定疗效。病鸡用碘化钾口服治疗，每升水加碘化钾 5～10 克，具有一定疗效。

③ 中草药治疗

方剂 1：金银花、连翘、莱菔子（炒）各 30 克，丹皮、黄芩各 15 克，柴胡 18 克，桑白皮、枇杷叶、甘草各 12 克，水煎取汁 1000 毫升，为 500 只鸡的一日量，每日分 4 次拌料喂服，每天一剂，连用四剂，治疗鸡曲霉菌病效果显著。

方剂 2：桔梗 250 克，蒲公英、鱼腥草、苏叶各 500 克，水煎取汁，为 1000 只鸡的用量，用药液拌料喂服，每天 2 次，连用 1 周。另在饮水中加 0.1％高锰酸钾。对曲霉菌病鸡用药 3 天后，病鸡群停止死亡，用药 1 周后痊愈。

（十六）坏死性肠炎

本病是由厌氧性梭状芽孢杆菌引起的鸡类疾病。

【病原和流行特点】坏死性肠炎是小肠中的 C 型产气荚膜梭菌（魏氏梭菌）激增所致。本菌是革兰阳性杆菌，可产生芽孢，并且芽孢对外界环境和许多常用的酚及甲酚类消毒剂有较强的抵抗力。坏死性肠炎在 4～8 周龄雏鸡中仅呈散发，但多发于肉用仔鸡。鸡的死亡率一般为 6％。变更饲喂计划、环境应激、饲养密度过大以及其他应激时可能引起本病发生。

【临床症状和病理变化】病鸡表现精神沉郁，眼闭合，羽毛逆立，食欲散失，粪便呈黑色，有时染有血液。慢性者体重减轻，排泄灰白色流动状软便，逐渐衰弱而死亡。剖检病死鸡见小肠后 1/3 段为主要病变部位，以弥漫性黏膜坏死为特征。小肠因产生气体而膨胀，肠壁表现充血、菲薄，容易破裂；肠腔内含有出血性物质。邻近的肠系膜充血、水肿。肝充血并含有不同数目的界限清晰的 2～3 毫米大的坏死区。

【防治】

（1）预防措施

① 保持饲料卫生　动物蛋白、肉骨粉及鱼粉易受芽孢菌污染，贮藏不好就会造成大量细菌增生、繁殖，引起发病，应经常监测。

② 药物预防　在饲料或饮水中加入青霉素、四环素类、杆菌肽、林可霉素（洁霉素）等抗生素预防和治疗。

（2）发病后治疗　水溶性杆菌肽锌、林可霉素、青霉素饮水，连用 3～4 天，可以减少发病率和死亡率。但停药后仍可发生。

二、寄生虫病

（一）鸡球虫病

鸡球虫病是一种或多种球虫寄生于鸡肠道黏膜上皮细胞内引起的一种急性流行性原虫病，是鸡常见且危害十分严重的寄生虫病，它造成的经济损失是惊人的。雏鸡的发病率和致死率均较高。病愈的雏鸡生长受阻，增重缓慢；成年鸡多为带虫者，但增重和产蛋能力降低。

【病原和流行特点】病原为艾美尔属的 7 种球虫，其中危害最大的有两种：柔嫩艾美尔球虫和毒害艾美尔球虫，前者寄生于盲肠中，后者寄生于小肠黏膜中。在临床上往往多种球虫混合感染。卵囊对恶劣环境和消毒药具有很强的抵抗力。在土壤中可存活 4～9 个月。温暖潮湿的地区有利于卵囊发育，但低温、高温和干燥均会延迟卵囊的孢子化过程，有时会杀死卵囊。

病鸡是主要传染源，苍蝇、甲虫、蟑螂、鼠类和野鸟都可以成为机械传播媒介。凡被带虫鸡污染过的饲料、饮水、土壤和用具等，都有卵囊存在。鸡吃了感染性卵囊就会暴发球虫病。各个品种的鸡均有易感性，15～50 日龄的鸡发病率和致死率都较高，成年鸡对球虫有一定的抵抗力。11～13 日龄内的雏鸡因有母源抗体保护，极少发病。饲养管理条件不良，鸡舍潮湿、拥挤，卫生条件恶劣时，最易发病。在潮湿多雨、气温较高的梅雨季节易发病。

【临床症状和病理变化】病鸡精神沉郁，羽毛蓬松，头卷缩，食欲减退，嗉囊内充满液体，鸡冠和可视黏膜贫血、苍白，逐渐消瘦，病鸡常排红色胡萝卜样粪便，若感染柔嫩艾美尔球虫，开始时粪便为咖啡色，以后变为完全的血粪，如不及时采取措施，致死率可达50％以上。若多种球虫混合感染，粪便中带血液，并含有大量脱落的肠黏膜。

病鸡消瘦，鸡冠与黏膜苍白，内脏变化主要发生在肠管，病变部位和程度与球虫的种别有关。柔嫩艾美尔球虫主要侵害盲肠，两支盲肠显著肿大，可为正常的3～5倍，肠腔中充满凝固的或新鲜的暗红色血液，盲肠上皮变厚，有严重的糜烂。毒害艾美尔球虫损害小肠中段，使肠壁扩张、增厚，有严重的坏死。在裂殖体繁殖的部位，有明显的淡白色斑点，黏膜上有许多小出血点。肠管中有凝固的血液或有胡萝卜色胶冻样内容物。巨型艾美尔球虫损害小肠中段，可使肠管扩张，肠壁增厚；内容物黏稠，呈淡灰色、淡褐色或淡红色。堆型艾美尔球虫多在上皮表层发育，并且同一发育阶段的虫体常聚集在一起，在被损害的肠段出现大量淡白色斑点。哈氏艾美尔球虫损害小肠前段，肠壁上出现大头针头大小的出血点，黏膜有严重的出血。若多种球虫混合感染，则肠管粗大，肠黏膜上有大量的出血点，肠管中有大量的带有脱落的肠上皮细胞的紫黑色血液。

【防治】

（1）科学管理，提高抵抗力　保持鸡舍干燥、通风和鸡场卫生，定期清除粪便，堆放发酵以杀灭卵囊。保持饲料、饮水清洁，笼具、料槽、水槽定期消毒，一般每周一次，可用沸水、热蒸汽或3％～5％热碱水等处理。据报道，用球杀灵和1∶200的农乐溶液消毒鸡场及运动场，均对球虫卵囊有强大杀灭作用。每千克日粮中添加0.25～0.5毫克硒可增强鸡对球虫的抵抗力。补充足够的维生素K和给予3～7倍推荐量的维生素A可加速鸡患球虫病后的康复。成鸡与雏鸡分开喂养，以免带虫的成年鸡散播病原导致雏鸡暴发球虫病。

（2）药物防治　球痢灵，每千克饲料中加入0.2克球痢灵，或配成0.02％的水溶液，饮水3～4天。或磺胺-6-甲氧嘧啶（SMM）和抗菌增效剂（三甲氧苄氨嘧啶"TMP"或二甲氧苄氨嘧啶"DVD"），将上述两种药剂按5∶1的比例混合后，以0.02％的浓度混于饲料中，连用不得超过7天。或百球清（甲基三嗪酮）口服液，

2.5％口服液做 1000 倍稀释，饮水 1～2 天效果较好。

因球虫的类型多，易产生抗药性，应间隔用药或轮换用药为宜。球虫病的预防用药程序是：雏鸡从 13～15 日龄开始，在饲料或饮水中加入预防用量的抗球虫药物，一直用到上笼后 2～3 周停止，选择 3～5 种药物交替使用，效果良好。

（二）鸡蛔虫病

鸡蛔虫病是由禽蛔属的鸡蛔虫（是鸡和火鸡消化道中最大的一种线虫。虫体呈黄白色，表皮有横纹，头端有 3 片唇）寄生于鸡的小肠引起的一种寄生虫病，该病广泛分布于世界各地，在我国鸡蛔虫病也是遍及各地的最常见的一种寄生虫病。在大群饲养的情况下，尤其是地面饲养的鸡群，感染十分严重，影响肉鸡的生长发育、产蛋鸡的产蛋率，甚至引起大批死亡，给养鸡业造成巨大经济损失。

【病原和流行特点】病原为禽蛔属的鸡蛔虫。鸡蛔虫卵对外界环境因素和常用消毒剂抵抗力很强，在阴凉、潮湿的地方，可存活很长时间；在土壤内一般可保持 6 个月的生活力；在 9～10℃ 较低温度的条件下，虫卵发育停止，但不死亡。但其对干燥和高温的抵抗力较差，尤其是在直射阳光下、水中煮沸和粪便堆沤的情况下，可迅速被杀死。健康鸡主要是吞食了被感染性虫卵污染的饲料和饮水而感染，在地面饲养的鸡也可因啄食了体内带有感染性虫卵的蚯蚓而感染。不同品种和不同年龄的鸡均有易感性，但不同品种和不同年龄的鸡的易感性不同。肉用品种较蛋用品种易感性低，本地品种较外来品种抵抗力强；饲养管理条件与鸡群的易感性紧密相关，饲喂全价日粮的鸡群抗感染的能力强，其发病率较低，病情也较缓和；饲料单一或饲料配制不合理，营养不完全，缺乏蛋白质、维生素或微量元素等，可使鸡的抵抗力下降，易感性增强，发病率较高，病情也较严重，甚至引起大批死亡。

本病的发生以秋季和初冬为多，春季和夏季则较少。感染率和感染强度与饲养方式和饲养管理水平紧密相关。地面饲养，尤其是将饲料撒于地上让鸡采食，饮水不卫生，其感染率和感染强度较高；反之，将鸡饲养于网栅上，饲料放置于料槽中，以饮水器供给清洁的饮水的鸡群，其发病率和感染强度则明显较低。

【临床症状和病理变化】雏鸡表现生长发育缓慢，精神不佳，行动迟缓，双翅下垂，羽毛松乱，呆立不动，鸡冠、肉髯、眼结膜苍白、贫血。消化机能障碍，食欲减退，下痢和便秘交替，有时粪中有血液，有时还可见随粪便排出的虫体，逐渐衰竭而死亡。成年鸡多为轻度感染，不表现症状。感染强度较大时，表现为下痢、产蛋量下降和贫血等。剖检时发现大量虫体。

【防治】

(1) **严格饲养管理**　不同周龄的鸡要分舍饲养，并使用各自的运动场，以防止蛔虫病的传播；鸡舍和运动场应每天清扫、更换垫料，料槽和饮水器每隔 1～2 周应以开水进行消毒一次；在蛔虫病流行的鸡场，每年应进行 2～3 次定期预防性驱虫。雏鸡到两个月龄时进行第一次驱虫，以后每 4 个月驱虫一次。

(2) **发病后治疗**　治疗鸡蛔虫病的药物很多。伊维菌素预混剂（按伊维菌素计）200～300 微克/千克体重，全群拌料混饲，1 次/天，连用 5～7 天。或阿苯达唑预混剂（按阿苯达唑计）10～20 毫克/（千克体重·次），全群拌料混饲，必要时可隔 1 天再内服 1 次。或盐酸左旋咪唑可溶性粉（按盐酸左旋咪唑计）25 毫克/（千克体重·次），全群加水混饮，一般 1 次即可。

（三）组织滴虫病

组织滴虫病又称黑头病，是由火鸡组织滴虫寄生于禽类盲肠和肝脏引起的一种原虫病。该病以肝脏坏死和盲肠溃疡为特征，故许多动物医学工作者将本病称为盲肠肝炎。鸡组织滴虫病在我国虽呈零星散发，但却是各地普遍发生的常见原虫病。

【病原和流行特点】病原为组织滴虫属的火鸡组织滴虫，为多形态性虫体，大小不一，呈不规则圆形或变形虫样，伪足钝圆。鸡的易感性随着年龄而发生变化，4～6 周龄的鸡易感性最高。成年禽的易感性则较低，发生感染时，病情一般较轻，临床症状也不明显。病禽和带虫禽是传染源，它们随粪便不断排出组织滴虫污染环境。组织滴虫非常脆弱，随粪便排出很快即发生死亡。组织滴虫的连续存在是与异刺线虫和大量存于鸡场土壤中的蚯蚓密切相关。当同一鸡体内同时存在有异刺线虫和组织滴虫时，后者可侵入异刺线虫的卵内，并随之排出体外。组织滴虫得到异刺线虫卵壳的保护，而不受外环境因素的损害而死亡。当鸡摄入这种虫卵时，即可同时感染异刺线虫和组织滴虫。同时，蚯蚓也可吞食土壤中的鸡异刺线虫感染性虫卵，组织滴虫随同虫卵进入蚯蚓体内，并进行孵化，新孵出的幼虫在组织内发育到侵袭期幼虫阶段，鸡摄食这种蚯蚓时，便可感染组织滴虫病。蚯蚓在疾病的发生和传播中起着从养鸡场环境中收集、传递异刺线虫虫卵，保护异刺线虫幼虫和组织滴虫的作用。

【临床症状和病理变化】组织滴虫病的潜伏期为 7～12 天，最短的只有 5 天。病鸡食欲减退或废绝，消化机能障碍，羽毛松乱无光，两翅下垂，恶寒，下痢排淡黄色或淡绿色粪便。生长发育迟缓，鸡体消瘦，羽毛松乱，精神沉郁，严重时粪便带血，甚至排出大量血液。末期，一些病鸡因血液循环障碍，鸡冠呈暗黑色，因而有"黑头病"之称。最终可因极度衰竭而发生死亡。病程一般为 1～3 周，大多数鸡可逐渐耐过而康复，康复鸡的体内仍存在有组织滴虫，带虫状态可达数周至数月。成年鸡很少出现临床症状。

剖检可见一侧或两侧盲肠发生病变，盲肠肠壁增厚、充血，肠腔内充满浆液性或出血性渗出物，使肠腔扩张，渗出物常发生干酪化，形成干酪样的渗出物或坏疽块堵塞整个盲肠。虫体多见于黏膜固有层，有时盲肠壁穿孔，引起腹膜炎，即与邻近器官发生粘连。肝脏肿大，呈紫褐色，表面散在分布有许多黄豆至蚕豆大的坏死灶，坏死灶边缘稍隆起，中央下陷。

【防治】

（1）严格饲养管理　同一鸡舍内不得同时饲养雏鸡和成鸡，不同周龄的鸡必须分舍饲养，鸡舍应每天清扫、更换垫料，并进行消毒；同一鸡场内不得同时饲养鸡和火鸡，以避免组织滴虫病的相互传播；放养鸡群的牧场、运动场应定期以杀虫剂，如精制敌百虫、二嗪农、溴氰菊酯、氟胺氰菊酯等喷洒，以杀灭收集、传递异刺线虫虫卵和组织滴虫的蚯蚓。

（2）发病后治疗　治疗组织滴虫病的药物很多，二甲硝咪唑预混剂（按二甲硝咪唑计）1000 千克饲料中加入 500 克，混合均匀后，全群混饲，连续应用 3～5 天，或甲硝唑（灭滴灵）250 克混入 1000 千克饲料中，全群混饲，连续应用 5～7 天。

（四）住白细胞原虫病（鸡白冠病或鸡出血性病）

鸡住白细胞原虫病是由住白细胞原虫引起的急性或慢性血孢子

虫病。

【病原和流行特点】 住白细胞原虫是属于住血孢子类（亚目）的原虫，与病原疟原虫属具有极近缘关系。其生活史由 3 个阶段组成：孢子生殖在昆虫体内；裂殖生殖在宿主的组织细胞中；配子生殖在宿主的红细胞或白细胞内。该虫种类很多，但在亚洲的南部和东部的鸡感染中，主要是考氏住白细胞原虫。

本病多发生在炎热地区或炎热季节，常呈地方性流行，对雏鸡危害严重，常引起大批死亡。本病的发生有明显的季节性，北京地区一般在 7～9 月份发生流行。3～6 周龄的雏鸡发病率高，死亡率可达到 10％～30％。成鸡的死亡率是 5％～10％。感染过的鸡有一定的免疫力，一般无症状，也不会死亡。未感染过的鸡会发病，出现贫血，产蛋率明显下降，甚至停产。

【临床症状和病理变化】

病雏伏地不动，食欲消失，鸡冠苍白。拉稀，粪便青绿色。脚软或轻瘫。产蛋鸡产蛋减少或停产，病程可长达 1 个月。病死鸡的病理变化是口流鲜血，冠白，全身性出血（皮下、胸肌、腿肌有出血点或出血斑，各内脏器官广泛出血，消化道也可见到出血斑点），肌肉及某些内脏器官有白色小结节，骨髓变黄。

【防治】

（1）预防措施

① 杀灭媒介昆虫　在 6～10 月份流行季节对鸡舍内外喷药消毒，如用 0.03％的蝇毒磷进行喷雾杀虫。也可先喷洒 0.05％除虫菊酯，再喷洒 0.05％百毒杀，既能抑杀病原微生物，又能杀灭库蠓等有害昆虫。消毒时间一般选在傍晚 6：00～8：00，因为库蠓在这一段时间最为活跃。如鸡舍靠近池塘、屋前、屋后杂草矮树较多，且通风不良时，库蠓繁殖较快，因此建议在 6 月份之前在鸡舍周围喷洒草甘膦除草，或铲除鸡舍周围杂草。同时要加强鸡舍通风。

② 药物预防　鸡住白细胞原虫的发育史为 22～27 天，因此可在发病季节前 1 个月左右，开始用有效药物进行预防，一般每隔 5 天，投药 5 天，坚持 3～5 个疗程，这样比发病后再治疗能起到事半功倍的效果，常用有效药物有：复方泰灭净 30～50 毫克/千克混饲、痢特灵粉 100 毫克/千克拌料、乙胺嘧啶 1 毫克/千克混饲、磺胺喹噁啉

50毫克/千克混饲或混水或可爱丹（主要成分是氯羟吡啶）125毫克/千克混饲。

（2）常用的治疗药物　复方泰灭净，按100毫克/千克混水或按500毫克/千克混料，连用5～7天。或血虫净，按100毫克/千克混水，连用5天。或氯苯胍，按66毫克/千克混料，连用3～5天。选用上述药物治疗，病情稳定后可按预防量继续添加一段时间，以彻底杀灭鸡体的白细胞虫体。

三、营养代谢病

（一）肉鸡腹水综合征

肉鸡腹水综合征是危害快速生长幼龄肉鸡的以浆液性液体过多地聚积在腹腔，右心扩张肥大，肺部淤血水肿和肝脏病变为特征的非传染性疾病。

【病因】

任何使机体缺氧，引起需氧量增加的因素均可引起肺动脉高压，进而引发腹水症。另外，引起心、肝、肺等实质性器官损害的一些因子也可诱发肉鸡腹水症。

（1）遗传因素　遗传选育只注重肉鸡生长性能的提高，忽视了心肺功能的改善。由于快速生长的肉鸡对能量和氧的需求量大，且可自发地发生肺动脉高血压，较大的红细胞在肺毛细血管内不能畅流，影响肺部灌注，导致肺动脉高血压及右心衰竭。

（2）环境因素　包括海拔、温度、通风、舍内空气新鲜程度等。高海拔地区，空气稀薄，氧分压低，容易导致慢性缺氧；肉鸡饲养过程中需要较高的温度，在冬天气候寒冷，为保温而关闭门窗，使通风量减少，舍内有毒气体增多和尘埃积聚，使氧浓度降低或使用加温装置使舍内一氧化碳含量过高，造成机体相对缺氧。肉鸡机体组织生长过速，但心脏能力增强缓慢，二者不平衡而加剧缺氧程度，在不良环境下的长期慢性缺氧而导致发生腹水症。

（3）饲料因素　肉鸡生产中饲喂高能量、高蛋白的日粮，由于消耗过多能量，需氧量增多而导致相对缺氧。喂颗粒饲料的肉鸡采食量大，但需氧量也增多，以及喂高蛋白或高油脂等饲料等都可引起腹水症。

（4）管理因素　饲养密度过大，代谢产热过多，垫料粪污未能及时清除，陌生人入舍参观及异常声响对肉鸡的应激等均可导致小环境条件发生缺氧变化而引起腹水症。

（5）疾病因素　肉鸡肺脏小，但却连接着很多气囊，并充斥于身体各部，甚至进入骨腔；通过呼吸道进入肺和气囊的病原体可进入体腔、肌肉、骨骼；肉鸡没有横膈膜，排泄生殖共用一腔，因此抗病力弱，许多引起心、肺、肝、肾的原发性病变，可继发腹水症。

（6）其他因素　某些药物的连续或过量使用，霉菌中毒，饲料中盐分过高，缺乏磷、硒和维生素 E，饮水中含钠较多以及消毒剂中毒等都可诱发腹水症。

【临床症状和病理病变】发病鸡喜躺卧、精神沉郁；行动缓慢、步态似企鹅状；羽毛粗乱，无光泽，两翅下垂；食欲下降，体重减轻；呼吸困难，伸颈张口呼吸，皮肤黏膜发绀，头冠青紫；腹部膨大下垂，皮肤发亮变薄，手触之有波动感；腹腔穿刺有淡黄色液体流出，有时混有少量血液；穿刺后部分鸡症状减轻，但少部分可因为虚脱而加快死亡。

全身明显淤血。最典型的剖检变化是腹腔积有大量的清亮、稻草色样或淡红色液体，液体中可混纤维素块或絮状物，腹水量为200～500毫升不等，量多少可能与病的程度和日龄有关。积液中除纤维素外，还有少量细胞成分，主要是淋巴细胞、红细胞和巨噬细胞。

肺呈弥漫性充血，水肿，副支气管充血，平滑肌肥大和毛细支气管萎缩。心脏肿大、右心扩张、柔软，心壁变薄，心肌弛缓，心包积液，病鸡心脏比正常鸡大，病鸡与正常鸡心脏重量可能相近，心与体重比例与正常鸡比较可增加 40%。肝充血、肿大，紫红或微紫红，表面附有灰白或淡黄色胶冻样物。有的病例可见肝脏萎缩变硬，表面凹凸不平。胆囊充满胆汁。肾充血、肿大，有尿酸盐沉着。肠充血。胸肌和骨骼肌充血。脾脏通常较小。

【防治】

（1）预防措施

① 改善环境　改造鸡舍，设计出最合适的禽舍，改善饲养环境；鸡舍建造时要设计天窗、排气孔等，要妥善解决保温与通风换气的矛盾，维持最适的鸡舍温度，定时加强通风，减少有害气体和尘埃的蓄

积，保持鸡舍内空气清新。加温时避免一氧化碳含量超标；控制饲养密度，合理光照；谢绝参观，减少不必要的应激；同时，应保持鸡舍内的清洁卫生，每天及时清除粪便，做好消毒工作；防止饮水器漏水使垫料潮湿而产生氨气。

② 科学饲养　适当降低能量和蛋白质水平，保证营养素和电解质平衡；脂肪添加小于 2%，饲料中含盐小于 0.5%，防止磷、硒和维生素 E 的缺乏，每吨饲料添加 500 克维生素 C 抗应激，适当添加 $NaHCO_3$ 代替 NaCl 作为钠源；根据肉鸡的生长特点，在 1～20 日龄用粉料代替颗粒料，20 日龄以后用颗粒料，既不太影响增重又能减少腹水症的发生率。

③ 间歇光照　夜间采用间歇光照，利于鸡只充分利用和消化饲料，提高饲料利用率，缓解心肺负担，减少腹水症的发病率。

④ 药物预防　15～35 日龄在鸡的饲料中加入 0.25% 去腹散或11～38 日龄在饮水中加入 0.15% 运饮灵有良好的预防作用。另外，在饲料中添加如山梨醇、脲酶抑制剂、阿司匹林、氯化胆碱和除臭灵等可以减少腹水症的发生及死亡。同时，为防止支原体病、大肠杆菌病、葡萄球菌病、传染性支气管炎等诱发腹水症，可在饲料中添加适当的药物进行预防。

(2) 发病后措施　一旦发病，可适当采取治疗措施。治疗时，挑出病鸡，以无菌操作用针管抽出腹腔积液，然后腹腔注入 1% 速尿注射液 0.3 毫升，隔离饲养；针对有葡萄球菌和大肠杆菌引发的腹水症，可采用氟哌酸、氯霉素、硫酸新霉素、卡那霉素等抗菌性药物治疗其原发病症。同时，全群鸡在饮水中加 0.05% 维生素 C 或饲料中加利尿剂；中兽医学认为腹水症为虚症，按辨证施治理论，主要以健脾利水、理气补虚为主进行治疗。如中药茯苓、泽泻等对其有效。

(二) 肉鸡猝死综合征

肉鸡猝死综合征 (SDS) 以肌肉丰满、外观健康的肉鸡突然死亡为特征。死亡率在 0.5%～5%，最高可达 15%，已成为肉鸡生产中的一种常见疾病。本病一年四季均可发生，公鸡的发生率高于母鸡 (约为母鸡的 3 倍)，有两个发病高峰，以 3 周龄前后和 8 周龄前后多发。有的鸡群死亡在 3 周龄时达到高峰，有的死亡率在整个生长期内不断发生。体重过大的鸡多发。

【原因】影响因素涉及营养、环境、遗传、酸碱平衡、个体发育等诸多因素。离子载体抗球虫剂及球虫抑制剂等也可成为 SDS 的诱因。

【临床症状和病理变化】发病前鸡群无任何明显征兆，患鸡突然死亡，特征是失去平衡，翅膀剧烈扇动，肌肉痉挛，发出狂叫或尖叫，继而死亡。从丧失平衡到死亡，时间很短。死鸡多表现背部朝地躺着，两脚朝天，颈部伸直，少数鸡死时呈腹卧姿势，大多数死于喂饲时间。

死鸡解剖检验，见鸡冠、肉髯和泄殖腔内充血，肌肉组织苍白、嗉囊、肌胃和肠道充盈。肺弥漫性充血，呈暗红色并肿大，右肺比左肺明显，也有部分鸡肺呈略带黑色的轻度变化。死于早期的鸡有明显的右心房扩张，以后死的鸡心脏均大于正常鸡的几倍。心包液增多，偶尔见纤维素凝固；肝轻度肿大、质脆，色苍白；胸腹肌湿润苍白，肾浅灰色或苍白色。十二指肠显著膨胀、内容物之白似奶油状，为卡他性肠炎。

【防治】

（1）预防措施

① 前期适当的限制饲料中营养水平　喂高营养配合饲料增重快，但容易发生猝死症。可以喂粉状料或限制饲养等减少营养摄取量。

② 饲料中添加生物素预防　资料表明，在饲料中添加生物素是降低死亡率的有效方法之一。每千克饲料中添加 300 微克以上生物素，可以减少肉仔鸡死亡率。

（2）发病后措施　用碳酸氢钾治疗，每只鸡 0.62 克碳酸氢钾饮水，或碳酸氢钾 0.36％拌料，其死亡率显著降低。

（三）钙、磷缺乏症

家禽饲料中钙、磷缺乏以及钙、磷比例失调是家禽骨营养不良的主要病因。它不但影响生长家禽骨骼的形成、成年母禽蛋壳的形成，而且影响家禽的血液凝固、酸碱平衡、神经与肌肉的正常生理机能，使家禽的生产性能大幅度下降，从而给养鸡业带来巨大经济损失。

【原因】日粮中钙、磷缺乏，或者是由于维生素 D 不足影响钙、磷的吸收和利用，而导致骨骼异常，饲料利用率降低、异嗜、生长速度下降，并出现特有的临床症状和病理变化。

饲料中钙、磷不足，可导致骨营养不良和生长发育迟缓，产蛋母鸡产蛋量减少，产薄壳蛋。鸡体为了维持血液的钙、磷浓度，甲状旁腺激素就会动员骨中的钙、磷进入血液。骨质中的钙、磷不断被溶出，使骨逐渐变薄而易发生骨折，母鸡所产种蛋质量下降，孵化率也迅速降低。

【临床症状和病理变化】钙、磷缺乏共有的症状是精神不佳，不愿行走而呆立或卧地，食欲不振、异嗜等。

生长鸡表现为佝偻病、喙与爪变形弯曲，肋骨末端呈结节状并弯曲。关节常肿大，常发生跛行，间或有拉稀；成年鸡表现蛋壳变薄，软皮蛋增多，种蛋破损率升高，种蛋合格率、产蛋率和种蛋孵化率显著降低。后期发病鸡的胸骨变形，胸骨脊常呈"S"状弯曲。肋骨的两端膨大，翅骨和腿骨轻折可断。

尸体剖检主要病理变化在骨骼和关节。全身骨骼都有不同程度的肿胀、疏松，骨密质变薄，骨髓腔变大，肋骨变形，胸骨脊呈"S"状弯曲，管状骨很易折断。关节软骨肿胀，有的有较大的软骨缺损或纤维状物附着。

【防治】本病的病程较长，病理变化是逐渐发生的，骨骼变形后极难复原，故应以预防为主。本病的预防并不困难，只要能够坚持满足鸡的各个生长时期对钙、磷的需要，并调整好两者的比例关系，即可有效地预防本病发生。

应该注意的是，日粮中仅以石粉补钙，即使量已达到要求，仍不能满足鸡对钙的需要。对产蛋种鸡补钙以2/3的贝壳粒和1/3的石粉为好。这样，不但可有效地满足鸡对钙的需要，而且可以提高蛋壳质量和种蛋合格率。

四、中毒病

（一）食盐中毒

【原因】饲料配合时食盐用量过大，或使用的鱼粉中有较高盐量，配料时又添加食盐；限制饮水不当；或饲料中其他营养物质，如维生素E、Ca、Mg及含硫氨基酸缺乏，而引起增加食盐中毒的敏感性等可引起中毒。

【临床症状和病理变化】病鸡表现为燥渴而大量饮水和惊慌不安

地尖叫。口鼻内有大量的黏液流出，嗉囊软肿，拉水样稀粪。运动失调，时而转圈，时而倒地，步态不稳，呼吸困难，虚脱，抽搐，痉挛，昏睡而死亡。剖检可见皮下组织水肿，食道、嗉囊、胃肠黏膜充血或出血，腺胃表面形成假膜；血黏稠、凝固不良；肝肿大，肾变硬，色淡。病程较长者，还可见肺水肿，腹腔和心包囊中有积水，心脏有针尖状出血点。根据燥渴而大量饮水和有过量摄取食盐史可以初步诊断。

【防治】

（1）预防措施　严格控制饲料中食盐的含量，尤其对幼禽。一方面严格检测饲料原料鱼粉或其副产品的盐分含量；另一方面配料时加食盐也要求粉细，混合要均匀；平时要保证充足的新鲜洁净饮用水。

（2）发病后措施　发现中毒后立即停喂原有饲料，换无盐或低盐分易消化饲料至康复。供给病鸡5%的葡萄糖或红糖水以利尿解毒，病情严重者另加0.3%～0.5%醋酸钾溶液饮水，可逐只灌服。中毒早期服用植物油缓泻可减轻症状。

（二）磺胺类药物中毒

【原因】磺胺类药物是治疗鸡的细菌性疾病和球虫病的常用广谱抗菌药物。但是如果用药不当，尤其是使用肠道内容易吸收的磺胺类药物不当会引起急性或慢性中毒。

1周龄以下雏鸡敏感，采食含0.25%～1.5%磺胺嘧啶的饲料1周或口服0.5克磺胺类药物后，即可中毒；用药剂量过大，或疗程超过1周以上，均会引起各种禽类的中毒。蛋鸡正常剂量连续使用，产蛋量减少。

【临床症状和病理变化】急性中毒表现为兴奋不安、厌食、腹泻、痉挛、共济失调、肌肉颤抖、惊厥，呼吸加快，短时间内死亡。慢性中毒（多见于用药时间太长）表现为食欲减退，鸡冠苍白，羽毛松乱，渴欲增加；有的病禽头面部呈局部性肿胀，皮肤呈蓝紫色；时而便秘，时而下痢，粪呈酱色，产蛋禽产蛋量下降，有的产薄壳蛋、软壳蛋，蛋壳粗糙、色泽变淡。主要器官均有不同程度的出血为特征，皮下、冠、眼睑有大小不等的斑状出血。胸肌是弥漫性斑点状或涂刷状出血，肌肉苍白或呈透明样淡黄色，大腿肌肉散在有鲜红色出血斑；血液稀薄，凝固不良；肝肿大，瘀血，呈紫红或黄褐色，表面可见少量出血斑点或针头大的坏死灶，坏死灶中央凹陷呈深红，周围灰色；肾肿大，土黄色，表面有紫红色出血斑。输尿管变粗，充满白色尿酸盐；腺胃和肌胃交界处黏膜有陈旧的紫红色或条状出血，腺胃黏膜和肌胃角质膜下有出血点等。

【防治】

（1）预防措施　严格掌握用药剂量及时间，一般用药不超过1周。拌料要均匀，适当可配以等量的碳酸氢钠，同时注意供给充足饮水；一周龄以内雏鸡应慎用；临床上应选用含有增效剂的磺胺类药物（如复方敌菌净、复方新诺明等），其用量小，毒性也较低。

（2）发病后措施　发现中毒，应立即停药并供给充足饮水；口服或饮用1%～5%碳酸氢钠溶液；可配合维生素C制剂和维生素K_3进行治疗。中毒严重的家禽可肌注维生素B_{12}1～2微克或叶酸50～100微克。

（三）喹乙醇中毒

【原因】喹乙醇是一种具有抑菌促生长作用的药物，主要用于治疗肠道炎症、痢疾、巴氏杆菌病和促生长，生产中作为治疗药物和添加剂广泛应用。盲目加大添加量，或用药量过大，或混饲拌料不均匀而发生中毒。

【临床症状和病理变化】病鸡精神沉郁，食欲减退，饮水减少，鸡冠暗红色，体温降低，神经麻痹，脚软，甚至瘫痪。死前常有抽搐、尖叫、角弓反张等症状。剖检可见口腔有黏液，肌胃角质下层有出血点、血斑，十二指肠黏膜有弥漫性出血，腺胃及肠黏膜糜烂，冠状脂肪和心肌表面有散在的出血点；脾、肾肿大，质脆，肝肿大有出血斑点，血暗红、质脆，切面糜烂多汁；胆囊胀大，充满绿色胆汁。

【防治】

（1）预防措施　严格控制用量，作为添加剂，使用量为25～35毫克/千克饲料；用于治疗疾病，最大内服量：雏鸡每千克体重30毫克、成年鸡每千克体重50毫克，使用时间3～4天。

（2）发病后措施　一旦发现中毒，立即停药，供给硫酸钠水溶液饮水，然后再用5%的葡萄糖溶液或0.5%碳酸氢钠溶液，并按每只鸡加维生素C 0.3～0.5毫升饮水。

（四）黄曲霉毒素中毒

黄曲霉毒素中毒是鸡的一种常见的中毒病，该病由发霉饲料中霉菌产生的毒素引起。该病的主要特征是危害肝脏，影响肝功能，肝脏变性、出血和坏死，腹水，脾肿大及消化障碍等，并有致癌作用。

【原因】鸡食入发霉变质饲料可引起中毒，其中以幼龄的鸡，特别是 2～6 周龄的雏鸡最为敏感，饲料中只要含有微量毒素，即可引起中毒，且发病后较为严重。

【临床症状和病理变化】表现沉郁，嗜眠，食欲不振，消瘦，贫血，鸡冠苍白，虚弱，尖叫，拉淡绿色稀粪，有时带血，腿软不能站立，翅下垂。成鸡耐受性稍高，多为慢性中毒，症状与雏鸡相似，但病程较长，病情和缓，产蛋减少或开产推迟，个别可发生肝癌，呈极度消瘦的恶病质而死亡。剖检可见肝充血、肿大、出血及坏死，色淡呈黄白色，胆囊充盈。肾苍白肿大。胸部皮下、肌肉有时出血。或肝硬变，体积缩小，颜色发黄，并有白色点状或结节状病灶。根据本病的症状和病变特点，结合病鸡有食入霉败变质饲料的发病史，即可作出初步诊断。

【防治】

（1）预防措施　平时搞好饲料保管，注意通风，防止发霉。不用霉变饲料喂鸡。为防止发霉，可用福尔马林对饲料进行熏蒸消毒。

（2）发病后措施　目前对本病还无特效解毒药，发病后应立即停喂霉变饲料，更换新料。中毒死鸡要销毁或深埋，不能食用。鸡粪便中也含有毒素，应集中处理，防止污染饲料、饮水和环境。用 2% 次氯酸钠对鸡舍内外进行彻底消毒。病鸡饮服 5% 葡萄糖水。

<<<<

第八章

肉鸡场的经营管理

核心提示

肉鸡场的经营管理就是通过对肉鸡场的人、财、物等生产要素和资源进行合理的配置、组织、使用，以最少的消耗获得尽可能多的产品产出和最大的经济效益。人们常说管理出效益，但许多鸡场只重视技术管理而忽视经营管理，只重视饲养技术的掌握而不愿接受经营管理知识，导致经营管理水平低，养殖效益差。肉鸡场的经营管理包含市场调查、经营预测、经营决策、经营计划制定以及经济核算等内容。

第一节　经营管理的概念、意义及内容

一、经营管理的概念

经营是经营者在国家各项法律法规、政策方针的规范指导下，利用自身资金、设备、技术等条件，在追求用最少的人、财、物消耗取得最多的物质产出和最大的经济效益的前提下，合理确定生产方向与经营目标，有效地组织生产、销售等活动。管理是经营者为实现经营目标，如何合理组织各项经济活动，这里不仅包括生产力和生产关系两个方面的问题，还包括经营生产方向、生产计划、生产目标如何落实，以及人、财、物的组织协调等方面的具体问题。经营和管理之间有着密切的联系，有了经营才需要管理；经营目标需要借助于管理才能实现，离开了管理，经营活动就会混乱，甚至中断。经营的使命在于宏观决策，管理的使命在于如何实现经营目标，是为实现经营目标

服务的，两者相辅相成，不能分开。

二、经营管理的意义

肉鸡场的经营管理对于肉鸡场的有效管理和生产水平提高具有重要意义。

（一）有利于实现决策的科学化

通过对市场的调研和信息的综合分析和预测，可以正确地把握经营方向、规模、肉鸡群结构、生产数量，使产品既符合市场需要，又获得最高的价格，取得最大的利润。否则，把握不好市场，遇上市场价格低谷，即使生产水平再高，生产手段再先进，也可能出现亏损。

（二）有利于有效组织产品生产

根据市场和肉鸡场情况，合理地制定生产计划，并组织生产计划的落实。根据生产计划科学安排人力、物力、财力和鸡群结构、周转、出栏等，不断提高产品产量和质量。

（三）有利于充分调动劳动者积极性

人是第一的生产要素。任何优良品种、先进的设备和生产技术都要靠人来饲养、操作和实施。在经营管理上通过明确责任制，制定合理的产品标准和劳动定额，建立合理的奖惩制度和竞争机制并进行严格考核，可以充分调动肉鸡场员工的积极因素，使肉鸡场员工的聪明才智得以最大限度的发挥。

（四）有利于提高生产效益

通过正确的预测、决策和计划，有效地组织产品生产，可以在一定的资源投入基础上生产出最多的适销对路的产品；加强记录管理，不断总结分析，探索、掌握生产和市场规律，提高生产技术水平；根据记录资料，注重进行成本核算和盈利核算，找出影响成本的主要因素，采取措施降低生产成本。产品产量的增加，产品成本的降低，必然会显著提高肉鸡养殖效益和生产水平。

三、经营管理内容

肉鸡场经营管理的内容比较广泛，包括生产经营活动的全过程。

其主要内容有：市场调查、分析和营销、经营预测和决策、生产计划的制定和落实、生产技术管理、产品成本和经营成果的分析。

第二节　经营预测和经营决策

一、经营预测

预测是决策的前提，要做好产前预测，必须首先开展市场调查。即运用适当的方法，有目的、有计划、系统地搜集、整理和分析市场情况，取得经济信息。调查的内容包括市场需求量、消费群体、产品结构、销售渠道、竞争形式等。调查的方法常用的有访问法、观察法和实践法三种。搞好市场调查是进行市场预测、决策和制定计划的基础，也是搞好生产经营和产品销售的前提条件。

经营预测就是对未来事件做出的符合客观实际的判断。如市场预测（销售预测）就是在市场调查的基础上，在未来一定时期和一定范围内，对产品的市场供求变化趋势做出估计和判断。市场预测的主要内容包括：市场需求预测、销售量预测、产品寿命周期预测、市场占有率预测等。预测期分为短期和长期两种。预测方法有判断性预测法和数学模型分析预测法。

二、经营决策

经营决策就是鸡场为了确定远期和近期的经营目标和实现这些目标有关的一些重大问题作出最优的选择的决断过程。肉鸡场经营决策的内容很多，大至鸡场的生产经营方向、经营目标、远景规划，小到规章制度的制定、生产活动的具体安排等，鸡场饲养管理人员每时每刻都在决策。决策的正确与否，直接影响到经营效果。有时一次重大的决策失误就可能导致鸡场的亏损，甚至倒闭。正确的决策是建立在科学预测的基础上的，通过收集大量的有关的经济信息，进行科学预测后，才能进行决策。正确的决策必须遵循一定的决策程序，采用科学的方法。

（一）决策的程序

1. 提出问题

即确定决策的对象或事件。也就是要决策什么或对什么进行决策。如确定经营方向、饲料配方、饲养方式、治疗什么疾病等。

2. 确定决策目标

决策目标是指对事件作出决策并付诸行动之后所要达到的预期结果。如经营项目和经营规模的决策目标是，一定时期内使销售收入和利润达到多少，肉鸡饲料配方的决策目标是，使单位产品的饲料成本降低到多少、产蛋率和产品品质达到何种水平。发生疾病时的决策目标是治愈率多高，有了目标，拟定和选择方案就有了依据。

3. 拟定多种可行方案

只有设计出多种方案，才可能选出最优的方案。拟订方案时，要紧紧围绕决策目标，充分发扬民主，大胆设想，尽可能把所有的方案包括无遗，以免漏掉好的方案。如对蛋鸡场经营方向决策的方案有办种鸡场、商品鸡场、孵化场等；对饲料配方决策的方案有甲、乙、丙、丁等多个配方；对饲养方式决策方案有笼养、散养、网上平养等；对鸡场防治大肠杆菌病决策的方案有用药防治（可以选用的药物也有多种，如丁胺卡那霉素、庆大霉素、喹乙醇及复合药物）、疫苗防治等。

对于复杂问题的决策，方案的拟订通常分两步进行：

（1）轮廓设想 可向有关专家和职工群众分别征集意见。也可采用头脑风暴法（畅谈会法），即组织有关人士座谈，让大家发表各自的见解，但不允许对别人的意见加以评论，以便使大家相互启发、畅所欲言。

（2）可行性论证和精心设计 在轮廓设想的基础上，可召开讨论会或采用特尔斐法，对各种方案进行可行性论证，弃掉不可行的方案。如果确认所有的方案都不可行或只有一种方案可行，就要重新进行设想，或审查调整决策目标。然后对剩下的各种可行方案进行详细设计，确定细节，估算实施结果。

4. 选择方案

根据决策目标的要求，运用科学的方法，对各种可行方案进行分析比较，从中选出最优方案。如治疗大肠杆菌病，通过药物试验，丁胺卡那霉素高敏，就可以选用丁胺卡那霉素。

5. 贯彻实施与信息反馈

最优方案选出之后，贯彻落实、组织实施，并在实施过程中进行跟踪检查，发现问题，查明原因，采取措施，加以解决。如果发现客观条件发生了变化，或原方案不完善甚至不正确，就要启用备用方案，或对原方案进行修改。如治疗大肠杆菌病按选择的用药方案用药，观察效果，良好可继续使用，如果使用效果不好，可另选其他方案。

（二）常用的决策方法

经营决策的方法较多，生产中常用的决策方法有下面几种。

1. 比较分析法

比较分析法是将不同的方案所反映的经营目标实现程度的指标数值进行对比，从中选出最优方案的一种方法。如对不同品种的饲养结果分析，可以选出一个能获得较好的经济效益的品种。

2. 综合评分法

综合评分法就是通过选择对不同的决策方案影响都比较大的经济技术指标，根据它们在整个方案中所处的地位和重要性，确定各个指标的权重，把各个方案的指标进行评分，并依据权重进行加权得出总分，以总分的高低选择决策方案的方法。例如在鸡场决策中，选择建设鸡舍时，往往既要投资效果好，又要设计合理、便于饲养管理，还要有利于防疫等。这类决策，称为多目标决策。但这些目标（即指标）对不同方案的反映有的是一致的，有的是不一致的，采用对比法往往难以提出一个综合的数量概念。为求得一个综合的结果，需要采用综合评分法。

3. 盈亏平衡分析法

这种方法又叫量、本、利分析法，是通过揭示产品的产量、成本和盈利之间的数量关系进行决策的一种方法。产品的成本划分为固定成本和变动成本。固定成本如鸡场的管理费、固定职工的基本工资、折旧费等，不随产品产量的变化而变化；变动成本是随着产销量的变动而变动的，如饲料费、燃料费和其他费用。利用成本、价格、产量之间的关系列出总成本的计算公式：

$$PQ = F + QV + PQX$$
$$Q = F / [P(1-X) - V] \tag{8-1}$$

式中，F 为某种产品的固定成本；X 为单位销售额的税金；V 为单位产品的变动成本；P 为单位产品的价格；Q 为盈亏平衡时的产销量。

如企业计划获利 R 时的产销量 Q_R 为：

$$Q_R = (F+R)/[P(1-X)-V] \tag{8-2}$$

盈亏平衡公式可以解决如下问题：

（1）规模决策 当产量达不到保本产量，产品销售收入小于产品总成本，就会发生亏损，只有在产量大于保本点条件下，才能盈利，因此保本点是企业生产的临界规模。

（2）价格决策 产品的单位生产成本与产品产量之间存在如下关系：

$$CA（单位产品生产成本）= F/(Q+V) \tag{8-3}$$

即随着产量增加，单位产品的生产成本会下降。可依据销售量作出价格决策。

① 在保证利润总额（R）不减少的情况下，可依据产量来确定价格。由 $PQ = F + VQ + R$

可知：

$$P = (F+R)/Q + V \tag{8-4}$$

② 在保证单位产品利润（r）不变时，如何依据产销量来确定价格水平。

由 $PQ = F + VQ + R$ （$R = rQ$）

则 $$P = F/Q + V + r \tag{8-5}$$

4. 决策树法

利用树形决策图进行决策基本步骤：绘制树形决策图，然后计算期望值，最后剪枝，确定决策方案。如某牧场可以养蛋鸡、肉鸡，只知道其年赢利额见表 8-1，请做出决策选择。

表 8-1 不同方案在不同状态下的年赢利额 单位：万元

方案	概率	肉鸡		蛋鸡	
		畅销 0.9	滞销 0.1	畅销 0.8	滞销 0.2
饲料涨价 A	0.3	15	−20	20	−5
饲料持平 B	0.5	30	−10	25	10
饲料降价 C	0.2	45	5	40	20

（1）绘制决策树形示意图（图 8-1）□表示决策点，由它引出的

分枝叫决策方案枝；○表示状态点，由它引出的分枝叫状态分枝，上面标明了这种状态发生的概率；△结果点，它后面的数字是某种方案在某状态下的收益值。

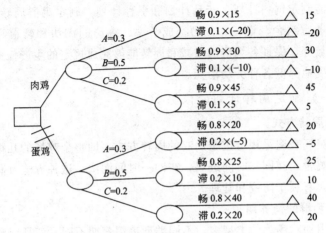

图 8-1　决策树形示意图

（2）计算期望值

① 肉鸡 $= \{(0.9 \times 15) + [0.1 \times (-20)]\} \times 0.3 + \{(0.9 \times 30) + [0.1 \times (-10)]\} \times 0.5 + [(0.9 \times 45) + (0.1 \times 5)] \times 0.2 = 24.7$

② 蛋鸡 $= \{(0.8 \times 20) + [0.2 \times (-5)]\} \times 0.3 + [(0.8 \times 25) + (0.2 \times 10)] \times 0.5 + [(0.8 \times 40) + (0.2 \times 20)] \times 0.2 = 22.7$

（3）剪枝　由于肉鸡的期望值是 24.7，大于蛋鸡的期望值，剪掉蛋鸡项目，留下的肉鸡项目就是较好的项目。

第三节　计划管理

计划是决策的具体化，计划管理是经营管理的重要职能。计划管理就是根据鸡场确定的目标，制定各种计划，用以组织协调全部的生产经营活动，达到预期的目的和效果。

【注意】生产经营计划是鸡场计划体系中的一个核心计划，肉鸡场应制定详尽的生产经营计划。

一、鸡群周转计划

鸡群周转计划是制定其他各项计划的基础，只有制定好周转计划，才能制定饲料计划、产品计划和引种计划。制定鸡群周转计划，应综合考虑鸡舍、设备、人力、成活率、鸡群的淘汰和转群移舍时间、数量等，保证各鸡群的增减和周转能够完成规定的生产任务，又最大限度地降低各种劳动消耗。

（一）制定周转计划的依据

1. 周转方式

肉鸡场普遍采用全进全出制的周转方式，即整个鸡场的几栋鸡舍或一栋鸡舍，在同一时间进鸡，在同一时间淘汰。这种方式有利于清理消毒，有利于防疫和管理。

2. 鸡群的饲养期

肉用种鸡场鸡的类型多，不同类型鸡饲养期不同。商品仔鸡场鸡的饲养期一般为 6～8 周，空舍期为 2～3 周龄。

（二）周转计划的编制

【例 1】如一商品肉鸡场，有鸡舍 5 栋，年出栏肉鸡约 20 万只，全场采用全进全出的饲养制度，制定周转计划见表 8-2、表 8-3。

表 8-2　周转计划表（饲养期 42 天，空舍 10 天，
饲养周期 52 天，年出栏约 7 批）

批次	进鸡时间	总数量/只	每栋入舍数量/只	出栏时间	出栏数量/只
1	1 月 1 日	30000	6000	2 月 12 日	28500
2	2 月 22 日	30000	6000	4 月 5 日	28500
3	4 月 15 日	30000	6000	5 月 27 日	28500
4	6 月 6 日	30000	6000	7 月 18 日	28500
5	7 月 28 日	30000	6000	9 月 10 日	28500
6	9 月 20 日	30000	6000	11 月 1 日	28500
7	11 月 11 日	30000	6000	12 月 23 日	28500

表 8-3 周转计划表 (饲养期 45 天, 空舍 15 天, 饲养周期 60 天, 年出栏约 6 批)

批次	进鸡时间	总数量/只	每栋入舍数量/只	出栏时间	出栏数量/只
1	1 月 1 日	35000	35000/5＝7000	2 月 14 日	33250
2	3 月 1 日	35000	35000/5＝7000	4 月 14 日	33250
3	4 月 29 日	35000	35000/5＝7000	6 月 13 日	33250
4	6 月 28 日	35000	35000/5＝7000	8 月 12 日	33250
5	8 月 27 日	35000	35000/5＝7000	10 月 11 日	33250
6	10 月 26 日	35000	35000/5＝7000	12 月 10 日	33250

二、饲料计划

饲料供应计划应根据各类鸡耗料标准和鸡群周转计划, 计算出各种饲料的需要量。若是自己加工饲料, 可根据饲料配方计算出各种原料的需要量。饲料或原料要有一定的库存量 (能保证有一个月的用量) 并保持来源的相对稳定。但进料不宜过多, 以防止因饲料发热、虫蛀、霉变而造成不必要的损失。饲料供应计划表见表 8-4。

表 8-4 饲料供应计划表

月份	月计划饲养量/只	月计划用料量/千克	原料用量/千克						全价料/千克	饲料供应量/千克	盈缺/千克
			玉米	麸皮	豆粕	鱼粉	矿物质	添加剂			
1											
2											
3											
4											
5											
6											
7											
8											
9											
10											
11											
12											
合计											

三、肉仔鸡年度生产计划表

年度生产计划表见表 8-5。

表 8-5　肉仔鸡年度生产计划表

批次	进雏日期	品种名称	饲养员	进雏数/只	出栏日期	饲养天数/天	出栏数/只	出栏率/%	备注
1									
2									
3									
4									
5									
6									

四、产品计划

产品计划见表 8-6。

表 8-6　产品计划表

产品名称	年内各月产品量												总计
	1	2	3	4	5	6	7	8	9	10	11	12	
雏鸡/只													
肉鸡/千克													
种蛋/枚													

五、年财务收支计划

年财务收支计划见表 8-7。

表 8-7　年财务收支计划表

收入		支出		备注
项目	金额/元	项目	金额/元	
种蛋		雏鸡费		
肉鸡		饲料费		

续表

收　入		支　出		备　注
项目	金额/元	项目	金额/元	
肉鸡产品加工		折旧费（建筑、设备）		
粪肥		燃料、药品费		
其他		基建费		
		设备购置维修费		
		水电费		
		管理费		
		其他		
合计				

第四节　生产运行过程的经营管理

一、制定技术操作规程

　　技术操作规程是肉鸡场生产中按照科学原理制定的日常作业技术规范。鸡群管理中的各项技术措施和操作等均通过技术操作规程加以贯彻。同时，它也是检验生产的依据。不同饲养阶段的鸡群，按其生产周期制定不同的技术操作规程，如育雏（或育成鸡、或肉用种鸡、或肉鸡）技术操作规程。

　　技术操作规程的主要内容是：对饲养任务提出生产指标，使饲养人员有明确的目标；指出不同饲养阶段鸡群的特点及饲养管理要点；按不同的操作内容分段列条、提出切合实际的要求等。

　　技术操作规程的指标要切合实际，条文要简明具体，易于落实执行。

二、制定日工作程序

　　规定各类鸡舍每天从早到晚各个时间段内的常规操作，使饲养管理人员有规律地完成各项任务，见表8-8。

表 8-8　鸡舍每日工作日程

雏鸡舍或肉用仔鸡每日工作程序		育成舍每日工作程序		种鸡每日工作程序	
时间	工作内容	时间	工作内容	时间	工作内容
8:00	喂料。检查饲料质量,饲喂均匀,饲料中加药,避免断料	8:00	喂料。检查饲料质量,饲喂均匀,料中加药,避免断料	6:00 6:20	开灯 喂料,观察鸡群和设备运转情况
9:00	检查温湿度,清粪,打扫卫生,巡视鸡群。检查照明、通风系统并保持卫生	9:00	检查温湿度,清粪,打扫卫生,巡视鸡群,检查照明、通风系统并保持卫生	7:30 9:00 10:30	早餐 匀料,观察环境条件,准备蛋盘 拣蛋,捡死鸡
10:00	喂料,检查舍内温湿度,检查饮水系统,观察鸡群	10:00	检查舍内温湿度和饮水系统,观察鸡群。将笼外鸡捉入笼内	11:30 12:00	喂料,观察鸡群和设备运转情况 午餐
11:30	午餐休息	11:30	午餐休息	15:00	喂料,准备拣蛋设备
13:00	喂料,观察鸡群和环境条件	13:00	喂料,观察鸡群和环境条件	16:00	洗刷饮水和饲喂系统,打扫卫生
15:00	检查笼门,调整鸡群;观察温湿度,个别治疗	15:00	检查笼门,调整鸡群;观察温湿度,个别治疗。清粪	17:00	拣蛋,记录和填写相关表格,环境消毒等
16:00	喂料,做好各项记录并填写表格;做好交班准备	16:00	喂料,做好各项记录并填写表格	18:00	晚餐
17:00	夜班饲养人员上班工作	17:00	下班	20:00	喂料,1小时后关灯

三、制定综合防疫制度

为了保证鸡群的健康和安全生产,场内必须制定严格的防疫措施,规定对场内、外人员、车辆、场内环境、装蛋放鸡的容器进行及时或定期的消毒,鸡舍在空出后的冲洗、消毒,各类鸡群的免疫,种鸡群的检疫等。

四、劳动定额和劳动组织

（一）劳动定额（见表8-9）

表 8-9 劳动定额标准

工种	工作内容	一人定额	工作条件
肉种鸡育雏育成（平养） 肉种鸡育雏育成（笼养）	饲养管理，一次清粪 饲养管理，经常清粪	1800～3000 只 1800～3000 只	饲料到舍；自动饮水，人 工供暖或集中供暖
肉种鸡网上-地面饲养 肉种鸡平养 肉种鸡笼养	饲养管理，一次清粪 饲养管理 饲养管理	1800～2000 只 3000 只 3000 只	人工供暖拣蛋，自动饮水 自动饮水。机械供料，人 工拣蛋 两层笼养，全部手工操作
肉仔鸡（1 日龄至上市）	饲养管理 饲养管理	5000 只 10000～ 20000 只	人工供暖喂料、自动饮水 集中供暖、机械加料自动 饮水
孵化	将种蛋孵化雏鸡并出售	10000 枚/人	蛋车式，全自动孵化器
清粪	人工笼下清粪	20000～ 40000 只	清粪后人工运至 200 米 左右

（二）劳动组织

1. 生产组织精简高效

生产组织与鸡场规模大小有密切关系，规模越大，生产组织就越重要。规模化鸡场一般设置有行政、生产技术、供销财务和生产班组等组织部门，部门设置和人员安排尽量精简，提高直接从事养鸡生产的人员比例，最大限度地降低生产成本。

2. 人员的合理安排

养鸡是一项脏、苦而又专业性强的工作，所以必须根据工作性质来合理地安排人员，充分调动饲养管理人员的劳动积极性，不断提高专业技术水平。

3. 建立健全岗位责任制

岗位责任制规定了鸡场每一个人员的工作任务、工作目标和标准。完成者奖励，完不成者被罚，不仅可以保证鸡场各项工作顺利完成，而且能够充分调动劳动者的积极性，使生产完成得更好，生产的产品更多，各种消耗更少。

五、记录管理

记录管理就是将肉鸡场生产经营活动中的人、财、物等消耗情况及有关事情记录在案，并进行规范、计算和分析。目前许多肉鸡场不重视记录管理，不知道怎样记录。肉鸡场缺乏记录资料，导致管理者和饲养者对生产经营情况，如各种消耗是多是少、产品成本是高是低、单位产品利润和年总利润多少等都不是十分清楚，更谈不上采取有效措施降低成本，提高效益。

（一）记录管理的作用

1. 反映鸡场生产经营活动的状况

完善的记录可将整个肉鸡场的动态与静态记录无遗。有了详细的鸡场记录，管理者和饲养者通过记录不仅可以了解现阶段鸡场的生产经营状况，而且可以了解过去肉鸡场的生产经营情况。有利于加强管理，有利于对比分析，有利于进行正确的预测和决策。

2. 经济核算的基础

详细的鸡场记录包括了各种消耗、鸡群的周转及死亡淘汰等变动情况、产品的产出和销售情况、财务的支出和收入情况以及饲养管理情况等，这些都是进行经济核算的基本材料。没有详细的、原始的、全面的鸡场记录材料，经济核算也是空谈，甚至会出现虚假的核算。

（二）鸡场记录的原则

1. 及时准确

及时是根据不同记录要求，在第一时间认真填写，不拖延、不积压，避免出现遗忘和虚假；准确是按照肉鸡场当时的实际情况进行记录，既不夸大，也不缩小，实实在在。特别是一些数据要真实，不能虚构。如果记录不精确，将失去记录的真实可靠性，这样的记录也是毫无价值的。

2. 简洁完整

记录工作繁琐就不易持之以恒地去实行。所以设置的各种记录簿册和表格力求简明扼要，通俗易懂，便于记录；完整是记录要全面系统，最好设计成不同的记录册和表格，并且填写完全、工整，易于辨认。

3. 便于分析

记录的目的是为了分析鸡场生产经营活动的情况，因此在设计表格时，要考虑记录下来的资料便于整理、归类和统计，为了与其他鸡场的横向比较和本鸡场过去的纵向比较，还应注意记录内容的可比性和稳定性。

（三）肉鸡场记录的内容

鸡场记录的内容因鸡场的经营方式与所需的资料而有所不同，一般应包括：

1. 生产记录

主要有鸡群生产情况记录，如鸡的品种、饲养数量、饲养日期、死亡淘汰、产品产量等；饲料记录，如鸡群所消耗的饲料种类、数量及单价等；劳动记录，如每天的出勤情况、工作时数、工作类别以及完成的工作量、劳动报酬等。

2. 财务记录

主要包括收支记录，包括出售产品的时间、数量、价格、去向及各项支出情况；资产记录，固定资产类（包括土地、建筑物、机器设备等的占用和消耗）、库存物资类（包括饲料、兽药、在产品、产成品、易耗品、办公用品等）的消耗数、库存数量及价值以及现金及信用类，包括现金、存款、债券、股票、应付款、应收款等。

3. 饲养管理记录

主要包括饲养管理程序及操作记录，如饲喂程序、光照程序、鸡群的周转、环境控制等记录；疾病防治记录，包括隔离消毒情况、免疫情况、发病情况、诊断及治疗情况、用药情况、驱虫情况等。

（四）肉鸡场生产记录表格

1. 肉鸡饲养记录表

肉鸡饲养中填写好饲养记录非常重要，每天要如实、全面地填写。肉鸡饲养记录见表8-10。

表 8-10　肉鸡饲养记录表

进雏时间_____　购雏种鸡场_____　数量_____　栋号_____

日期	日龄	实存数/只	死亡数/只	淘汰数/只	料号	总耗料/千克	日平均耗料/克	温、湿度	备注

2. 肉鸡周报表

根据日报内容每周末要做好周报表的填写。肉鸡周报表见表 8-11。

表 8-11　肉鸡周报表

周龄	存栏数/只	死亡数/只	淘汰数/只	死亡淘汰率/%	累计死亡淘汰数/只	累计死亡淘汰率/%	耗料/千克	累计耗料/千克	只日耗料/克	体重/克	周料肉比	备注
1												
2												
3												
4												
5												
6												
7												
8												

3. 免疫记录表

免疫接种工作是预防肉鸡疫病的一项重要工作，免疫的疫苗种类和次数较多，要做好免疫记录。每次免疫后要将免疫情况填入表 8-12。

表 8-12　肉鸡群免疫记录表

日龄	日期	疫苗名称	生产厂家	批号、有效期限	免疫方法	剂量	备注

4. 用药记录表

肉鸡场为了预防和治疗疾病，会经常有计划地使用药物，每次用药情况要填入表 8-13。

表 8-13　肉鸡群用药记录表

日龄	日期	药名及规格	生产厂家	剂量	用途	用法	备注

5. 肉鸡出栏后体重报表

见表 8-14。

表 8-14　肉鸡出栏后体重报表

车序号	筐数/筐	数量/只	总重/千克	平均体重/千克	预收入/元	实收入/元	肉联厂只数/只
1							
2							
3							
4							
5							
6							
7							

车序号	筐数 /筐	数量 /只	总重 /千克	平均体重 /千克	预收入 /元	实收入 /元	肉联厂只数 /只
8							
9							
10							
合计							

6. 肉鸡场入库和出库的药品、疫苗、药械记录表

肉鸡场技术人员和采购人员将每批入库及出库的药品、疫苗和药械逐一登记填入表8-15和表8-16。

表 8-15　肉鸡场入库的药品、疫苗和药械记录表

日期	品名	规格	数量	单价	金额	生产厂家	生产日期	生产批号	经手人	备注

表 8-16　肉鸡场出库的药品、疫苗和药械记录表

日期	车间	品名	规格	数量	单价	金额	经手人	备注

7. 肉鸡场购买饲料或饲料原料记录表

饲料采购和加工人员要将每批购买的饲料或饲料原料填入表8-17和表8-18中。

表 8-17　购买饲料及出库记录表

日期	育雏期			育肥期		
	入库量/千克	出库量/千克	库存量/千克	入库量/千克	出库量/千克	库存量/千克

表 8-18　购买饲料原料记录表

日期	饲料品种	货主	级别	单价	数量	金额	化验结果	化验员	经手人	备注

8. 收支记录表格

见表 8-19。

表 8-19　收支记录表格

收入		支出		备注
项目	金额/元	项目	金额/元	
合计				

（五）鸡场记录的分析

通过对鸡场的记录进行整理、归类，可以进行分析。分析是通过一系列分析指标的计算来实现的。利用成活率、母鸡存活率、蛋重、日产蛋率、饲料转化率等技术效果指标来分析生产资源的投入和产出产品数量的关系以及分析各种技术的有效性和先进性。利用经济效果指标分析生产单位的经营效果和赢利情况，为鸡场的生产提供依据。

第五节　经济核算

一、资产核算

（一）流动资产

流动资产是指可以在一年内或者超过一年的一个营业周期内变现或者运用的资产。流动资产是企业生产经营活动的主要资产，主要包括鸡场的现金、存款、应收款及预付款、存货（原材料、在产品、产成品、低值易耗品）等。流动资产周转状况影响到产品的成本。流动资产在企业再生产过程中是不断循环着的，它是随着供应、生产、销售三个过程的固定顺序，由一种形态转化为另一种形态，不断进行循环，形成一个循环周期。

加快流动资产周转，有利于提高流动资金利用效率，其措施：一是加强采购物资的计划性，防止盲目采购，合理地储备物质，避免积压资金，加强物资的保管，定期对库存物资进行清查，防止鼠害和霉烂变质；二是科学地组织生产过程，采用先进技术，尽可能缩短生产周期，节约使用各种材料和物资，减少在产品资金占用量；三是及时销售产品，缩短产成品的滞留时间；四是及时清理债权债务，加速应收款项的回收，减少成品资金和结算资金的占用量。

（二）固定资产

固定资产是指使用年限在 1 年以上，单位价值在规定的标准以上，并且在使用中长期保持其实物形态的各项资产。肉鸡场的固定资产主要包括建筑物、道路以及其他与生产经营有关的设备、器具、工具等。

1. 固定资产的折旧与计算方法

（1）固定资产的损耗与折旧　固定资产在长期使用中，在物质上要受到磨损，在价值上要发生损耗。固定资产的损耗，分为有形损耗和无形损耗两种。有形损耗是指固定资产由于使用或者由于自然力的作用，使固定资产物质上发生磨损。无形损耗是由于劳动生产率提高和科学技术进步而引起的固定资产价值的损失。固定资产在使用过程中，由于损耗而发生的价值转移，称为折旧，由于固定资产损耗而转移到产品中去的那部分价值叫折旧费或折旧额，用于固定资产的更新改造。

（2）固定资产折旧的计算方法　鸡场计算固定资产折旧，一般采用平均年限法和工作量法。

① 平均年限法　它是根据固定资产的使用年限，平均计算各个时期的折旧额，因此也称直线法。其计算公式为：

固定资产年折旧额＝[原值－（预计残值－清理费用）]/固定资产预计使用年限

$$(8-6)$$

固定资产年折旧率＝固定资产年折旧额/固定资产原值×100％＝（1－净残值率）/折旧年限×100％

$$(8-7)$$

② 工作量法 它是按照使用某项固定资产所提供的工作量，计算出单位工作量平均应计提折旧额后，再按各期使用固定资产所实际完成的工作量，计算应计提的折旧额。这种折旧计算方法，适用于一些机械等专用设备。其计算公式为：

单位工作量（单位里程或每工作小时）折旧额＝（固定资产原值－预计净残值）/总工作量（总行驶里程或总工作小时） (8-8)

2. 加强固定资产的管理

（1）合理配置固定资产 根据轻重缓急，合理购置和建设固定资产，把资金使用在经济效果最大而且在生产上迫切需要的项目上；购置和建造固定资产要量力而行，做到与单位的生产规模和财力相适应；各类固定资产务求配套完备，注意加强设备的通用性和适用性，使固定资产能充分发挥效用。

（2）加强固定资产管理 建立严格的使用、保养和管理制度，对不需用的固定资产应及时采取措施，以免浪费，注意提高机器设备的时间利用强度和它的生产能力的利用程度。

二、成本核算

产品的生产过程，同时也是生产的耗费过程。企业要生产产品，就是发生各种生产耗费。生产过程的耗费包括劳动对象（如饲料）的耗费、劳动手段（如生产工具）的耗费以及劳动力的耗费等。企业为生产一定数量和种类的产品而发生的直接材料费（包括直接用于产品生产的原材料、燃料动力费等）、直接人工费用（直接参加产品生产的工人工资以及福利费）和间接制造费用的总和构成产品成本。

【注意】产品成本是一项综合性很强的经济指标，它反映了企业的技术实力和整个经营状况。肉鸡场的品种是否优良，饲料质量好坏，饲养技术水平高低，固定资产利用得好坏，人工耗费的多少等，都可以通过产品成本反映出来。所以，肉鸡场通过成本和费用核算，可发现成本升降的原因，降低成本费用耗费，提高产品的竞争能力和盈利能力。

（一）做好成本核算的基础工作

1. 建立健全各项原始记录

原始记录是计算产品成本的依据，直接影响着产品成本计算的准确性。如原始记录不实，就不能正确反映生产耗费和生产成果，就会使成本计算变为"假账真算"，成本核算就失去了意义。所以，饲料、燃料动力的消耗、原材料、低值易耗品的领退，生产工时的耗用，畜禽变动，畜群周转、畜禽死亡淘汰、产出产品等原始记录都必须认真如实地登记。

2. 建立健全各项定额管理制度

肉鸡场要制定各项生产要素的耗费标准（定额）。不管是饲料、燃料动力，还是费用工时、资金占用等，都应制定比较先进、切实可行的定额。定额的制定应建立在先进的基础上，对经过十分努力仍然达不到的定额标准或不需努力就很容易达到定额标准的定额，要及时进行修订。

3. 加强财产物质的计量、验收、保管、收发和盘点制度

财产物资的实物核算是其价值核算的基础。做好各种物资的计量、收集和保管工作，是加强成本管理、正确计算产品成本的前提条件。

（二）肉鸡场成本的构成项目

1. 饲料费

饲料费是指饲养过程中耗用的自产和外购的混合饲料和各种饲料原料。凡是购入的按买价加运费计算，自产饲料一般按生产成本（含种植成本和加工成本）进行计算。

2. 劳务费

从事养鸡的生产管理劳动，包括饲养、清粪、捡蛋、防疫、捉鸡、消毒、购物运输等所支付的工资、资金、补贴和福利等。

3. 雏鸡费用

从雏鸡出壳养到140天的所有生产费用。如是购买育成新母鸡，按买价计算。自己培育的按培育成本计算。

4. 医疗费

医疗费是指用于鸡群的生物制剂、消毒剂及检疫费、化验费、专家咨询服务费等。但已包含在育成新母鸡成本中的费用和配合饲料中的药物及添加剂费用不必重复计算。

5. 固定资产折旧维修费

固定资产折旧维修费是指禽舍、笼具和专用机械设备等固定资产的基本折旧费及修理费。根据鸡舍结构和设备质量以及使用年限来计损。如是租用土地，应加上租金；土地、鸡舍等都是租用的，只计租金，不计折旧。

6. 燃料动力费

燃料动力费是指饲料加工、鸡舍保暖、排风、供水、供气等耗用的燃料和电力费用，这些费用按实际支出的数额计算。

7. 利息

利息是指对固定投资及流动资金一年中支付利息的总额。

8. 杂费

杂费包括低值易耗品费用、保险费、通信费、交通费、搬运费等。

9. 税金

税金是指用于养鸡生产的土地、建筑设备及生产销售等一年内应交税金。

以上九项构成了鸡场生产成本，从构成成本比重来看，饲料费、新母鸡培育费、人工费、折旧费、利息五项数额较大，是成本项目构成的主要部分，应当重点控制。

（三）成本的计算方法

成本的计算方法分为分群核算和混群核算。

1. 分群核算

分群核算的对象是每种畜的不同类别，如肉用种鸡群、育雏群、育成群、商品肉鸡群等，按鸡群的不同类别分别设置生产成本明细账户，分别归集生产费用和计算成本。肉鸡场的主产品是种蛋、淘汰鸡、肉鸡等，副产品是粪便和淘汰鸡的收入。肉鸡场的饲养费用包括育成鸡的价值、饲料费用、折旧费、人工费等。

（1）种蛋成本

每枚种蛋成本(元/枚)＝[种鸡生产费用－种鸡残值－非种蛋收入(包括鸡粪、商品蛋、淘汰鸡等收入)]/入舍种母鸡出售种蛋数　　　(8-9)

（2）雏鸡成本

每只雏鸡成本＝(全部的孵化费用－副产品价值)/成活一昼夜的初禽只数

(8-10)

（3）肉鸡成本

每千克肉鸡成本＝（基本鸡群的饲养费用－副产品价值）/禽肉总质量 　　　　　　　　　　　　　　　　　　　　　　　　　(8-11)

2. 混群核算

混群核算的对象是每类畜禽，如牛、羊、猪、鸡等，按畜禽种类设置生产成本明细账户归集生产费用和计算成本。资料不全的小规模鸡场常用。

（1）种蛋成本

每个种蛋成本（元/个）＝［期初存栏种鸡价值＋购入种鸡价值＋本期种鸡饲养费－期末种鸡存栏价值－出售淘汰种鸡价值－非种蛋收入（商品蛋、鸡粪等收入）］/本期收集种蛋数 　　　　(8-12)

（2）肉鸡成本

每千克肉鸡成本（元/千克）＝［期初存栏鸡价值＋购入鸡价值＋本期鸡饲养费用－期末鸡存栏价值－淘汰出售鸡价值－鸡粪收入］（元）/本期产蛋总质量（千克） 　　　　　　　　　(8-13)

三、赢利核算

赢利核算是对鸡场的赢利进行观察、记录、计量、计算、分析和比较等工作的总称。所以赢利也称税前利润。赢利是企业在一定时期内的货币表现的最终经营成果，是考核企业生产经营好坏的一个重要经济指标。

（一）赢利的核算公式

　　　　赢利＝销售产品价值－销售成本＝利润＋税金 　　(8-14)

（二）衡量赢利效果的经济指标

1. 销售收入利润率

表明产品销售利润在产品销售收入中所占的比重，其值越高，经营效果越好。

　　销售收入利润率＝产品销售利润/产品销售收入×100%　(8-15)

2. 销售成本利润率

它是反映生产消耗的经济指标，在畜产品价格、税金不变的情况下，产品成本愈低，销售利润愈多，其愈高。

　　销售成本利润率＝产品销售利润/产品销售成本×100%　(8-16)

3. 产值利润率

它说明实现百元产值可获得多少利润，用以分析生产增长和利润增长比例关系。

$$产值利润率＝利润总额/总产值×100\% \tag{8-17}$$

4. 资金利润率

把利润和占用资金联系起来，反映资金占用效果，具有较大的综合性。

$$资金利润率＝利润总额/流动资金和固定资金的平均占用额×100\% \tag{8-18}$$

【提示】开办肉鸡场，提高效益需要从市场竞争、提高产量和降低生产成本三大方面着手。一是生产适销对路的产品，在市场调查和预测的基础上，进行正确的、科学的决策，根据市场需求生产量多质优的产品；二是提高资金的利用效率，合理配备各种固定资产，注意适用性、通用性和配套性，减少固定资产的闲置和损毁，加强采购计划制定，及时清理回收债务等；三是提高劳动生产率，购置必要的设备减轻劳动强度，制定合理劳动指标和计酬考核办法，多劳多得，优劳优酬；四是提高产品产量，选择优良品种、创造适宜条件、合理饲喂、应用添加剂（饲料中添加沸石、松针叶、酶制剂、益生素、中草药等添加剂能改善鸡消化功能，促进饲料养分充分吸收利用，增加抵抗力，提高生产性能）、科学管理、加强隔离卫生和消毒等，控制好疾病，促进生产性能的发挥；五是制定好肉鸡场周转计划，保证生产正常进行，一年四季均衡生产；六是降低饲料费用，购买饲料要货比三家，选择质量好、价格低的饲料，利用科学饲养技术、创造适宜的饲养环境、严格细致的观察和管理、制定周密饲料计划、及时淘汰老弱病残肉鸡等，减少饲料的消耗和浪费。

附　录

附录一　肉鸡允许使用的药物、药物添加剂和使用规定

附表 1-1　肉鸡饲养中允许使用的治疗药物

药品名称	剂型	用法与用量（以有效成分计）	休药期/天
抗菌药			
硫酸安普霉素	可溶性粉	混饮,0.25～0.5g/L,连饮5天	7
亚甲基水杨酸杆菌肽	可溶性粉	混饮,预防25mg/L;治疗,50～100mg/L,连用5～7天	1
硫酸黏杆菌素	可溶性粉	混饮,20～60mg/L	7
甲磺酸达氟沙星	溶液	20～50mg/L,1次/天,连用3天	
盐酸二氟沙星	粉剂、溶液	内服、混饮,5～10mg/kg体重,2次/天,连用3～5天	1
恩诺沙星	溶液	混饮,25～75mg/L,2次/天,连用3～5天	2
氟苯尼考	粉剂	内服,20～30mg/kg体重,2次/天,连用3～5天	30(暂定)
氟甲喹	可溶性粉	内服,3～6mg/kg体重,2次/天,连用3～4天,首次量加倍	
吉他霉素	预混剂	100～300g/1000kg,连用5～7天,不得超过7天	7
酒石酸吉他霉素	可溶性粉	混饮,250～500mg/L,连用3～5天	7
牛至油	预混剂	22.5g/1000kg,连用7天	
金荞麦散	粉剂	治疗:混饲2g/kg,预防:混饲1g/kg	0
盐酸沙拉沙星	溶液	20～50mg/L,连用3～5天	
复方磺胺氯达嗪钠(磺胺氯达嗪钠＋甲氧苄啶)	粉剂	内服,20mg/(kg体重·d)＋4mg/(kg体重·d),连用3～6天	1
延胡索酸泰妙菌素	可溶性粉	混饮,125～250mg/L,连用3天	
磷酸泰乐菌素	预混料	混饲,26～53g/1000kg	5

续表

药品名称	剂型	用法与用量(以有效成分计)	休药期/天
酒石酸泰乐菌素	可溶性粉	混饮,500mg/L,连用 3～5 天	1
抗寄生虫药			
盐酸氨丙啉	可溶性粉	混饮,48mg/L,连用 5～7 天	7
地克珠利	溶液	混饮,0.5～1mg/L	
磺胺氯吡嗪钠	可溶性粉	混饮,300mg/L;混饲,600g/1000kg,连用 3 天	1
越霉素 A	预混剂	混饲,10～20g/1000kg	3
芬苯哒唑	粉剂	内服,10～50mg/kg 体重	
氟苯咪唑	预混剂	混饲,30g/1000kg,连用 4～7 天	14
潮霉素 B	预混剂	混饲,8～12g/1000kg,连用 8 周	3
妥曲珠利	溶液	混饮,25mg/L,连用 2 天	

注:引自《中华人民共和国行业标准》(2001 年 10 月 1 日起实施)。

附表 1-2　肉鸡饲养中允许使用的药物饲料添加剂

药品名称	用量(以有效成分计)	休药期/天
抗菌药		
阿美拉霉素	5～10g/1000kg	0
杆菌肽锌	以杆菌肽计 4～40g/1000kg,16 周龄以下使用	0
杆菌肽锌+硫酸黏杆菌素	2～20g/1000kg+0.4～4g/1000kg	7
盐酸金霉素	20～50g/1000kg	7
硫酸黏杆菌素	2～50g/1000kg	7
恩拉霉素	1～5g/1000kg	7
黄霉素	5g/1000kg	0
吉他霉素	促生长,5～10g/1000kg	7
那西肽	2.5g/1000kg	3
牛至油	促生长,1.25～12.5g/1000kg;预防,11.25g/1000kg	0
土霉素钙	混饲 10～50g/1000kg,10 周龄以下使用	
维吉尼亚霉素	5～20g/1000kg	

续表

药品名称	用量(以有效成分计)	休药期/天
抗球虫药		
盐酸氨丙啉＋乙氧酰胺苯甲酯	(125＋8)g/1000kg	3
盐酸氨丙啉＋乙氧酰胺苯甲酯＋磺胺喹噁啉	(100＋5＋60)g/1000kg	7
氯羟吡啶	125g/1000kg	5
复方氯羟吡啶粉(氯羟吡啶＋苄氧喹甲酯)	(102＋8.4)g/1000kg	7
地克珠利	1g/1000kg	
二硝托胺	125g/1000kg	3
氢溴酸常山酮	3g/1000kg	5
拉沙洛西钠	75～125g/1000kg	3
马杜霉素铵	5g/1000kg	5
莫能菌素	90～110g/1000kg	5
甲基盐霉素	60～80g/1000kg	5
甲基盐霉素＋尼卡巴嗪	30～50g/1000kg＋30～50g/1000kg	5
尼卡巴嗪	20～25g/1000kg	4
尼卡巴嗪＋乙氧酰胺苯甲酯	(125＋8)g/1000kg	9
盐酸氯苯胍	30～60g/1000kg	5
盐霉素钠	60g/1000kg	5
赛杜霉素钠	25g/1000kg	5

注：引自《中华人民共和国行业标准》(2001年10月1日起实施)。

附表1-3　肉鸡药物饲料添加剂使用规范

品名(商品名)	规格	用量	休药期/天	其他注意事项
二硝托胺预混剂(球痢灵)	0.25％	每吨饲料添加500g	3	
马杜霉素铵预混剂(抗球王,加福)	1％	每吨饲料添加500g	5	无球虫病时,含百万分之六以上马杜霉素铵盐的饲料对生长有明显抑制作用,也不改善饲料报酬

续表

品名(商品名)	规格	用量	休药期/天	其他注意事项
尼卡巴嗪预混剂（杀球宁）	20%	每吨饲料添加100~125g	4	高温季节慎用
尼卡巴嗪、乙氧酰胺苯甲酯预混剂（球净）	25%尼卡巴嗪＋16%乙氧酰胺苯甲酯	每吨饲料添加500g	9	高温季节慎用
甲基盐霉素预混剂（禽安）	10%	每吨饲料添加600~800g		禁止与泰妙菌素、竹桃霉素并用，防止与人眼接触
甲基盐霉素、尼卡巴嗪预混剂（猛安）	8%甲基盐霉素＋8%尼卡巴嗪	每吨饲料添加310~560g	5	禁止与泰妙菌素、竹桃霉素并用；高温季节慎用
拉沙洛西钠预混剂（球安）	15%或45%	每吨饲料添加75~125g(以有效成分计)	3	
氢溴酸常山酮预混剂（速丹）	0.6%	每吨饲料添加500g	5	
盐酸氯苯胍预混剂	10%	每吨饲料添加300~600g	5	
盐酸氨丙啉、乙氧酰胺苯甲酯预混剂（加强安保乐）	25%盐酸氨丙啉＋1.6%乙氧酰胺苯甲酯	每吨饲料添加500g	3	每1000kg饲料中维生素 B_1 大于10g时明显拮抗
盐酸氨丙啉、乙氧酰胺苯甲酯、磺胺喹噁啉预混剂(百球清)	20%盐酸氨丙啉＋1%乙氧酰胺苯甲酯＋12%磺胺喹噁啉	每吨饲料添加500g	7	每1000kg饲料中维生素 B_1 大于10g时明显拮抗
氯羟吡啶预混剂	25%	每吨饲料添加500g	5	
海南霉素钠预混剂	1%	每吨饲料添加500~750g	7	
赛杜霉素钠预混剂（禽旺）	5%	每吨饲料添加500g	5	
地克珠利预混剂	0.2%或0.5%	每吨饲料添加 1g(以有效成分计)		

品名(商品名)	规格	用量	休药期/天	其他注意事项
莫能菌素钠预混剂(欲可胖)	5%、10%或20%	每吨饲料添加 90～110g(以有效成分计)	5	禁止与泰妙菌素、竹桃霉素并用;搅拌配料时禁止与人的皮肤、眼睛接触
杆菌肽锌预混剂	10%或15%	每吨饲料添加 4～40g(以有效成分计)		
黄霉素预混剂(富乐旺)	4%或8%	每吨饲料添加 5g(以有效成分计)		
维吉尼亚霉素预混剂(速大肥)	50%	每吨饲料添加 10～40g	1	
那西肽预混剂	0.25%	每吨饲料添加 1000g	3	
阿美拉霉素预混剂(效美素)	10%	每吨饲料添加 50～100g	8	
盐霉素钠预混剂(优素精、赛可喜)	5%、6%、10%、12%、45%、50%	每吨饲料添加 50～70g(以有效成分计)	5	禁止与泰妙菌素、竹桃霉素并用
硫酸黏杆菌素预混剂(抗敌素)	2%、4%、10%	每吨饲料添加 2～20g(以有效成分计)		
牛至油预混剂(诺必达)	每1000g中含5-甲基-2-异丙基苯酚和2-甲基-5-异丙基苯酚25g	每吨饲料加 450g(用于促生长)或 50～500g(用于治疗)		
杆菌肽锌、硫酸黏杆菌素预混剂(万能肥素)	5%杆菌肽＋1%黏杆菌素	每吨饲料添加 2～20g(以有效成分计)	7	
土霉素钙	5%、10%、20%	每吨饲料添加 10～50g(以有效成分计)		
吉他霉素预混剂	2.2%、11%、55%、95%	每吨饲料添加 5～11g(用于促生长)或 100～330g(用于防治疾病),连用 5～7 天。以上均以有效成分计	7	

续表

品名（商品名）	规格	用量	休药期/天	其他注意事项
金霉素（饲料级）预混剂	10%、15%	每吨饲料添加 20～50g（以有效成分计）	7	
恩拉霉素预混剂	4%、8%	每吨饲料添加 1～10g（以有效成分计）	7	
磺胺喹噁啉、二甲氧苄啶	20%磺胺喹噁啉＋4%二甲氧苄啶	每吨饲料添加 500g	10	连续用药不得超过 5 天
越霉素 A 预混剂（得利肥素）	2%、5%、50%、	每吨饲料添加 5～10g（以有效成分计）	3	
潮霉素 B 预混剂（效高素）	1.76%	每吨饲料添加 8～12g（以有效成分计）	3	避免与人皮肤、眼睛接触
地美硝唑预混剂	20%	每吨饲料添加400～2500g	3	连续用药不得超过 10 天
磷酸泰乐菌素预混剂	2%、8.8%、10%、22%	每吨饲料添加 4～50g（以有效成分计）	5	
盐酸林可霉素预混剂（可肥素）	0.88%、11%	每吨饲料添加 2.2～4.4g（以有效成分计）	5	
环丙氨嗪预混剂（蝇得净）	1%	每吨饲料添加 500g		
氟苯咪唑预混剂（氟苯诺）	5%、50%	每吨饲料添加 30g（以有效成分计）	4	
复方磺胺嘧啶预混剂（立可灵）	12.5%磺胺嘧啶＋2.5%甲氧苄啶	每日添加嘧啶0.17～0.2g/kg		
硫酸新霉素预混剂（新肥素）	15.4%	每吨饲料添加500～1000g	5	
磺胺氯吡嗪钠可溶性粉（三字球虫粉）	30%	每吨饲料添加 600mg（以有效成分计）	1	

注：1. 摘自中华人民共和国农业部公布的《药物饲料添加剂使用规范》，2001 年 10 月 1 日起实施。

2. 表中所列的商品名是由产品供应商提供的产品商品名。给出目的是方便使用者，并不表示对该产品的认可。如果其他产品具有相同的效果，也可以选用其他产品。

附录二　允许作治疗使用，但不得在动物性
食品中检出残留的兽药

附表 2-1　允许作治疗使用，但不得在动物性食品中检出残留的兽药

药物及其他化合物名称	标志残留物	动物种类	靶组织
氯丙嗪	氯丙嗪	所有食品动物	所有可食组织
地西泮（安定）	地西泮	所有食品动物	所有可食组织
地美硝唑	地美硝唑	所有食品动物	所有可食组织
苯甲酸雌二醇	雌二醇	所有食品动物	所有可食组织
雌二醇	雌二醇	猪/鸡	可食组织（鸡蛋）
甲硝唑	甲硝唑	所有食品动物	所有可食组织
苯丙酸诺龙	诺龙	所有食品动物	所有可食组织
丙酸睾酮	丙酸睾酮	所有食品动物	所有可食组织
塞拉嗪	塞拉嗪	产奶动物	奶

附录三　禁止使用，并在动物性食品中
不得检出残留的兽药

附表 3-1　禁止使用，并在动物性食品中不得检出残留的兽药

药物及其他化合物名称	禁用动物	靶组织
氯霉素及其盐、酯及制剂	所有食品动物	所有可食组织
兴奋剂类:克伦特罗、沙丁胺醇、西马特罗及其盐、酯	所有食品动物	所有可食组织
性激素类:己烯雌酚及其盐、酯及制剂	所有食品动物	所有可食组织
氨苯砜	所有食品动物	所有可食组织
硝基呋喃类:呋喃唑酮、呋喃它酮、呋喃苯烯酸钠及制剂	所有食品动物	所有可食组织
催眠镇静类:安眠酮及制剂	所有食品动物	所有可食组织
具有雌激素样作用的物质:玉米赤霉醇、去甲雄三烯醇酮、醋酸甲孕酮及制剂	所有食品动物	所有可食组织
硝基化合物:硝基酚钠、硝呋烯腙	所有食品动物	所有可食组织
林丹	水生食品动物	所有可食组织
毒杀芬（氯化烯）	所有食品动物	所有可食组织

续表

药物及其他化合物名称	禁用动物	靶组织
呋喃丹（克百威）	所有食品动物	所有可食组织
杀虫脒（克死螨）	所有食品动物	所有可食组织
双甲脒	所有食品动物	所有可食组织
酒石酸锑钾	所有食品动物	所有可食组织
孔雀石绿	所有食品动物	所有可食组织
锥虫砷胺	所有食品动物	所有可食组织
五氯酚酸钠	所有食品动物	所有可食组织
各种汞制剂：氯化亚汞（甘汞）、硝酸亚汞、醋酸汞、吡啶基醋酸汞	所有食品动物	所有可食组织
雌激素类：甲睾酮、苯甲酸雌二醇及其盐、酯及制剂	所有食品动物	所有可食组织
洛硝哒唑	所有食品动物	所有可食组织
群勃龙	所有食品动物	所有可食组织

注：食品动物是指各种供人食用或其产品供人食用的动物。

参 考 文 献

[1] 中华人民共和国农业部发布. 中华人民共和国行业标准：无公害食品. 北京：中国标准出版社，2001.

[2] 中华人民共和国农业部发布. 中华人民共和国行业标准：绿色食品兽药使用指南. 北京：中国标准出版社，2001.

[3] 胡功正，李荣誉. 新全实用兽药手册. 郑州：河南科学技术出版社，2008.

[4] 王笃学. 禽病防治合理用药. 北京：金盾出版社，2010.

[5] 刘泽文. 实用禽病诊疗新技术. 北京：中国农业出版社，2006.

[6] 赵兴绪，魏彦明主编. 畜禽疾病处方指南. 第2版. 北京：金盾出版社，2011.

[7] 郭天宏. 无公害肉鸡安全生产手册. 北京：中国农业出版社，2008.

[8] 魏刚才. 现代实用养鸡技术大全. 北京：化学工业出版社，2010.

[9] 魏刚才. 养殖场消毒指南. 北京：化学工业出版社，2011.